Barbara Burke Hubbard

wavelets

Die Mathematik der kleinen Wellen

Aus dem Amerikanischen von Michael Basler

Springer Basel AG

Die französische Originalausgabe erschien 1995 unter dem Titel „Ondes et Ondelettes" bei Pour la Science SARL, Paris. Die amerikanische Originalausgabe erschien 1996 unter dem Titel „The World According to Wavelets: The Story of a Mathematical Technique in the Making" bei AK Peters, Ltd., Wellesley, MA.
© Pour la Science – Paris, 1995

Die deutsche Übersetzung folgt der amerikanischen Ausgabe unter Berücksichtigung der französischen Ausgabe.

Die Deutsche Bibliothek – CIP-Einheitsaufnahme
Hubbard, Barbara Burke:
Wavelets: Die Mathematik der kleinen Wellen/Barbara Burke
Hubbard. Aus dem Amerikan. von Michael Basler.-Basel;Boston;
Berlin: Birkhäuser, 1997
    Einheitssacht.: The world according to wavelets <dt.>
    Franz. Ausg. u.d.T.: Burke Hubbard, Barbara: Ondes et Ondelettes
    ISBN 978-3-0348-6095-6   ISBN 978-3-0348-6094-9 (eBook)
    DOI 10.1007/978-3-0348-6094-9

© 1997 Springer Basel AG
Ursprünglich erschienen bei Birkhäuser Verlag 1997.
Softcover reprint of the hardcover 1st edition 1997

Umschlaggestaltung: WSP Design, Heidelberg
Gedruckt auf säurefreiem Papier, hergestellt aus chlorfrei gebleichtem Zellstoff. ∞

9 8 7 6 5 4 3 2 1

Inhaltsverzeichnis

An den Leser

Als ich im Alter von vier oder fünf Jahren meine Mutter fragte, woher die Babies kommen, schien mir ihre Antwort so absurd, daß ich ihr nicht glauben wollte, obwohl sie mich noch nie belogen hatte. Zuweilen stellte sich beim Schreiben dieses Buches das gleiche Gefühl bei mir ein: Dinge, die den Fachleuten völlig normal, ja trivial erscheinen, sind für Außenstehende kaum einzusehen. Ich habe in diesem Buch den Versuch unternommen, sie als überraschend und dennoch glaubwürdig darzustellen.

Das Projekt geht auf eine Anfrage des Chefredakteurs der National Academy Press zurück, der mich einlud, zu einem *Ein Positron namens Priscilla* betitelten Buch über moderne Forschung ein Kapitel über Wavelets beizusteuern. Zu diesem Zeitpunkt war mir die Fourier-Analyse gänzlich unbekannt, und von Wavelets hatte ich nie zuvor gehört; meine einzige – allerdings nicht vernachlässigbare – mathematische Qualifikation war mein Mann, der als Mathematiker an der Cornell-Universität arbeitet. An der High School hatte ich keine Infinitesimalrechnung, da ich das Abschlußjahr bei meinem in Moskau als Korrespondent akkreditierten Vater verbrachte. Auf dem College bin ich allen Kursen über Mathematik geflissentlich aus dem Wege gegangen.

Wohl etwas vorschnell stimmte ich dem Angebot zu und machte mich auf einen Arbeitsabschnitt gefaßt, der genauso begeisternd wie zermürbend werden sollte. Ich begann mir Gedanken zu machen, wie man dem Leser mathematische Ideen nahebringen könnte. Die Mathematiker sagen, daß Mathematik keine Zuschauer-Sportart sei: Mathematik kann man nicht verstehen oder gar Freude an ihr haben, ohne sie aktiv zu betreiben. Wenn Mathematiker versuchen, Laien ihre Ideen zu erklären, lassen die Probleme meist nicht lange auf sich warten. „Die Sache wird immer nebulöser", klagte Robert Strichartz (Cornell) beim Versuch, mir die Funktionenräume zu erläutern, „wenn ich mich an die Tatsachen halte, weiß ich nicht, was ich sagen soll, und sobald ich etwas sage, entferne ich mich zusehends von der Wahrheit."

Sprechen, ohne verstanden zu werden, macht keinen Sinn, und Lügen ist ohnehin peinlich. Wenn also Mathematiker überhaupt den Mut aufbringen, sich an Laien zu wenden, geben sie meist bald wieder auf. Es wäre doch wirklich schade, wenn dem nicht abzuhelfen wäre! Sicher gibt es eine Grenze dafür, was jemand ohne entsprechende mathematische Vorbildung verstehen kann; ich bin aber überzeugt, daß wir von dieser Grenze noch weit entfernt sind. Und in der Mathematik gibt es durchaus Ideen, die es wert sind, einem breiteren Publikum vorgestellt zu werden – selbst unter der Prämisse, daß das Resultat eher eine Würdigung als praktisch handhabbares Wissen sein wird.

Niemand versteigt sich ernsthaft zu der Behauptung, daß ausschließlich mit rekombinanter DNA befaßte Genetiker wissen sollten, was DNA ist, oder daß ausschließlich Physikern und Chemikern bekannt sein sollte, woraus die Atome bestehen. Bei der Mathematik ist es gerade umgekehrt: Viel zu häufig wird darauf bestanden, daß Kinder oder Studenten praktische Verfahren erlernen, ohne daß ihnen jemand zeigt, daß diesen Verfahren interessante Ideen zugrunde liegen oder daß sich mit ihrer Hilfe interessante Fragestellungen behandeln lassen. So ist es überhaupt kein Wunder, wenn Eltern oder Lehrer bestürzt feststellen, daß ihr Kind seine Aufgaben nur noch mit dem Taschenrechner löst: Auch für sie ist ja Mathematik gleichbedeutend mit Rechnen, und wenn man auch diese Aufgabe einer Maschine überträgt, bleibt am Ende überhaupt nichts mehr übrig.

Fourier-Analyse und Wavelets sind Themen, die sich hervorragend für einen anderen Zugang eignen. Die Vorstellung, daß sich Information auf verschiedene Weise darstellen läßt – daß aus einer mathematischen Funktion oder einem physikalischen Signal eine *Fourier- oder Wavelet-Transformierte* werden kann –, ist sowohl im intellektuellen als auch im praktischen Sinne von großer gesellschaftlicher Bedeutung.

Das vorliegende Buch stellt einen Kompromiß dar zwischen moderater Themenauswahl und gewagter (um nicht zu sagen zu gewagter) Darstellung. Es bietet eine relativ knappe Einführung in ein breites Gebiet, das selbst wiederum nur einen kleinen Ausschnitt der Mathematik darstellt. Es sollte einerseits für Laien verständlich sein, die nicht über eine mathematische Ausbildung verfügen, andererseits aber doch soviel Details enthalten, daß auch fortgeschrittene Leser von ihm profitieren können.

Das Buch ist auf zwei Ebenen verfaßt. Der Hauptteil enthält keinerlei Formeln. Wenn Mathematiker, Physiker oder Elektroingenieure über Fourier-Analyse oder Wavelets sprechen, werden sie früher oder später dazu übergehen, irgendwelche Formeln aufzuschreiben. Formeln sind für sie der exakteste und effektivste Weg, ihre Überlegungen zu formulieren, und natürlich sind sie sicher, auf diese Weise ihrem Gesprächspartner tatsächlich etwas mitzuteilen. Zeigt man die Formeln dagegen jemandem, der nicht weiß, ob $\sum$ eine Summe oder ein Integral bedeutet, so ist das genauso, wie wenn man jemandem, der auf dem Notenblatt das „b" nicht vom „d" unterscheiden kann, bittet, die Partitur einer vierstimmigen Bachschen Fuge zu analysieren.

Diese Reaktion ist nicht nur typisch für Leute wie mich. Ein studierter Informatiker fragte einmal meinen Mann: „Gibt es denn wirklich kein Buch über fraktale Geometrie, das in normalem Englisch geschrieben ist und in dem es nicht von diesen Integralen, Summen und anderen seltsamen Krakeln wimmelt, die ich ohnehin nicht verstehe?"

Und im Jahre 1857 schrieb Michael Faraday, meist bekannt wegen seiner grundlegenden Arbeiten zur Verknüpfung von Magnetismus und Elektrizität, an den 26jährigen James Clerk Maxwell, der über 40 Jahre hinweg seine Ideen weiterentwickelte:

> *Sollte es nicht möglich sein, daß ein Mathematiker, der bei der Untersuchung physikalischer Prozesse und Aussagen zu bestimmten Schlußfolgerungen gelangt ist, diese in der Umgangssprache genauso vollständig, klar und bestimmt ausdrückt wie mit seinen mathematischen Formeln? Wenn dem so ist, wäre es nicht ein großer Vorzug für Leute wie mich, wenn er dies auch täte? – Man müßte sie nur aus ihren Hieroglyphen befreien, so daß sie auch im Experiment verifizierbar werden. Ich denke, das sollte möglich sein; ich habe immer festgestellt, daß man mir klar formulierte Ergebnisse auch verständlich machen konnte. Auch wenn vielleicht das Vorgehen nicht ganz deutlich wird, braucht man mir nur die Ergebnisse mitzuteilen, nicht mehr und nicht weniger, dies aber dem Charakter nach so klar, daß ich eine Grundlage habe, an die ich mich halten kann. Wäre es, falls dies möglich ist, nicht eine gute Sache, wenn uns Mathematiker die auf ihrem Gebiet erzielten Ergebnisse nicht nur in der ihnen eigenen Sprache, sondern in einer solchen verständlichen, nützlichen und anwendungsbereiten Form übermitteln könnten? ([32], S. 206)*

Zumindest anfangs erscheinen Formeln oft eher als Hindernis denn als Hilfe. Um ihrem Zweck zu dienen, müssen sie in Worte übersetzt werden. Schon die bloße Ansicht einer Formel wirkt auf manchen aber lähmend. Ich habe es deshalb vorgezogen, im Hauptteil des Buches auf „seltsame Krakel" oder „Hieroglyphen" ganz zu verzichten. An einer Stelle hat sich die Formel $f(x) = x^2$ eingeschlichen; wen dies stört, der mag sie ignorieren.

Andererseits sind Formeln natürlich nicht zur Abschreckung erfunden worden. Mag es manchem auch paradox erscheinen, aber Fourier-Analyse und Wavelets lassen sich leichter verstehen, wenn man sich nicht auf Allgemeinplätze und Metaphern beschränkt, sondern sieht, wie sie tatsächlich funktionieren. Will man ins einzelne gehen, sind Worte oft holprig und manchmal auch mehrdeutig.

„Wenn ich ein Wort benutze", erklärt Humpelpumpel hochmütig *Alice im Spiegelland*, „dann hat es die Bedeutung, die ich ihm zu geben beliebe – nicht mehr und nicht weniger". Gemäß diesem Credo pflegen Wissenschaftler, die sich mit Wavelets beschäftigen, gelegentlich etablierte Begriffe mit neuem Inhalt zu versehen. *Dehnen* kann auch kontrahieren bedeuten, *großräumig* kann *kleinräumig* sein, und *dezimieren* kann halbieren bedeuten. Selbst bei Zugrundelegung der üblichen Definitionen können Sätze manchmal einen anderen als den beabsichtigten Sinn erhalten. In Verbindung mit Fourier- und Wavelet-Transformationen steht nämlich oft eine andere Transformation, die gesprochene oder geschriebene Information zu der Information macht, die vom Hörer oder Leser wirklich wahrgenommen wird; zu meiner Enttäuschung mußte ich feststellen, daß hier eine vollständige Rekonstruktion des Ausgangssignals eher die Ausnahme ist.

Trotz der Möglichkeit, damit zwei potentielle Gefahren heraufzubeschwören, habe ich im zweiten Teil des Buches, *In der Sprache der Mathematik*, auf Formeln nicht verzichtet. Zunächst haben Formeln die unangenehme Eigenschaft, Fehler zu zeigen, die bei hinreichend vager Formulierung gar nicht auffallen. „Wenn ich gezwungen werde, exakt zu sein, werden mir natürlich Fehler unterlaufen", beschwerte sich der bekannte französische Mathematiker René Thom, als das ungnädige Auditorium bei einer Vorlesung zunächst auf mehr Präzision bestand, um anschließend Fehler in Formeln zu kritisieren.

Eine zweite Gefahr besteht darin, daß potentielle Leser abgeschreckt werden könnten. „Sobald ich eine Formel sehe, erfaßt mich eine panische Angst, denn ich fürchte jedesmal erneut, sie nicht zu verstehen", sagte mir einmal einer meiner Kollegen. Dabei besteht eigentlich gar kein Grund zur Aufregung: Es ist alles genau erklärt, selbst auf die Gefahr hin, den einen oder anderen zu langweilen, der solcher Erklärungen eigentlich nicht bedarf. Gewisse Reste von Schulalgebra und Trigonometrie werden allerdings vorausgesetzt. Sollten auch diese Kenntnisse schon sehr verblaßt sein, sind einige Grundlagen im Anhang zusammengestellt. Kenntnisse der Infinitesimalrechnung sind zwar nützlich, aber nicht zwingend erforderlich.

Der Anhang erfüllt zwei Aufgaben. Einerseits sollten hier Dinge „verborgen" werden, die, wie der Beweis der Heisenbergschen Unschärferelation oder des Abtasttheorems, zu abschreckend aussehen oder Kenntnisse voraussetzen, die über das Niveau des Buches hinausgehen. Leser, die mit der Mathematik nicht so vertraut sind, finden aber auch einen kurzen Überblick über trigonometrische Formeln, eine Liste mathematischer Symbole sowie eine Diskussion des Integralbegriffs.

Das Literaturverzeichnis enthält eine Zusammenstellung mehr technisch orientierter Bücher und Artikel, auf die der eine oder andere Leser sicher zurückgreifen wird. Darüber hinaus habe ich eine Liste von Wavelet-Softwarepaketen aufgenommen. Natürlich erheben beide keinen Anspruch auf Vollständigkeit. Wo es möglich war, habe ich Zitate mit einer ausführlichen Quellenangabe versehen. Trotzdem finden sich auch zahlreiche Zitate ohne Quellenangabe; sie entstammen entweder einer von der National Academy of Sciences, Irvine, California, im November 1992 organisierten Konferenz-Reihe oder (und dies eigentlich noch mehr) den sich daran anschließenden persönlichen Gesprächen. Bei französischen Originaltexten habe ich, soweit sie vorlagen, die englischen Übersetzungen hinzugezogen; im allgemeinen stammen die Übersetzungen aber von mir selbst.

Nach meiner Ansicht wird Mathematik viel zu häufig als fertige Sammlung von Sätzen und Verfahren, völlig losgelöst vom menschlichen Denken und Fühlen dargestellt. Dies ist durchaus irreführend. Die Mathematik ist dankbar, gleichzeitig aber auch launenhaft und unnachgiebig. Manchmal hat jemand einen Geistesblitz, der schlaglichtartig ein ganzes Gebiet erhellt, aber es vergehen auch Monate und Jahre, in denen man tatenlos zusehen muß, wie ein mühevoll errichtetes Gedankengebäude bröckelt, nur weil sich ein winziger Baustein nicht einfügen läßt – oder, wenn er sich einfügen läßt, einen anderen hinausstößt. Ein angehender Mathematiker, der nicht von der Liebe zur Mathematik durchdrungen ist, wird den Momenten des Zweifels, den leeren Wochen und Monaten, in denen sich einfach keine Ideen einstellen wollen oder diese gar widerlegt werden, nicht widerstehen können. Und trotz des verbreiteten Bildes vom einsamen, nur in seinen Abstraktionen lebenden Mathematikers arbeiten Mathematiker genauso eng zusammen wie die Musiker eines Streichquartetts. Zusammenarbeit ist die Regel, nicht die Ausnahme; eine Zusammenarbeit, die zudem häufig über nationale Grenzen hinweggeht.

Gewöhnlich wird die menschliche Seite der Mathematik vor Außenstehenden sorgfältig verborgen. Wie Philip J. Davis und Reuben Hersh in dem Buch *Erfahrung Mathematik* ([20], S. 33) schreiben, gibt es in der mathematischen Literatur eine stillschweigende Übereinkunft, „jegliche Spuren davon, daß der Autor oder der potentielle Leser ein menschliches Wesen ist, zu verwischen".

Auch in der Lehre wird im allgemeinen von fertigen Tatsachen ausgegangen: Alles ist ausformuliert, und es fehlen jegliche Hinweise auf den oft steinigen Weg, der zu den Ergebnissen führte. Anfänger beginnen, wenn sie etwas nicht sofort begreifen, rasch an den eigenen Fähigkeiten zu zweifeln, anstatt sich vor Augen zu halten, daß Mathematiker oft Jahre brauchten, um die Sätze zu formulieren und mit ihnen umgehen zu lernen. Die Griechen hatten große Schwierigkeiten mit den irrationalen Zahlen; im sechzehnten Jahrhundert hielt man negative Lösungen von Gleichungen für „unzulässig", und im achtzehnten wurde die schriftliche Division an den Universitäten gelehrt. Doch selbst wer sich nicht so leicht einschüchtern läßt, wird bei einem solchen Vorgehen nicht erkennen, daß Mathematik ein Prozeß ist, daß sie Fragen bereithält, die noch ihrer Lösung harren, und auch Fragen, die noch nicht einmal gestellt worden sind. Möglicherweise wird ihm aber auch entgehen, was die mechanisch gelernten Sätze an Schönem und Überraschendem bereithalten.

Mir erscheint der Prozeß nicht minder wichtig als das Ergebnis. Für mich sind Fourier-Analyse und Wavelets nicht einfach Rechenverfahren; ich will eine Geschichte erzählen, die von Ideen und Menschen handelt. Ich bin den französischen und amerikanischen Forschern außerordentlich dankbar dafür, daß sie mit mir nicht nur über die Ergebnisse ihrer Arbeit, sondern auch über deren menschlichen Aspekt sprachen.

Trotzdem birgt dieser Zugang ein Problem. Selbst wenn man sich auf die Mathematik beschränkt, ist es schwer, die Entdeckungen richtig zuzuordnen. Wie soll man den Einfluß eines Gesprächs oder eines Artikels, einer Antwort – oder einer im rechten Moment gestellten Frage – werten, ohne all die schon vorhandene Mathematik zu sehen, auf die die neuen Ergebnisse aufbauen? Der französische Mathematiker André Weil soll einmal gesagt haben: „Die Namen der Sätze sind genauso willkürlich wie die der Straßen." Erschwerend kommt hinzu, daß Wavelets in verschiedenen Gebieten gleichzeitig entwickelt wurden. Diejenigen, deren Namen eigentlich auch hierher gehörten, im begrenzten Rahmen dieses Buches aber keinen Platz fanden, bitte ich schon vorab um Verzeihung.

Danksagungen

Dieses Buch hätte ich nicht verfassen können, wenn mir nicht viele dabei geholfen hätten. Vor allem zwei Mathematikern habe ich ganz wesentliche Beiträge zu verdanken; einer von ihnen gehört zu den bedeutendsten Wavelet-Forschern überhaupt, während der andere auf einem völlig anderen Gebiet arbeitet. Yves Meyer verbrachte unzählige Stunden zunächst mit einer Reihe von Gesprächen, vielleicht sollte man besser sagen, Privatvorlesungen, las später das Buch, brachte eine Vielzahl von Korrekturen an und machte wertvolle Vorschläge. Für seine Hilfe, seine Begeisterung und seine Anregungen bin ich ihm für immer zu Dank verpflichtet. Zum anderen war für mich von großer Bedeutung die moralische, materielle und intellektuelle Unterstützung durch meinen Mann, John Hubbard. Er diente mir nicht nur als Übersetzer und Führer durch die mathematischen Verfahren und Formeln und gab mir technische Hilfe beim Erstellen der Illustrationen und mit TEX, sondern brachte mich auch auf den Boden der Tatsachen zurück, wenn ich mich gedanklich oder sprachlich zu sehr verirrt hatte. Auch wenn er es nicht glauben will, haben mir seine mathematischen Erläuterungen Freude bereitet, für die ich ihm ebenfalls danken möchte.

Die von mir um Hilfe gebetenen Wavelet-Forscher haben mit außerordentlicher Großzügigkeit geantwortet. In Fouriers Tradition stehend, zeigten sie eine „unerschöpfliche Geduld", ob sie mir nun einen Sachverhalt in einem Gespräch erörterten oder eine Frage beantworteten, die aus dem Nichts heraus plötzlich auf dem Bildschirm ihres Computers erschien. Mittlerweile bewundere ich nicht nur ihre fachliche Kompetenz, sondern auch ihren Ideenreichtum, wenn es darum ging, technische Sachverhalte mit einfachen Worten zu erläutern, ohne meine Selbstachtung zu zerstören. Die Freude beim Verfassen dieses Buches ist zum großen Teil ihnen geschuldet, und ich kann ihnen nicht genug dafür danken.

Besonders bedanken möchte ich mich bei Ingrid Daubechies für die Sorgfalt beim Lesen einer frühen Fassung des Buches, für ihre Korrekturen und Vorschläge sowie für ihre klaren und raschen Antworten auf viele Fragen; bei Stéphane Mallat, der viele diffizile Fragen mit mir klärte und mir über einige gefährliche Fußangeln hinweghalf und insbesondere auf einer weniger mystischen Darstellung der Mehrfachauflösungstheorie bestand (und sich trotzdem niemals beschwerte, wenn ich ihn mit meinen unausgegorenen Fragen plagte); bei Olivier Rioul, der mir vor Augen führte, daß ich bestimmte Dinge falsch verstanden hatte und mir gleichzeitig mit so viel gutem Willen half, sie richtig zu verstehen, daß ich gerne die Minderwertigkeitskomplexe vergesse, die seine zuvorkommende Art anfangs bei mir hervorrief; ferner bei Victor Wickerhauser für seinen schier unerschöpflichen guten Willen und seinen Humor. Sie alle machten mir beim Beantworten meiner Fragen über viele Monate hindurch Mut, wenn ich bereits das sichere Gefühl hatte, den Boden unter den Füßen verloren zu haben.

Weiterhin bedanke ich mich herzlich bei David Donoho für seine geduldigen Antworten und nützlichen Vorschläge; bei Marie Farge, die bei meinem ersten Auftauchen in ihrem Büro, obgleich sie sichtlich irritiert war, ihre Arbeit beiseite schob und mir die Dinge von Grund auf erläuterte; bei David Field für einen Abriß der historischen Entwicklung der Wavelets und deren Einsatz außerhalb der Mathematik und Signalverarbeitung; bei Michael Frazier für seinen mutigen, ja verwegenen Versuch, mir in Irvine in zwei Stunden alles, was ich jemals über die harmonische Analyse wissen wollte, zu erläutern, sowie außerdem für das Überprüfen einiger Formeln; bei Leonard Gross für seine Vorschläge und Korrekturen zur Quantenmechanik, bei Alex Grossmann, dessen Gabe zur anschaulichen Darstellung ich ein außerordentlich anregendes Gespräch verdanke; bei Jean Morlet für einen sehr interessanten historischen Abriß und schließlich bei Robert Strichartz für seine Erläuterung der Funktionenräume und seine Hinweise während der Enddurchsichten.

Darüber hinaus halfen mir durch briefliche oder E-mail-Kontakte Edward Adelson, Christophe d'Alessandro, Michel Barlaud, Jonathan Berger, Gregory Beylkin, Ronald Coifman, Karen De Valois, Russell De Valois, Ronald DeVore, Uriel Frisch, Jeffrey Geronimo, Eric Goirand, Dennis Healy Shuba Kadambe, Richard Kronland-Martinet, Bradley Lucier, Gilbert Strang, Gene Switkes, Bruno Torrésani, Michael Unser und Martin Vetterli. Bei ihnen allen möchte ich mich recht herzlich bedanken.

Die Liste wird, wie Virginia Woolf in ihrem Vorwort zu *Orlando* schreibt, „bereits zu lang und zu exklusiv. Während sie in meinem Gedächtnis angenehme Erinnerungen wachruft, könnte sie beim Leser eher Erwartungen wecken, die das Buch selbst nur enttäuschen kann." Ich will deshalb schließen, indem ich Stephen Mautner von der National Academic Press danke, der mich ursprünglich gebeten hatte, etwas über Wavelets zu schreiben; Philippe Boulanger, der vorschlug, aus dem ursprünglichen englischen Artikel ein französisches Buch zu machen, und auch dann noch darauf bestand, als ich ihm sagte, daß ich dazu nicht in der Lage sei; Ralph Oberste-Vorth, Ricardo Oliva und Dierk Schleicher für technische Hilfe, Yuval Fisher für Hilfe bei den Illustrationen, meinem Bruder Douglas Burke, der mich auf unklar formulierte Abschnitte aufmerksam machte, Fred Kochmann für hilfreiche Kommentare, T.W. Körner für sein Buch *Fourier-Analyse*, das wegen der darin enthaltenen Geschichten lehrreich und unterhaltend zugleich ist, den Mitarbeitern der Olin Library, der Cornell University sowie SIAM für die Erlaubnis eines Bildabdrucks. Auch meinen Kindern Alex, Eleanor, Judith und Diana Hubbard möchte ich danken für ihre Hilfe, die verhinderte, daß in den vergangenen Monaten in Haus und Garten das komplette Chaos ausbrach, Judith und Diana auch dafür, daß sie so geduldig auf die versprochenen Tanz- und Reitstunden warteten.

Ein Großteil der Arbeit entstand in Frankreich, während mein Mann am Institut des Hautes Etudes Scientifiques in Bures-sur-Yvette arbeitete; ich möchte dem Institut, und insbesondere Françoise Schmit, die mir bei der Suche nach historischen Dokumenten und Originalarbeiten behilflich war, für die Gastfreundschaft danken. Last but not least möchte ich Klaus Peters, Alexandra Benis, Seth A. Maislin und Joni Hopkins McDonald von A K Peters für eine der in meinen Augen bemerkenswertesten Transformationen danken, nämlich aus dem Manuskript ein fertiges Buch zu machen.

Ich muß wohl nicht erwähnen, daß keiner der Genannten für Fehler oder Auslassungen verantwortlich ist. Für die Vorzüge des Buches stehen viele Autoren, während für die Schwachpunkte ich allein verantwortlich zeichne – besonders, weil ich nicht allen gutgemeinten Ratschlägen gefolgt bin. Da ich ein Buch schreiben wollte, das Lesern mit nur minimalen mathematischen Kenntnissen zugänglich sein sollte, habe ich es gelegentlich vorgezogen, mich von meinem eigenen Gefühl leiten zu lassen, wobei ich unglücklicherweise gut in der Lage bin, mich in die Bedürfnisse mathematisch nicht vorgebildeter Laien hineinzuversetzen. Die hervorragenden Forscher, die mir behilflich waren, könnten es peinlich finden, eine Darstellung zu sehen, die streckenweise sehr elementar ist. Ich möchte sie für diese Unannehmlichkeit um Verzeihung bitten und dem Leser versichern, daß es allein meine Entscheidung war, einen solch großen Bogen zu spannen.

Kapitel 1

Die Fourier-Analyse: Ein Poem verändert die Welt

Obgleich zwischen Wavelet-Transformation und Fourier-Analyse deutliche Unterschiede bestehen, stellt die Wavelet-Transformation doch eine natürliche Erweiterung der Fourier-Analyse dar. Beide haben letztlich den gleichen Ursprung. Die Geschichte der Wavelets beginnt deshalb mit jener der Fourier-Analyse, doch selbst deren Wurzeln liegen bereits vor Fourier selbst (während andererseits vieles von dem, was heute Bestandteil der Fourier Analyse ist, eigentlich auf seine Nachfolger zurückgeht). Trotzdem ist Fourier eine Schlüsselfigur. Auch wenn dies vielen Menschen gar nicht bewußt ist, kann man seinen Einfluß auf die Mathematik und die Naturwissenschaften sowie auf unser Leben überhaupt kaum überschätzen. Dabei war er kein Berufsmathematiker im eigentlichen Sinne; stets hatte er seine mathematischen Untersuchungen mit vielfältigen anderweitigen Verpflichtungen in Einklang zu bringen.

Jean Baptiste Joseph Fourier wurde 1768 als zwölftes Kind seines Vaters und neuntes seiner Mutter in Auxerre, einem kleinen Ort etwa in der Mitte zwischen Paris und Dijon, geboren. Als er neun Jahre alt war, starb seine Mutter und im darauffolgenden Jahr auch sein Vater. Während zwei seiner jüngeren Geschwister nach dem Tod der Mutter in ein Findelhaus kamen, durfte er die Schule weiter besuchen, um schließlich 1780 in die Königliche Militärakademie von Auxerre einzutreten. Dort entdeckte er im Alter von 13 Jahren seine Neigung für die Mathematik, die so weit ging, daß er nachts heimlich aus dem Schlafsaal schlich, um in einem Klassenraum bei Kerzenlicht Mathematik zu studieren.

V. Cousin berichtet davon in seinen 1831 erschienenen „Biographischen Skizzen zur Würdigung von M. Fourier": „Man erzählt, daß er tagsüber heimlich alle Kerzenstummel aufsammelte, derer er habhaft werden konnte, und des Nachts, wenn alle schliefen, stand er auf, schlich zu einem Klassenraum und saß stundenlang über mathematischen Aufgaben." Schließlich kamen Fouriers Fortschritte an der Akademie auch dem Bischof zu Ohren, und so trat er, nachdem seine Bewerbung als Ingenieur bei der Artillerie oder Infanterie nach Abschluß des Studiums abgewiesen worden war, in die Abtei von St. Benoit-sur-Loire ein. Der häufig zitierte Bericht, demzufolge er bei der Armee nur deshalb abgelehnt wurde, weil er nicht adelig war und deshalb „selbst dann nicht in Frage käme, wenn er ein zweiter Newton wäre", wird zumindest von zwei Zeitgenossen Fouriers in Frage gestellt ([18], S. 2).

Noch bevor er das Gelübde abgelegt hatte, brach die Französische Revolution aus. Nachdem er sich anfangs zurückgehalten hatte, fühlte er sich schließlich dem Ziel, „eine freie Regierung ohne Könige und Pfaffen" [36] zu errichten, mehr und mehr verbunden. Im Jahre 1795 trat er dem Revolutionskomitee von Auxerre bei. Zweimal wurde er verhaftet, einmal bei den blutigen Auseinandersetzungen, die dem Sturz von Robespierre vorausgingen, und das zweite Mal 1795 wegen terroristischer Umtriebe, wo er buchstäblich aus dem Bett gerissen wurde und kaum Zeit hatte, sich anzukleiden. Als die Wärter mit ihm den Raum verließen, rief ihm das Zimmermädchen nach, daß sie auf seine baldige Freilassung hoffe. Die Antwort, die er nie vergessen sollte, lautete Cousin zufolge: „Den können Sie sich gerne selbst abholen: zweigeteilt."

Fourier, der sich selbst verteidigte, betonte vor allem, daß niemand in Auxerre durch irgendwelchen Terror zu Tode gekommen sei. „Es gibt hier nicht eine einzige Familie", schrieb er, „die den Familienvater oder irgendeinen anderen Verwandten zu beweinen hätte." [36] Cousin berichtet gar, daß Fourier einen Mann, von dessen Unschuld er überzeugt war, vor dem Kerker und der Guillotine rettete, indem er den Gesandten, der ihn abholen sollte, in ein Gasthaus zum Essen einlud und „nachdem alle Mittel erschöpft waren, seinen Gast aufzuhalten, unter einem Vorwand den Raum verließ, leise die Tür schloß und losrannte, um den Mann vor der bevorstehenden Gefahr zu warnen", wobei er später unter fiktiven Entschuldigungen zurückkehrte.

Nach der Revolution lehrte Fourier zunächst in Paris, begleitete dann Napoleon nach Ägypten und arbeitete später als ständiger Sekretär des ägyptologischen Instituts. Wegen eines später verfaßten Buches über Ägypten ist er heute manchem eher als Ägyptologe denn wegen seiner Beiträge zur Mathematik und Physik bekannt.

Nachdem Fourier 1802 nach Frankreich zurückgekehrt war, wurde er von Napoleon zum Präfekten des Departements Isère ernannt. In dieser Eigenschaft arbeitete er anschließend 14 Jahre in Grenoble, was ihm den Ruf eines fähigen Verwaltungsfachmannes einbrachte. Unter anderem bestand eine seiner Aufgaben darin, 37 Gemeinden davon zu überzeugen, 20 000 Morgen Sumpf trockenzulegen, die bis dahin für alljährliche Fieberepidemien verantwortlich waren. Cousin zufolge erforderte dies all sein Fingerspitzengefühl sowie einen „schier unerschöpflichen Vorrat an Geduld". Als man ihm als ehemaligem Diener Napoleons nach Waterloo eine Staatsrente verweigerte, fand er schließlich eine sichere Anstellung beim Büro für Statistik in Paris. 1817 schließlich wurde er (nach anfänglicher Ablehnung durch König Louis XIII.) in die Akademie der Wissenschaften gewählt.

1.1　Ein mathematisches Poem

Trotz seiner Verwaltungsaufgaben und jahrelanger Isolation vom Pariser Wissenschaftsleben gelang es Fourier, weiter seinen wissenschaftlichen und mathematischen Neigungen zu folgen. Obgleich Victor Hugo einmal äußerte, Fourier sei „von der Nachwelt vergessen" worden [49], ist Fouriers Name zahllosen Naturwissenschaftlern, Mathematikern und Technikern fast so geläufig wie der ihrer eigenen Kinder. Dieser Ruhm geht auf Ideen zurück, die Fourier erstmals 1807 in einer Abhandlung und danach 1822 in seinem Buch „Analytische Theorie der Wärme" ausgesprochen hatte. Der Physiker James Clark Maxwell hat dieses Buch einmal als ein „gewaltiges mathematisches Poem" [63] charakterisiert; aber selbst dies läßt seine tatsächliche Bedeutung nur erahnen.

Bereits im 17. Jahrhundert war Isaac Newton zu einer völlig neuen physikalischen Vorstellung gelangt: Kräfte sind elementarer als die durch sie hervorgerufenen Bewegungen. Um die uns umgebende Natur zu verstehen, muß man diese Kräfte mit Hilfe gewöhnlicher und partieller Differentialgleichungen beschreiben. Albert Einstein zufolge war dies „vielleicht der größte Geistesblitz, den ein Mensch jemals hatte" ([30], S. 68).

Die Newtonsche Differentialgleichung beschreibt ganz allgemein, wie die Gravitationsanziehung zwischen zwei Körpern von deren Masse und Abstand abhängt. Mit einem Schlag ersetzte sie zahllose Einzelformeln. Endlich wurde es möglich, exakte naturwissenschaftliche Prognosen zu machen.

Dies führte den französischen Mathematiker und Astronomen Pierre Simon Laplace zu der Vorstellung, es müsse eine einzige Formel geben, die die Bewegung aller Objekte des Universums für immer und ewig beschreibt. Ein Jahrhundert nach Newton schrieb er: „Ein intelligentes Lebewesen, das zu einem gegebenen Zeitpunkt alle den Bewegungen zugrundeliegenden Naturkräfte sowie den genauen Zustand des Universums kennt und das zudem noch in der Lage ist, mit all diesen Angaben die nötigen Berechnungen anzustellen, könnte mit ein und derselben Formel alle Bewegungen von den größten Körpern des Universums bis hin zu leichtesten Atomen beschreiben. Nichts wäre ihm ungewiß, und die Zukunft wie die Vergangenheit würden offen vor seinen Augen liegen." [53]

Dieser Optimismus scheiterte allerdings an der harten Realität. Das Lösen der Differentialgleichungen, das heißt vorauszusagen, wohin uns die Kräfte tragen, die ihrerseits auch wieder von unserem ständig wechselnden Aufenthaltsort abhängen, ist nämlich durchaus nicht trivial. Und Fourier stellte fest, daß die Gleichungen, die die Wärmeausbreitung beschreiben, zwar eine sehr einfache Struktur haben,

> *die bekannten Methoden aber kein allgemeines Integrationsverfahren liefern. Damit gestatten sie auch nicht, die Temperaturwerte auf eine bestimmte Zeit vorauszusagen. Ebendiese Angaben werden ... aber gerade benötigt ... Solange wir sie nicht besitzen, müssen die Lösungen als unvollständig und unnütz gelten, und die zukünftige Entwicklung bleibt in der mathematischen Formulierung nicht minder verborgen als in der physikalischen Problemstellung selbst. Nachdem wir uns dieser Fragestellung eingehend gewidmet haben, sind wir nunmehr in der Lage, die genannten Schwierigkeiten bei allen bisher untersuchten Problemstellungen zu überwinden.*

Etwa 150 Jahre nach Newton stellte Fourier damit ein praktikables Verfahren bereit, um zumindest für eine bestimmte Klasse von Differentialgleichungen, nämlich die linearen, die zukünftige Entwicklung vorauszuberechnen.

Seine Zeitgenossen zeigten sich hiervon zunächst weniger beeindruckt, als er erhofft hatte. Zwar gewann seine Abhandlung im Jahre 1812 den Großen Preis für Mathematik, dies war aber mit dem Hinweis verbunden, daß „seine Untersuchungen ... in bezug auf Allgemeinheit und sogar mathematische Strenge noch eingehendere Betrachtungen erfordern" ([15], S.

7). Spätere Generationen waren da großzügiger. So fiel es dem englischen Physiker Lord Kelvin schwer zu sagen, ob Fouriers Ergebnisse „vor allem wegen ihrer Originalität, ihres außergewöhnlichen mathematischen Reizes oder wegen ihrer nachhaltigen Bedeutung für die Physik zu rühmen" seien, [83].

Fouriers Ideen prägten die Mathematik ein volles Jahrhundert lang und befruchteten selbst solche Gebiete wie Zahlentheorie oder Wahrscheinlichkeitsrechnung. Nahezu jedes mathematische Modell, jede von Naturwissenschaftlern oder Ingenieuren getroffene Prognose von Naturerscheinungen ist in irgendeiner Weise mit einer Fourier-Analyse verknüpft. Fouriers Ideen finden Anwendung bei der linearen Programmierung, in der Kristallographie sowie in zahllosen elektrischen Geräten, angefangen beim Telefon bis hin zum Auto oder Röntgengerät. Sie sind damit, wie der Mathematiker T. W. Körner sagt, „zum Allgemeingut unserer Gesellschaft geworden" ([51], S. 221).

1.2   Eine Horde von Funktionen

Fouriers Leistung bestand eigentlich aus zwei Teilbeiträgen: Zum einen hat er einen mathematischen Satz formuliert (der genaugenommen erst später durch Dirichlet bewiesen wurde), und darüber hinaus zeigte er zahlreiche Anwendungen dieses Satzes auf. Der Fouriersche Satz besagt, daß sich jede periodische Funktion als Summe von Kosinus- und Sinustermen schreiben läßt, eine Darstellung, die heute als *Fourier-Reihe* bekannt ist. Grob gesagt kann danach jede Kurve, mag sie auch noch so bizarr und unregelmäßig erscheinen, als Summe völlig glatter Sinus- und Kosinusschwingungen geschrieben werden, wenn sie sich nur periodisch wiederholt. Die bizarre Kurve einerseits und die Sinus- und Kosinussumme andererseits sind lediglich zwei unterschiedliche Darstellungen ein und desselben Sachverhalts, ausgedrückt in zwei verschiedenen „Sprachen".

Der Trick besteht dabei darin, die Amplituden (Maximalauslenkungen) der Sinus- bzw. Kosinusterme durch Multiplikation mit gewissen Koeffizienten so zu gewichten und gleichzeitig die Schwingungen zu verschieben (d. h. deren Phasen zu ändern), daß sie, wenn man sie addiert bzw. subtrahiert, genau die Ausgangsfunktion beschreiben. Selbst gewisse nichtperiodische Funktionen (nämlich jene, die so schnell abfallen, daß die Fläche unter dem Graphen endlich ist) lassen sich auf diese Weise zerlegen; dies führt auf die *Fourier-Transformation*. Andererseits lassen sich aus der Fourier-Reihe bzw. -Transformierten auch die Ausgangsfunktionen rekonstruieren; beim Übersetzen von einer Sprache in die andere geht offenbar keinerlei Information verloren.

Fourier selbst betrachtete seine Erkenntnis als „ziemlich ungewöhnlich", und so wundert es nicht, daß sie auch auf eine Reihe von Vorbehalten stieß. Zuvor hatten sich die Mathematiker lediglich mit Funktionen beschäftigt, deren Graphen reguläre Kurven waren. So beschreibt etwa die Funktion $f(x) = x^2$ eine glatte symmetrische Parabel. (*Funktionen* sind Vorschriften, die besagen, wie man aus einer bestimmten Menge von Zahlen irgendeine andere Menge erhält. Zum Beispiel verlangt die Funktion $f(x) = x^2$, daß die Zahl x zu quadrieren ist; aus $x = 2$ wird also $f(x) = 4$ usw).

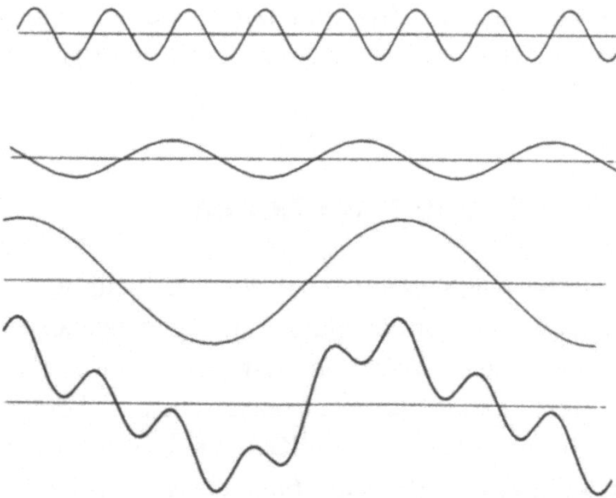

Abb. 1.1: Fourier konnte 1807 zeigen, daß jede periodische Funktion als Summe von Sinus- und Kosinustermen geschrieben werden kann. In unserem Beispiel ergibt sich die unten dargestellte Funktion als Summe der drei darüber gezeigten. Fouriers Entdeckung führte unter den Mathematikern schlagartig zu einem neuen Verständnis des Funktionsbegriffs. Darüber hinaus gelang es, auf dieser Basis ein systematisches Lösungsverfahren für bestimmte Typen von Differentialgleichungen zu entwickeln. Gleichzeitig wurde der Weg gebahnt für die digitale Signalverarbeitung bis hin zum Computer und CD-Spieler. Auch die Quantenmechanik kann in der Sprache der Fourier-Analyse formuliert werden.

Die Vorstellung, daß sich jede periodische Kurve als Reihe von Sinus- und Kosinustermen schreiben und damit als Funktion behandeln lassen soll, traf die Mathematiker seinerzeit fast wie ein Schock und führte zu einem tiefgreifenden, manchmal auch schmerzlichen Umdenken in der Mathematik.

Wie wir im Kapitel *Eine Reise durch die Funktionenräume* (S. 221) noch sehen werden, brauchten die Mathematiker einen Großteil des 19. Jahrhunderts, um die Grundlagen dieses neuen Funktionsbegriffs begrifflich exakt zu fassen. Schließlich sahen sie sich gezwungen, selbst bizarre mathematische Strukturen, die sich überhaupt nicht mehr graphisch darstellen lassen und sich der Vorstellung somit völlig entziehen, noch als Funktionen anzusehen, wenn sie sich nur in eine vernünftige Fourier-Reihe entwickeln lassen. Der französische Mathematiker Henri Poincaré bemerkte hierzu 1889: „Auf diese Weise entstand eine ganze Horde von Funktionen, die es nur darauf abgesehen hatten, möglichst wenig mit den ordentlichen und nützlichen Funktionen gemein zu haben. Keine Stetigkeit mehr, und wenn schon Stetigkeit, dann keine Differenzierbarkeit ... Früher hatte jede neuentdeckte Funktion immer auch einem praktischen Zweck gedient. Heutzutage dagegen werden Funktionen nur erfunden, um Beweisführungen ihrer Begründer zu untermauern. Einen anderen Zweck haben sie nicht" [71].

Poincaré (der allerdings auch feststellte, daß Fouriers Buch „von herausragender Bedeutung für die Mathematikgeschichte war und daß die reine Mathematik ihm vielleicht noch mehr zu verdanken hat als die angewandte" [72]) war zugleich besorgt über die Auswirkungen, die diese verrückten Funktionen auf die Studienanfänger haben könnten. „Was soll sich der arme Student dabei denken? Er wird zu dem Schluß gelangen, daß die Mathematik nichts anderes ist als ein Haufen nutzloser Spitzfindigkeiten, und sich entweder angewidert von ihr abwenden oder sie lediglich als Spielerei betreiben."

Es ist sicher eine Ironie des Schicksals, daß ausgerechnet Poincaré selbst später nachwies, daß „pathologische" Funktionen bei der Naturbeschreibung eine bedeutende Rolle spielen – man denke nur an die Theorie des Chaos oder die der Fraktale. Tatsächlich erwies sich dieser neue Zweig für die Mathematik als außerordentlich fruchtbar, und dies zu einer Zeit, da manche das Ende der Mathematik bereits vor Augen sahen.

So hatte der französische Astronom Jean-Baptiste Delambre (bekannt durch eine unter schwierigsten Bedingungen gemeinsam mit Pierre Méchain durchgeführte Messung des Bogenwinkels zwischen Dunkerque und Barcelona, mit dem Ziel einer neuen Meterdefinition) 1810 einen mathematischen Bericht verfaßt, in dem er die Befürchtung äußerte, daß „die Potenzen unserer Verfahren nahezu ausgeschöpft sind" ([21], S. 125). Etwa 30 Jahre später schrieb der damals 45jährige Lagrange an seinen Freund d'Alembert, daß er sich nicht sicher sei, ob er in zehn Jahren immer noch Mathematik treiben werde. „Mir scheint meine eigene Mathematik bereits zu hoch, und falls wir nicht auf eine ganz neue Ader stoßen, werden wir uns früher oder später ganz von ihr lossagen müssen ... Es ist durchaus nicht ausgeschlossen, daß die Mathematiker an den Akademien eines Tages eine ähnliche Rolle spielen werden wie die Inhaber der Arabistik-Lehrstühle an den heutigen Universitäten" [52].

Die Fourier-Transformation

Die Fourier-Transformation ist eine Art mathematisches Prisma. So wie ein Prisma das Licht in seine Farben aufspaltet, zerlegt die Fourier-Transformation eine Funktion in die in ihr enthaltenen Frequenzen. Dabei überführt sie eine zeit- (oder auch orts-) abhängige Funktion f in eine neue, frequenzabhängige Funktion, die *Fourier-Transformierte* (bzw. bei periodischer Ausgangsfunktion die *Fourier-Reihe*) $\hat{f}$ der Ausgangsfunktion.

Eine Funktion und ihre Fourier-Reihe sind zwei verschiedene Darstellungen ein und desselben Sachverhalts. Die Funktion selbst offenbart die Zeit- (bzw. Orts-) Information, während Angaben über die Frequenzen nicht zu entnehmen sind. Die Fourier-Transformierte dagegen macht die Frequenz-Informationen sichtbar. Der zeitliche Verlauf der Funktion ist hierbei in den *Phasen* – den Verschiebungen der Sinus und Kosinus unterschiedlicher Frequenz, so daß sich diese addieren oder subtrahieren – verborgen. In der Musik etwa gibt die Fourier-Transformierte an, welche Noten (Frequenzen) zu spielen sind; wann eine Note zu spielen ist, vermag sie aber nicht zu sagen.

Fourier-Reihen periodischer Funktionen enthalten lediglich Sinus und Kosinus ganzzahliger Vielfacher der Grundfrequenz, d. h. $\sin 2\pi k$, $\sin 2\pi 2k$ ... Um die Fourier-Transformierte einer nichtperiodischen, bei unendlich hinreichend schnell abfallenden Funktion zu konstruieren, muß man dagegen die Koeffizienten aller möglichen Frequenzen berechnen.

„Wenn man zurückblickt", schreibt Körner ([51], S. 474), kann man die Fouriersche Abhandlung „als Vorboten einer ganzen Welle neuartiger mathematischer Verfahren und Sätze betrachten, die den Beginn des neuen Jahrhunderts markieren".

1.3 Mathematik und Deutung von Naturerscheinungen

Dem deutschen Mathematiker Carl Jacobi zufolge war Fourier der Überzeugung, daß der Endzweck der Mathematik „im Gemeinwohl und in der Deutung von Naturerscheinungen" ([50], S. 454) bestehe. Nachdem Fourier seine Transformation mathematisch formuliert hatte, wandte er sich der Frage zu, wie sich mit deren Hilfe Phänomene wie die Wärmeleitung untersuchen ließen. Gleichungen, die zuvor als unlösbar galten, waren nun zumindest numerisch lösbar geworden, da sich über Fourier-Transformationen eine wichtige Klasse von Differentialgleichungen in algebraische Gleichungssysteme überführen läßt.

> **Zur Konvergenz von Fourier-Reihen und zur Stabilität des Sonnensystems**
>
> Jede periodische Funktion kann als Reihe (bzw. Summe) von Sinus- und Kosinustermen geschrieben werden; allerdings beschreibt nicht jede Reihe von Sinus- und Kosinustermen auch eine Funktion. Konnte die Konvergenz einer solchen Reihe einmal nachgewiesen werden, reicht es aus, eine endliche Anzahl von Termen mitzunehmen; durch Hinzunahme weiterer Terme wird sich das Ergebnis nicht mehr wesentlich ändern. Fallen die Koeffizienten aber nicht hinreichend schnell ab, divergiert die Reihe und kann folglich keine Funktion mehr beschreiben.
>
> Konvergenz- und Divergenzkriterien stellen für die Mathematiker häufig eine Herausforderung dar. Besonders schwierig wird die Untersuchung bei Reihen mit unendlich vielen kleinen Nennern. Karl Weierstraß, ein berühmter deutscher Mathematiker, bemühte sich im 19. Jahrhundert viele Jahre erfolglos, die Stabilität des Sonnensystems anhand einer Reihe mit kleinen Nennern nachzuweisen. Erst in den sechziger Jahren dieses Jahrhunderts konnte das Problem endgültig gelöst werden.

Im folgenden sei z. B. die Temperatur längs eines sich abkühlenden Metallstabes in Abhängigkeit von der Zeit zu berechnen.

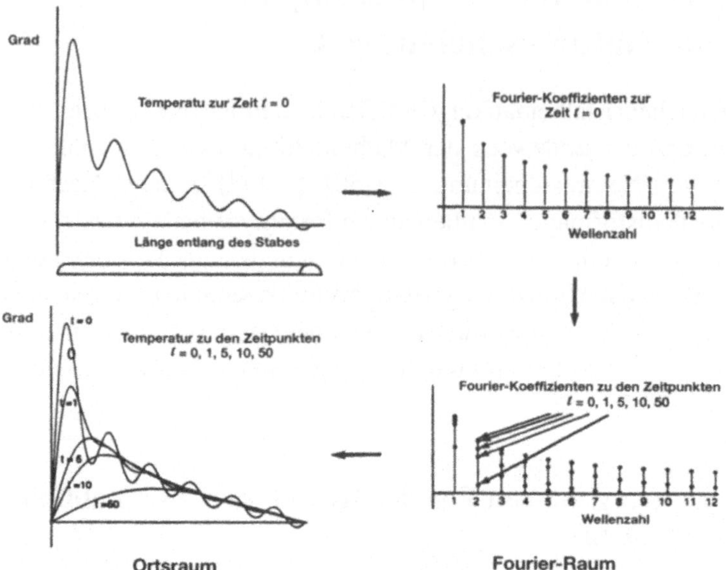

Abb. 1.2: **Differentialgleichungen im Fourier-Raum.** Um die Temperatur zur Zeit t entlang eines sich abkühlenden Metallstabes zu bestimmen, mißt man zunächst die Anfangstemperatur (die Temperatur zur Zeit $t = 0$) und stellt sie als (längs des Stabes gemessene) Ortsfunktion f dar. Anschließend transformiert man diese in den Fourier-Raum, berechnet also die Fourier-Transformierte $\hat{f}$ der Funktion. Diese Fourier-Transformierte enthält die Fourier-Koeffizienten aller Wellenzahlen $n = 1, 2, 3 \ldots$, die in der Funktion f zur Zeit 0 enthalten sind. (Bei einer Zeitfunktion würde sinngemäß die Frequenz an die Stelle der Wellenzahl treten.) Die Fourier-Koeffizienten zur Zeit 0 seien $c_n(0) = 1/\sqrt{n}$; dann ergeben sich die Koeffizienten zur Zeit t zu

$$c_n(t) = c_n(0)\mathrm{e}^{-n^2 t/100} = \frac{\mathrm{e}^{-n^2 t/100}}{\sqrt{n}}.$$

Im Bild dargestellt sind die Fourier-Koeffizienten zur Zeit $t = 1, 5, 10, 50$. Zu einem gegebenen Zeitpunkt gibt es für den gesamten Stab nur einen Satz von Fourier-Koeffizienten; die Information über die räumliche Verteilung scheint also verlorengegangen zu sein. Sie tritt erst wieder zutage, wenn man zum Ortsraum zurückkehrt. Durch Rücktransformation der Fourier-Transformierten $\hat{f}_t$ erhält man die Temperatur f_t zur Zeit t in einem beliebigen Punkt des Stabes.

Die zur Zeit $t = 0$ herrschende Anfangstemperaturverteilung soll dabei wie in Abbildung 1.2 gezeigt als Funktion des Abstands von einem Stabende vorgegeben sein. Die Differentialgleichung für die Temperaturänderung sieht zunächst nicht besonders schwierig aus; allerdings enthält sie Zeit und Ort als zwei unabhängige Variable. Vor Fourier gab es niemanden, der eine solche Differentialgleichung hätte behandeln können. Überführt man die Funktion jedoch in eine Fourier-Reihe, geschieht etwas sehr Bemerkenswertes: Die „unlösbare" Differentialgleichung *entkoppelt* in ein System unabhängiger gewöhnlicher Differentialgleichungen, und zwar jeweils eine für jeden in der Ausgangsfunktion enthaltenen Sinus- und Kosinusterm.

Jede dieser Gleichungen beschreibt die zeitliche Änderung des Fourier-Koeffizienten eines Sinus- oder Kosinusterms. Zur Erinnerung: Die Fourier-Koeffizienten sind die Zahlen, mit denen die Sinus und Kosinus unterschiedlicher Frequenz multipliziert werden, um deren Gewicht zu verändern, die also angeben, wie stark die jeweilige Frequenz in der betrachteten Funktion enthalten ist. Darüber hinaus sind die auf diese Weise entstandenen Gleichungen außerordentlich einfach: Dieselben Gleichungen beschreiben den Kontostand bei einem Bankkonto, auf dem Geld zu einem bestimmten Zinssatz angelegt wurde (wobei der Zinssatz in unserem Beispiel allerdings negativ wäre).

Nun setzen wir die Koeffizienten der Anfangstemperaturverteilung zur Zeit $t = 0$ in die einzelnen Gleichungen ein und erhalten so die Fourier-Koeffizienten zur Zeit t. Anschließend bilden wir aus diesen Koeffizienten eine neue Funktion, die die Temperatur an einem beliebigen Punkt des Stabes beschreibt. Im Grunde ist das Verfahren nicht komplizierter als die Berechnung unseres Kontostandes.

Durch den Umweg über den Fourier-Raum haben sich unsere Rechenverfahren beträchtlich vereinfacht. Das ist etwa so, wie wenn man die beiden römischen Zahlen LXXXVI und XLI zu multiplizieren hätte. Man übersetzt sie in arabische Zahlen, multipliziert $86 \cdot 41 = 3526$ und übersetzt das Ergebnis anschließend wieder in römische Zahlen,

$$LXXXVI \cdot XLI = MMMDXXVI.$$

Unser Beispiel macht deutlich, weshalb Fourier ein Verfahren benötigte, das sich auf beliebige, ja sogar unstetige Funktionen anwenden läßt. Schließlich konnte er nicht davon ausgehen, daß die Anfangstemperaturverteilung immer die Form einer regulären Kurve annimmt. „Damit die Lösungen allgemein sind und genauso weit reichen wie die potentiellen Problemstellungen selbst, war eine Vorbedingung, daß sie mit jeder beliebigen Anfangstemperatur verträglich sein müssen" ([37], S. 22).

Die Analysis

Die Analysis ist genauso allumfassend wie die Natur selbst. Sie betrifft unsere sämtlichen Sinneserscheinungen, die Zeit ebenso wie Längen, Kräfte oder Temperaturen. Dies ist eine schwierige Wissenschaftsdisziplin, die nur langsam Fortschritte macht, bei der aber andererseits jedes einmal gewonnene Grundprinzip Bestand hat.

Das Hauptmerkmal der Analysis ist ihre Klarheit; für nebulöse Formulierungen läßt diese Sprache keinen Raum. Sie verknüpft höchst unterschiedliche Erscheinungen und zeigt dadurch gemeinsame Analogien auf. Die Analysis kann sogar Erscheinungen beschreiben, die wie Luft oder Licht extrem flüchtig sind, oder von Körpern, die fern im Weltenraum schweben; sie kann helfen, Himmelserscheinungen zu verschiedenen, oft viele Jahrhunderte getrennten Epochen zu erkennen, oder auch die Schwerkraft oder Wärme tief im Erdinnern, die uns niemals zugänglich sind. All diese Erscheinungen macht die Analysis erfaßbar und meßbar. Sie ist wohl eine Fähigkeit des menschlichen Geistes, die diesem mitgegeben wurde, um sein kurzes Leben und seine unvollkommene Sinneswahrnehmung zu ergänzen. Noch bemerkenswerter ist, daß bei der Untersuchung sämtlicher Erscheinungen prinzipiell das gleiche Vorgehen möglich ist. Sie alle werden in der gleichen Sprache beschrieben, gerade so, als wollte die Analysis die Einheit und Einfachheit des Weltenplanes aufzeigen ...

Joseph Fourier, *The Analytical Theory of Heat*

1.4 Mathematik und Gemeinwohl

Die Fourierschen Verfahren erwiesen sich fruchtbar nicht nur für die Untersuchung von Wärmeleitungserscheinungen, sondern für Lösungsverfahren von Differentialgleichungen überhaupt und noch weit darüber hinaus. Meßdaten etwa neigen in der Realität häufig zu einem irregulären Verlauf; man denke nur an Elektrokardiogramme oder Seismogramme. Um mit Yves Meyer zu sprechen, ähneln diese eher „kompliziert gegliederten Ornamenten" ([66], S. 2) – zitternden Kurven, die zwar die gesamten Signalinformationen enthalten, dies aber in einer Form, die uns nicht zugänglich ist. Im folgenden unterscheiden wir zwischen den zu analysierenden *Signalen* und den zur Analyse verwendeten *Funktionen*, zu denen auch die Wavelets zählen; mathematisch gesehen sind allerdings auch die Signale Funktionen.

Die Fourier-Transformation übersetzt diese Signale in eine Form, die uns zugänglich ist, wobei ein zeitlich (oder auch räumlich) veränderliches Signal in eine neue Funktion, die *Fourier-Transformierte* des Signals, übergeht. Die Fourier-Transformierte gibt an, mit welchem Gewicht die jeweilige Frequenz im Signal enthalten ist, genauer: mit welchem Gewicht der Sinus und Kosinus mit der jeweiligen Frequenz im Signal enthalten ist.

In vielen Fällen ist diese Frequenzzerlegung nicht nur ein bloßer mathematischer Trick, um die Rechnungen zu vereinfachen, sondern es handelt sich um Frequenzen echter physikalischer Wellen, aus denen das betreffende Signal besteht. Wenn wir Musik hören oder einem Gespräch folgen, registrieren wir die von den Schallwellen hervorgerufenen Luftdruckänderungen. Hohe Töne haben hohe Frequenzen, bei denen die Wellenberge dicht beieinander liegen, tiefe Töne dagegen niedrige Frequenzen, bei denen die Wellenzüge breit gedehnt sind. Auch ein Klavier vermag z. B. eine Art Fourier-Analyse durchzuführen: Ertönt bei getretenem Pedal in seiner Umgebung ein lautes Geräusch, beginnen je nach den darin enthaltenen Frequenzen bestimmte Saiten zu schwingen.

In ähnlicher Weise sind auch die (Fourier seinerzeit natürlich noch unbekannten) Radio- und Mikrowellen, das Infrarot- oder sichtbare Licht sowie die Röntgenstrahlen alles elektromagnetische Wellen, die sich nur in der Frequenz unterscheiden. Die Frequenzanalyse von Schall- oder elektromagnetischen Wellen besitzt zahlreiche Anwendungen, z. B. bei der Senderwahl am Radio, bei der Analyse der Strahlung ferner Galaxien, bei der Ultraschalluntersuchung von Kindern im Mutterleib und bei der kostengünstigen Übertragung von Telefon-Ferngesprächen.

Mit der Entwicklung der Quantenmechanik wurde deutlich, daß die Fourier-Analyse die Sprache der Natur selbst ist. Kann man im „Ortsraum" den Aufenthaltsort eines Teilchens lokalisieren, erhält man im Fourier-Raum dessen Impuls, was dem Wellenbild entspricht. Die moderne Auffassung, wonach sich Materie im extrem Kleinen anders verhält als bei den uns geläufigen Größenordnungen, erscheint so als eine natürliche Konsequenz der Fourier-Analyse: Ein Elementarteilchen kann nicht gleichzeitig an genau einem Ort sein und dabei einen genau bestimmten Impuls haben.

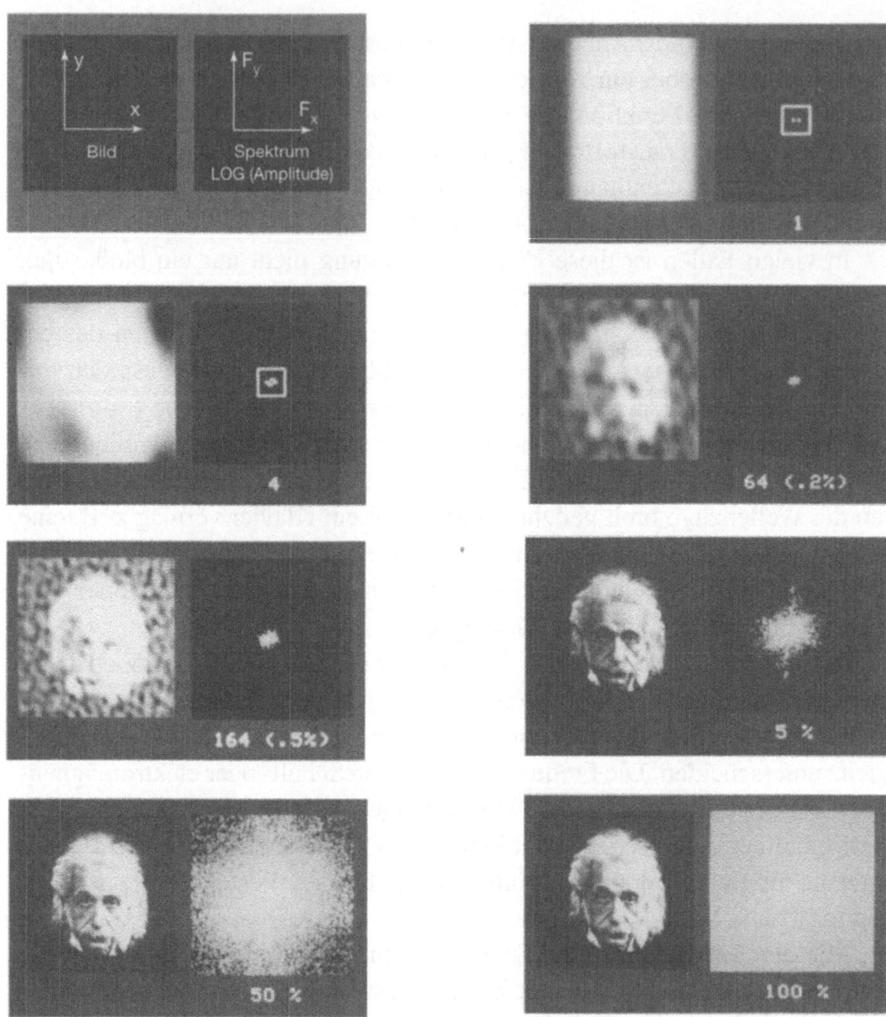

Abb. 1.3: Hier wurde eine Einstein-Photographie in ihre „räumlichen Frequen-
zen" zerlegt. So wie ein eindimensionales Signal als Überlagerung von Sinus- und
Kosinus-Termen geschrieben werden kann, kann ein zweidimensionales Bild nach
räumlichen Frequenzen zerlegt werden. Zusätzlich zur Amplitude und Phase der
Sinus- und Kosinusterme muß dabei deren Orientierung mit angegeben werden.
Das Bild zeigt, wie das Photo durch sukzessives Hinzufügen weiterer Fourier-
Komponenten rekonstruiert werden kann. Man beginnt dabei mit den Frequenzen,
die den größten Beitrag zum Bild liefern. Rechts neben den Photos ist jeweils der
bei der Rekonstruktion berücksichtigte Anteil des Gesamtspektrums gezeigt; die er-
sten beiden Spektren sind vergrößert dargestellt.
Mit freundlicher Genehmigung von Gene Switkes, Karen De Valois und Russell De
Valois, University of California, Berkeley.

1.5 Sampling-Theorem und Digitaltechnologie

Wie wir gesehen haben, lassen sich selbst ganz irreguläre Funktionen als Reihen von Sinus- und Kosinustermen darstellen. In der Regel sind diese Reihen unendlich, brechen also niemals ab. Lohnt es sich angesichts dessen überhaupt, ein komplexes Signal in eine unendliche arithmetische Reihe zu überführen, wenn man dazu unendlich viele Koeffizienten berechnen und anschließend unendlich viele Wellen aufsummieren muß? Zunächst sieht es ganz so aus, als ob man hier vom Regen in die Traufe kommt. Zum Glück reichen häufig schon wenige Koeffizienten aus. Am Beispiel der Wärmeleitungsgleichung konnte Fourier etwa zeigen, daß die Koeffizienten der hochfrequenten Sinus- und Kosinusterme rasch gegen null gehen, so daß man alle höheren Frequenzen gegenüber den niedrigsten vernachlässigen kann. Soweit dem nichts entgegensteht, geht man deshalb in der Technik meist davon aus, daß eine endliche Anzahl von Koeffizienten ausreicht.

Die Integraldarstellung der Fourier-Koeffizienten

Um die Fourier-Koeffizienten einer mit der Periode 1 periodischen Funktion f zu berechnen, wird die Funktion zunächst mit $\sin 2\pi kx$ und $\cos 2\pi kx$ (d. h. Sinus und Kosinus ganzzahliger Frequenzen k) multipliziert. Die so entstandene neue Funktion schwankt zwischen $+f$ und $-f$. Durch Integration über dieses Produkt (Berechnen der von der Produktfunktion eingeschlossenen Fläche) erhält man den zur jeweiligen Frequenz gehörigen Fourier-Koeffizienten.

Die Fourier-Koeffizienten stetiger Funktionen gehen für sehr hohe Frequenzen gegen null: Da sich stetige Funktionen im Vergleich zu hochfrequenten Oszillationen nur langsam ändern, schließen die Oszillationen etwa gleichviel positive wie negative Fläche ein, so daß die zugehörigen Fourier-Koeffizienten sehr klein werden.

Zur Illustration betrachte man den Graphen der Funktion $f(x) = |\sin(3\sin 2\pi x)|$ sowie die nach Multiplikation mit den Kosinus der Frequenzen $7, 8, 30$ und 100 daraus hervorgehenden Graphen.

In der Praxis machen sich Ingenieure und Wissenschaftler bei der Fourier-Analyse oft gar nicht die Mühe, das Signal aus den Sinus- und Kosinustermen wirklich zu rekonstruieren. So wie manche Musiker still Musik hören können, indem sie nur die Noten lesen, „lesen" sie die Fourier-

Koeffizienten (meist allerdings nur deren Amplituden, da die Phasen schwieriger zu interpretieren sind). Faktisch arbeiten sie also die meiste Zeit im „Fourier-Raum", um nur gelegentlich einen Abstecher in den Orts- bzw. Zeitraum zu machen. Das einzige Problem stellt das Berechnen der Fourier-Koeffizienten dar. Ohne Computer und entsprechende schnelle Algorithmen wäre die Fourier-Analyse ein rein theoretisches Hilfsmittel geblieben, und die Entwicklung der heute allgegenwärtigen wäre undenkbar gewesen.

Die Grundlagen dieser Digitaltechnologie gehen auf Claude Shannon, einen Mathematiker der Bell-Laboratories, zurück. Obgleich Shannon unter Außenstehenden wenig bekannt ist, wird er von den Kommunikationswissenschaftlern „wie ein Held verehrt" ([70], S. 55). Einer seiner zahlreichen Beiträge bestand in der Formulierung des – unabhängig von Shannon auch durch Harry Nyquist entdeckten – Sampling- oder Abtasttheorems. Dieses Theorem besagt, daß man ein Signal mit einem Frequenzgang bis maximal n Schwingungen pro Sekunde lediglich $2n$ mal pro Sekunde messen muß, um das Signal mit beliebiger Genauigkeit reproduzieren zu können.

Warren Weaver, Ko-Autor des 1949 gemeinsam mit Shannon verfaßten Buches *The Mathematical Theory of Communications*, nennt dieses Theorem „höchst bemerkenswert, da sich stetige Kurven durch Angabe endlich vieler Punkte in der Regel immer nur näherungsweise charakterisieren lassen. Um ihren Gesamtverlauf zu erhalten, sind im allgemeinen unendlich viele Punkte vonnöten" ([75], S. 12). Umfaßt die Kurve jedoch nur einen beschränkten Frequenzbereich, läßt sie sich schon aus endlich vielen Angaben exakt rekonstruieren.

Dieser Satz, eine direkte Folge der Fourier-Analyse, ist leicht zu formulieren und auch nicht sehr schwer zu beweisen. (Ein möglicher Beweis findet sind im Anhang auf Seite 267.) Für die Signalverarbeitung und -übertragung besitzt er jedoch weitreichende Konsequenzen. Um ein Signal adäquat zu reproduzieren, muß man demnach gar nicht das gesamte Signal übertragen; eine endliche Anzahl von Stützstellen reicht hierfür bereits aus.

Beim Telefon liegt der übertragene Frequenzbereich etwa bei 4000 Hz (= Schwingungen pro Sekunde). Beim Telefonieren (über eine Digitalverbindung, Anm. d. Übers.) wird unsere Stimme demnach etwa 8000mal pro Sekunde abgetastet. Um Musik in HiFi-Qualität zu übertragen, ist dagegen ein weit höherer Frequenzbereich erforderlich; so wird das Signal bei der CD 44 000mal pro Sekunde abgetastet. Ein noch häufigeres oder – wie früher bei der Schallplatte – gar kontinuierliches Abtasten des Signals bringt demgegenüber keine Verbesserung mehr.

Weiter ergibt sich aus diesem Theorem, daß hohe Frequenzen häufiger abgetastet werden müssen als niedrige. Mit jeder Oktave verdoppelt sich die Schwingungsfrequenz. Während der Frequenzunterschied zwischen den beiden tiefsten A auf dem Klavier nur 28 Hz beträgt, liegen zwischen den beiden höchsten 1760 Hz. Benötigt man zum Kodieren eines Musikstücks in der höchsten Oktave also 3520 Stützstellen, reichen in der tiefsten bereits 56 aus.

Das Sampling-Theorem öffnete auch das Tor zur Digitaltechnologie. Ein abgetastetes Signal läßt sich als Ziffernfolge darstellen (was natürlich mit einem Rundungsfehler verbunden ist). Über eine Fourier-Analyse kann man eine Stimme sogar vorübergehend in einen anderen Frequenzbereich verschieben, wodurch sich die Möglichkeit eröffnet, sie gemeinsam mit anderen Stimmen zu übertragen. Dies ermöglicht enorme Einsparungen. (Ein dreiminütiges Ferngespräch von der amerikanischen Ost- zur Westküste kostete im Jahre 1915 etwa 260 $ ([70], S. 85).) Bereits 1948 sahen Shannon und seine Mitarbeiter voraus, daß die Digitaltechnologie das „Gebiet der Kommunikationstechnologie einmal beherrschen wird"([70], S. 79). Zwar kam die Revolution später, als sie gedacht hatten; nachdem sie aber begonnen hatte, erfaßte sie sämtliche Gebiete. Innerhalb weniger Jahre war die hochmoderne elektrische Schreibmaschine fast so museumsreif geworden wie das Spinnrad.

Den Beginn dieser Revolution markierte die schnelle Fourier-Transformation (FFT = Fast Fourier Transformation), ein mathematischer Trick, der das Berechnen der Fourier-Koeffizienten aus der Steinzeit direkt ins Überschallzeitalter katapultierte. Mit diesem Verfahren sind Berechnungen, die zuvor als unmöglich galten, innerhalb weniger Minuten erledigt. Damit überschritt die Fourier-Transformation, wie Michael Frazier es einmal charakterisierte, die Schwelle „zwischen akademischem Dasein und wirklichem Leben". Um diese schnellen Algorithmen wirklich einsetzen zu können, benötigt man natürlich Computer. „Nachdem das Verfahren erst einmal formuliert war, wurde deutlich, daß es bereits auf eine lange und interessante Vorgeschichte zurückblickt, die bis auf Gauß zurückreicht. Vor Beginn des Computerzeitalters war dies allerdings eine Lösung ohne jede Aufgabenstellung, auf die man sie hätte adäquat anwenden können" (Körner [51], S. 499). Natürlich ist der Gewinn durch die Verwendung der FFT höher als der allein durch den bloßen Computereinsatz bedingte Geschwindigkeitszuwachs, zumal die hohe Rechengeschwindigkeit der Computer ihrerseits durch die in die Computerhardware eingebauten schnellen Algorithmen bedingt ist.

Die schnelle Fourier-Transformation

Da sich bei der schnellen Fourier-Transformation die Anzahl der Rechenschritte von n^2 auf $n\log n$ verringert, revolutionierte sie ganze Industriezweige und Forschungsgebiete, die wie die Kristallographie wesentlich auf Fourier-Transformationen beruhen.

Die Idee geht bereits auf Gauß zurück und entstand um 1805, also noch vor der Fourier-Analyse. Es gibt mehrere Darstellungsmöglichkeiten der schnellen Fourier-Transformation. Manche Mathematiker und Ingenieure bevorzugen den traditionellen Weg, der uns allerdings etwas unübersichtlich scheint. Wir wählen deshalb einen anderen Zugang, der auf Gilbert Strang vom Massachusetts Institute of Technology zurückgeht und auf einer Matrixfaktorisierung beruht. Dabei betrachten wir zunächst anhand eines einfachen Beispiels die „langsame" Transformation, gehen dann zu einer Matrixformulierung über und zeigen anschließend, wie sich die „sture mechanische Rechnerei" (wie Gauß selbst es in einer erst nach seinem Tode veröffentlichten Arbeit nannte) mit Hilfe einer geschickten Faktorisierung wesentlich reduzieren läßt.

Kapitel 2

Auf dem Weg zu neuen Verfahren

Die schnelle Fourier-Transformation hatte weitreichende Auswirkungen auf verschiedene Gebiete der Gesellschaft. Vielleicht war der Erfolg, wie Yves Meyer schrieb, sogar zu groß: „Die Tatsache, daß die schnelle Fourier-Transformation so effektiv ist, brachte es mit sich, daß sie schließlich sogar auf Problemstellungen angewandt wurde, bei denen dies überhaupt nicht sinnvoll ist. Das ist ähnlich wie bei den Amerikanern, die sich ins Auto setzen, nur um einmal um den Block zu fahren. Zweifellos ist ein Auto etwas sehr Nützliches, aber hier wird das Auto einfach mißbraucht. Genauso wurde die schnelle Fourier-Transformation mißbraucht, eben weil sie so zweckmäßig ist." Das Problem besteht darin, daß sich die Fourier-Analyse nicht für alle Signalformen und Problemstellungen in gleicher Weise eignet. Manchmal geht es den Wissenschaftlern dabei wie dem Mann, der ausgerechnet unter dem Laternenpfahl nach einem verlorenen Groschen sucht – nicht weil er glaubt, ihn dort verloren zu haben, sondern weil es dort hell ist.

Die Fourier-Analyse funktioniert gut bei linearen Problemstellungen. Nichtlineare Aufgabenstellungen sind demgegenüber wesentlich schwieriger zu behandeln, und das Verhalten nichtlinearer Systeme ist wesentlich schwerer vorherzusagen. Schon die kleinste Änderung eines Eingangsparameters kann zu einer gewaltigen Änderung der Ausgangsgrößen führen. Das Gravitationsgesetz zum Beispiel ist nichtlinear; aufgrund der Instabilität des Systems ist die Voraussage des Langzeitverhaltens schon bei drei Körpern extrem kompliziert, wenn nicht gar unmöglich. Diese Instabilität machen sich die Forscher in raffinierter Weise zunutze, wenn sie Raumflugkörper zu weit entfernten Planeten senden: Die Raumsonde fliegt nahe an einem Planeten vorbei und wird dabei beschleunigt; eine geringfügige Ablenkung durch eines der Korrekturtriebwerke reicht dann bereits aus, um aus dem Schwerefeld des Planeten auszubrechen und die Reise beschleunigt fortzusetzen.

Körner zufolge ([51], S. 99) wird manchmal behauptet, „daß die größte Entdeckung des neunzehnten Jahrhunderts in der Erkenntnis bestand, daß die Naturgleichungen linear sind, während die größte Leistung des zwanzigsten Jahrhunderts im Nachweis bestand, daß sie nichtlinear sind".

Techniker, die mit nichtlinearen Problemen befaßt sind, flüchten sich oft in den Ausweg, diese einfach als annähernd linear zu betrachten und sich ansonsten auf ihr Glück zu verlassen. Alljährlich wird Venedig von Hochwasser heimgesucht, so daß die Venezianer den Markusplatz nur noch auf hölzernen Bohlen, die auf Pfählen ruhen, überqueren können. Gern würden die Ingenieure die Fluten rechtzeitig voraussagen können, um die Stadt mit Hilfe aufblasbarer Deiche schützen zu können. Da sie die entsprechende nichtlineare Gleichung selbst (in die Wind, Mondstellung, Luftdruck und viele andere Variable eingehen) nicht lösen können, führen sie sie auf eine lineare Gleichung zurück, die sie dann mit Hilfe einer Fourier-Transformation behandeln. Trotz zweifellos erzielter Fortschritte müssen sie immer noch zusehen, wie der Wasserstand völlig überraschend um mehr als einen Meter steigt.

2.1   Eine Verzerrung der Realität

Die Fourier-Analyse unterliegt noch weiteren Einschränkungen. Während sie von der rein mathematischen Seite her „über jeden Zweifel erhaben ist, können selbst Experten bei der physikalischen Interpretation der auf diese Weise gewonnenen Resultate ein gewisses Unwohlsein nicht verbergen" (Dennis Gabor, späterer Nobelpreisträger für die Entdeckung der Holographie, in einem 1946 veröffentlichten Aufsatz [39], S. 431). Die Grundbausteine der Fourier-Analyse sind stetige Sinus- und Kosinusfunktionen, die fortwährend oszillieren. Unter diesem Gesichtspunkt werden, wie Gabor schreibt, „Frequenzänderungen zu einem Widerspruch in sich selbst". Demgegenüber weiß natürlich jeder, daß sich die Frequenzen von Sirenen, Wort und Musik sehr wohl ändern können.

Die Information über den Zeitverlauf ist in der Fourier-Transformation gewissermaßen in versteckter Form enthalten. Zwar zeigt die Fourier-Transformierte eindeutig, mit welchem Gewicht die einzelnen Frequenzen im Signal enthalten sind; wann diese Frequenzen angeregt wurden, vermag sie aber nicht sichtbar zu machen. Mit anderen Worten, sie setzt voraus, daß das Signal in jedem Moment das gleiche ist, und dies sogar bei solch komplexen Signalen wie einer Mozart-Sinfonie oder dem Elektrokardiogramm eines Herzanfalls.

Natürlich geht die Zeitinformation bei der Fourier-Analyse nicht verloren – wenn dem so wäre, ließe sich das Ausgangssignal nicht mehr aus der Fourier-Transformierten rekonstruieren. Vielmehr ist sie tief in den Phasen verborgen. Dieselben Sinus und Kosinus können nämlich sehr wohl verschiedene Zeitpunkte im Signalverlauf repräsentieren, nur müssen sie dazu phasenverschoben werden, so daß sie sich in geeigneter Weise verstärken oder gegenseitig aufheben. Der Leser stelle sich vor, daß Wellen unterschiedlicher Höhe und Wellenlänge vom Ufer aus auf einen See geschickt werden. Die Wellen seien durch eine geeignete Wahl des Anfangspunktes, d. h. durch eine entsprechende Phasenwahl, so aufeinander abgestimmt, daß sie sich an bestimmten Stellen aufheben und an anderen addieren. Die Wasseroberfläche wird sich dann durchaus nicht mehr gleichmäßig unter den Wellen kräuseln. Sie kann an einer Stelle spiegelglatt sein, darum türmt sich eine 10 m hohe Woge, und außen verlaufen die Wellen ganz regulär.

Bei Schall- oder elektromagnetischen Wellen ist dieses seltsame Phänomen schon seit langem bekannt. Durch Überlagerung gleichförmiger Wellen lassen sich zeitlich veränderliche Signale erzeugen. Jede für sich genommen übertragen diese Wellen keinerlei Information; in der Summe können sie aber das Finale einer Symphonie ebenso wie einen Augenblick völliger Ruhe, das zitternde EKG des schlagenden Herzens ebenso wie die Gerade nach dem Tod beschreiben. Diese Beobachtung, daß sich ständige Wandlung aus absolut unwandelbaren Elementen erhalten läßt, ist nur schwer mit unserer physikalischen Erfahrung und Intuition in Übereinstimmung zu bringen; der Physiker J. Ville sprach deshalb auch einmal von einer „Verzerrung der Realität" ([66], S. 63). Das Finale einer Symphonie ist eben genauso grundverschieden von der Stille, wie Leben und Tod grundverschieden sind. Für sehr kurze oder sich schlagartig und unerwartet ändernde Signale ist die Fourier-Analyse deshalb wenig geeignet. Andererseits sind es aber gerade diese raschen Änderungen, die bei der Signalverarbeitung die interessantesten Informationen enthalten.

Theoretisch kann man die Zeitinformation über die Phasen der Fourier-Koeffizienten berechnen. In der Praxis zeigt sich allerdings, daß dies mit hinreichender Genauigkeit kaum möglich ist. Die Tatsache, daß sich die Information über einen ganz kurzen Moment des Signals über alle Frequenzen verteilt, ist ein wesentliches Manko der Fourier-Analyse. *Lokale* Eigenschaften des Signals werden zu *globalen* der Fourier-Transformierten. Um etwa eine Unstetigkeit darzustellen, muß man sämtliche Frequenzen überlagern. Dabei ist es noch nicht einmal möglich, aus einer solchen Überlagerung sicher auf die Anwesenheit einer Unstetigkeit zu schließen, geschweige denn zu sagen, wo diese Unstetigkeit liegt.

Darüber hinaus macht die fehlende Zeitinformation die Fourier-Transformation extrem fehleranfällig. „Wenn man ein einstündiges Signal verschlüsselt und nur bei den letzten fünf Minuten einen Fehler macht, wird durch diesen Fehler die gesamte Fourier-Transformierte unbrauchbar" (Y. Meyer). Die Information über einen bestimmten Signalabschnitt ist eben notwendigerweise über die gesamte Transformierte verteilt, und zwar unabhängig davon, ob es sich um echte Information oder Fehlinformation handelt. Besonders verheerend wirken sich Fehler in den Phasen aus; schon die kleinste Abweichung führt bei der Rücktransformation auf ein Signal, das nicht mehr die geringste Ähnlichkeit mit dem Ausgangssignal besitzt.

2.2   Die gefensterte Fourier-Analyse: Wo ist die verlorene Zeit?

Bei der Fourier-Analyse hat man die Wahl zwischen der Beschreibung in der Zeit und im Frequenzbereich. Aber „unser Alltagsempfinden – insbesondere unsere akustischen Wahrnehmungen – verlangt nach einer Erfassung sowohl in der Zeit als auch in der Frequenz" (Gabor, [39], S. 429). Um Signale sowohl in der Zeit als auch bezüglich der Frequenzen analysieren zu können, führte Gabor die sogenannte gefensterte Fourier-Analyse ein. Deren Grundidee besteht darin, die im Signal enthaltenen Frequenzen abschnittsweise zu berechnen. Auf diese Weise kann man zumindest den Zeitraum einschränken, innerhalb dessen sich etwas ereignet. Das „Fenster" entspricht dabei einem fest vorgegebenen kleinen Ausschnitt der Kurve, der nach und nach mit oszillierenden Funktionen unterschiedlicher Frequenzen angefüllt wird (Abbildung 2.2).

Bei der klassischen Fourier-Analyse wird das gesamte Signal sukzessiv mit den fortwährend oszillierenden Sinus und Kosinus verglichen, um zu sehen, mit welchem Gewicht jede Frequenz in diesem Signal enthalten ist. Bei der gefensterten (Kurzzeit-) Fourier-Analyse wird dagegen nur ein bestimmter Signalabschnitt mit ebenfalls kurzen Sinus- bzw. Kosinusabschnitten verglichen, danach der nächste usw. Immer wenn ein solcher Signalabschnitt analysiert ist, wird das Fenster entlang des Signals „verschoben", und der nächste Abschnitt kommt an die Reihe.

Allerdings erfordert dieses Verfahren einige schwerwiegende Zugeständnisse. Je schmaler das Fenster ist, desto besser lassen sich plötzliche Änderungen wie Spitzen oder Sprünge erfassen. Gleichzeitig wird das Verfahren aber immer unempfindlicher gegenüber den niedrigen Signalfrequenzen, die einfach nicht mehr in das schmale Fenster „passen". Wählt man ein größeres Fenster, werden zwar die niedrigen Frequenzen besser erfaßt; demgegenüber läßt aber die „Zeitempfindlichkeit" nach.

Aus diesem Grund war Yves Meyer, der sich sowohl der Möglichkeiten als auch der Beschränkungen der Fourier-Analyse wohl bewußt war, sofort fasziniert, als er von kleinen Wellen – auf französisch *ondelettes* – hörte, mit deren Hilfe es möglich sein sollte, Signale gleichzeitig in der Zeit und in der Frequenz zu analysieren. Sollten diese sogenannten Wavelets wirklich das Äquivalent zum Notenblatt sein, auf dem nicht nur die Tonhöhen (Frequenzen) selbst eingezeichnet sind, sondern auch, wann sie zu spielen sind?

2.3   Im Gespräch mit Fremdlingen

Meyer erinnert sich, daß er quasi „durch Zufall" in die Sache verwickelt wurde:

> *Ich war damals Professor an der Ecole Polytechnique de Paris. Dort hatten wir einen Photokopierer, den wir gemeinsam mit dem Institut für Theoretische Physik benutzten. Der Direktor dieses Instituts war begierig, alles zu lesen und zu wissen, und dazu mußte er ständig Photokopien anfertigen. Anstatt mich wegen der Wartezeit aufzuregen, unterhielt ich mich mit ihm, während er kopierte. Eines Tages, es war im Sommer 1985, zeigte er mir einen Artikel von Alex Grossmann, einem seiner Physikerkollegen aus Marseille, und fragte mich, ob ich Interesse daran hätte. Die Arbeit betraf die Signalverarbeitung und beruhte auf einem mir bis dahin unbekannten mathematischen Verfahren. So bald wie möglich setzte ich mich in den Zug nach Marseille und begann, mit Grossmann zusammenzuarbeiten.*

Es ist durchaus keine Seltenheit, daß Ergebnisse der reinen Mathematik auch irgendwo angewandt werden. Bei den Wavelets lagen die Dinge, wie Meyer bemerkt, allerdings anders: „Hier ging es nicht um irgendwelche Konstruktionen der Mathematiker. Die Techniker hatten damit begonnen. Ich erkannte wohl die mir bekannte Mathematik, aber der wissenschaftliche Fortschritt vollzog sich von der Anwendung hin zur Theorie. Die Mathematiker mußten die Sache nur noch etwas aufpolieren und ihr eine entsprechende Struktur und Ordnung geben."

Struktur und Ordnung waren tatsächlich vonnöten. Die Vorläufer der heutigen Wavelet-Forschung waren ziemlich sporadisch vorgegangen, was zur Folge hatte, daß Erkenntnisse aus der Frühzeit der Wavelets häufig später unwissentlich ein zweites Mal entdeckt wurden. Manchmal wird behauptet, daß das bis heute so sei: „Es scheint, daß viele, die heute auf dem Gebiet der Signalverarbeitung forschen, erst einmal lernen sollten, was wir auf dem Gebiet der Bilderkennung gemacht haben, um dann daran anzuknüpfen." David J. Field, Psychologe an der Cornell-Universität, hat damit nur ausgesprochen, was auch viele andere denken: Jeder hat das Gefühl, daß Leute, die auf anderen Gebieten arbeiten, über ihr Gebiet zu wenig wissen. Offenbar waren sich all diese Wissenschaftler überhaupt nicht bewußt, daß sie die gleiche Sprache sprachen. Zum Teil lag das wohl daran, daß sie zuvor überhaupt selten miteinander gesprochen hatten; außerdem waren die frühen Arbeiten auf sehr unterschiedliche Weise formuliert. So hatte auch Grossmann zuvor bereits mit anderen gesprochen, die auf dem gleichen Gebiet arbeiteten wie Meyer, aber „diese waren nicht in der Lage, den Zusammenhang zu sehen. Bei Yves war dies unmittelbar der Fall; er verstand sofort, um was es ging."

Ein unter den Wavelet-Forschern kursierender Witz besagt, daß der wesentliche Nutzen der Wavelets darin besteht, Wavelet-Konferenzen abhalten zu können. Dahinter verbirgt sich eine zutreffende Beobachtung: Die moderne, konsistente Sprache der Wavelets bietet Wissenschaftlern aus verschiedenen Gebieten in besonderer Weise die Möglichkeit, miteinander zu reden und zusammenzuarbeiten. Grossmann schrieb dazu: „Im allgemeinen sind Forschungsgebiete ziemlich stark abgeschottet. Die Attraktivität, die die Wavelet-Problematik auf viele ausübt, beruht wohl vor allem darauf, daß sie hier aus dem üblichen Umfeld heraustreten können, um sich mit den verschiedensten ‚Fremdlingen' zu verständigen. Definitionsgemäß ist ja jeder, der nicht im eigenen Dorf wohnt, ein Fremdling. Immer wieder sind die Leute überrascht zu sehen, daß die Fremdlinge auch nur zwei Augen und eine Nase haben wie wir. Dies war für alle eine sehr nützliche Erfahrung."

2.4 Die Morletschen Wavelets konstanter Form – da kann etwas nicht stimmen

Man muß schon fast Archäologe sein, um die Geschichte der Wavelets aufzuarbeiten. „Inzwischen habe ich 15 verschiedene Wurzeln dieser Theorie gefunden, von denen manche bis auf das Jahr 1930 zurückreichen. Als sich David Marr im Zusammenhang mit Robotern mit Fragen des künstlichen Sehens beschäftigte, hatte er bereits ähnliche Ideen. Auch den Physikern waren die Wavelets zumindest intuitiv seit Kenneth Wilsons (Nobelpreis 1971) Arbeit zur Renormierungsproblematik bekannt" (Y. Meyer). In der Mathematik wurden Wavelets als sogenannte Atomzerlegung zuvor bereits bei der Untersuchung von Funktionenräumen eingesetzt. Wieder andere Wissenschaftler entdeckten die Wavelets bei der Modellierung des Sehvorgangs.

Wir wollen hier als Ausgangspunkt eine Arbeit von Jean Morlet wählen, einem Geophysiker, der für die französische Ölgesellschaft Elf-Aquitaine arbeitete und Wavelets als Hilfsmittel für die Erdölerkundung entwickelte. Tatsächlich wurden sie nie dafür eingesetzt. Morlet, inzwischen pensioniert, resümierte einmal: „Anfangs gab es einige Versuche, die aber bald abgebrochen wurden. Manche waren dafür, andere dagegen, und schließlich fehlte auch das Geld ..."

Das heute übliche Standardverfahren bei der Suche nach unterirdischen Öllagerstätten stammt aus den 60er Jahren. Dabei werden im Boden Schwingungen oder Stöße angeregt, um anschließend deren Echo zu analysieren. Diese Analyse geht davon aus, daß sich durch Untersuchung der Echos Rückschlüsse auf die Tiefe, Dicke und Zusammensetzung der einzelnen Schichten ziehen lassen. Grob gesagt, hängen die Frequenzen der Echos von der Dicke der Schichten ab, wobei hohe Frequenzen dünne Schichten signalisieren. Morlet erinnert sich: „Es gibt Hunderte solcher Schichten, und sämtliche an ihnen reflektierten Signale überlagern sich. Auf diese Weise entsteht ein schrecklicher Wirrwarr, den man anschließend zu entflechten hat ..."

Um dem Echo-Gemisch irgendwelche Informationen zu entnehmen, unterwarf man das gesamte Signal einer Fourier-Analyse. Nachdem leistungsfähige Computer zur Verfügung standen, wurden an einigen Stellen breite „Fenster" über das Signal gelegt. In dem Maße, in dem die Computerpreise sanken, rückten diese Fenster immer näher zusammen und begannen sich schließlich sogar zu überlappen. „Irgendwann gelangten wir an einen Punkt, bei dem die Ergebnisse trotz aller Bemühungen nicht mehr besser werden wollten. Vor allem die Untersuchung von unterschiedlich dicken Schichten erforderte aber eine höhere räumliche Auflösung" (J. Morlet).

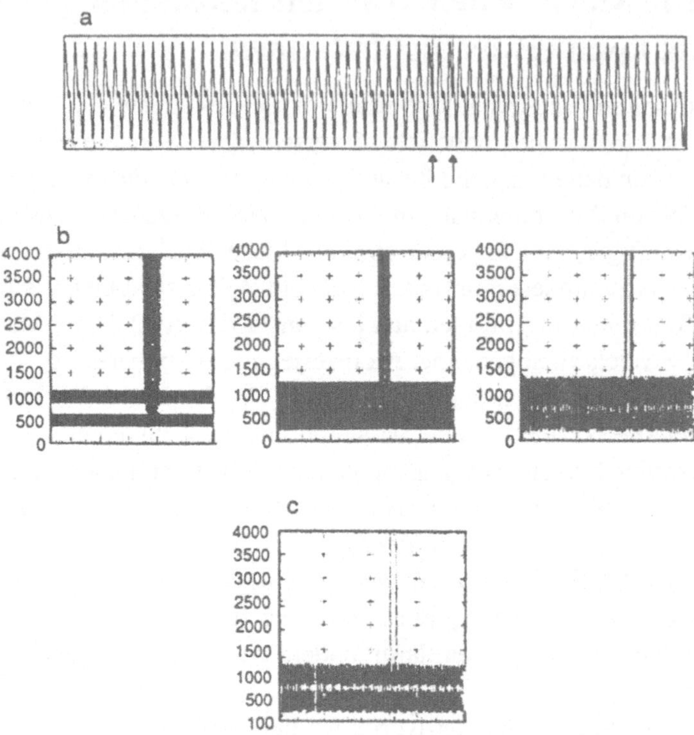

Abb. 2.1: Ein Signal, das zwei Impulse enthält, wird einmal mit der gefensterten
Fourier-Analyse und zum anderen mit Wavelets abgetastet. Die mit den Wavelets erzielte Auflösung übersteigt die mit den schmalsten Fenstern erreichbare. (a) Das mit
einer Frequenz von 8000 Oszillationen pro Sekunde abgetastete Signal; die Pfeile
weisen auf die Impulse hin. (b) Drei verschieden gefensterte Fourier-Transformierte
des Signals mit Fensterbreiten von 12,8 ms, 6,4 ms und 3,2 ms. (Horizontal ist die
Zeit, vertikal die Frequenz aufgetragen.) Mit dem breitesten Fenster werden die beiden reinen Töne am besten aufgelöst, die beiden Impulse dagegen überhaupt nicht.
(c) Die Wavelet-Transformierte des gleichen Signals. Die beiden Impulse sind noch
besser aufgelöst als mit dem in (b) verwendeten schmalsten Fenster, während die
Auflösung der beiden reinen Töne etwa genauso gut ist wie im mittleren Bild.
Mit freundlicher Genehmigung von Ingrid Daubechies, SIAM.

Etwa ab 1975 begann Morlet, auf die von Gabor etwa 30 Jahre zuvor entwickelte und auf der gefensterten Fourier-Analyse beruhende Zeit-
Frequenz-Darstellung zurückzugreifen. Diese Darstellung hat allerdings den
Nachteil, daß zeitliche Aussagen über die hohen Frequenzen mit einer gewissen Unsicherheit behaftet sind (es sei denn, man macht das Fenster ex-

trem schmal und nimmt den Verlust jeglicher Information über die niedrigen Frequenzen in Kauf). Darüber hinaus gibt es im Unterschied zur klassischen Fourier-Analyse im Rahmen dieses Verfahrens keine Möglichkeit, das Signal aus der Transformierten zu rekonstruieren.

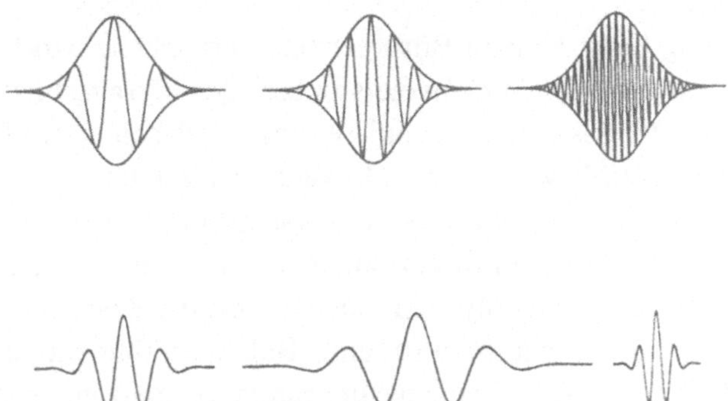

Abb. 2.2: Gefensterte Fourier-Analyse und Wavelets.
Oben: Bei der gefensterten Fourier-Analyse wird die Fensterbreite konstant gehalten und die Anzahl der Oszillationen variiert. Schmale Fenster sind gegenüber tiefen Frequenzen, die nicht hineinpassen, „blind". Macht man das Fenster dagegen sehr breit, geht die Information über die raschen Änderungen gegenüber der über das Fenster als Ganzes verloren.
Unten: Um die Fensterbreite zu variieren, kann ein „Mutter-Wavelet" (links) gedehnt oder gestaucht werden; dadurch lassen sich Signale über unterschiedliche Zeit- oder Längenskalen analysieren. Aus diesem Grund wird die Wavelet-Transformation manchmal auch als „mathematisches Mikroskop" bezeichnet: Breite Wavelets vermitteln ein ungefähres Abbild der Signals, während immer schmalere Wavelets ähnlich einem Zoom mehr und mehr Details zeigen.

Morlet schlug deshalb einen anderen Weg ein. Anstatt die Fensterbreite wie bisher festzuhalten und das Fenster mit Oszillationen unterschiedlicher Frequenz auszufüllen, ging er genau umgekehrt vor: Er hielt die Anzahl der Oszillationen im Fenster konstant und variierte die Fensterbreite. Dabei wird das Fenster wie ein Akkordeon gedehnt oder gestaucht. Gleichzeitig mit dem Wavelet werden auch die darin befindlichen Oszillationen gedehnt, so daß deren „Frequenz" zwangsläufig abnimmt. Ganz analog rücken die Oszillationen beim Komprimieren der Wavelets zusammen, so daß man höhere Frequenzen erhält (Abbildung 2.2).

Die beim Stauchen oder Dehnen entstehenden Funktionen haben mehr oder weniger die gleiche Form wie die Ausgangsfunktion. Deshalb bezeichnet Morlet sie auch als „Wavelets konstanter Form", um sie gegenüber den

Gabor-Funktionen (die er „Gabor-Wavelets" nannte) und den „Wavelets" der
Geophysiker (den bereits oben erwähnten, zur Abtastung der Erdkruste verwendeten Signalen) abzugrenzen. Manche Geophysiker waren später sehr
überrascht von dem Aufsehen um die Wavelets, da sie „Wavelets" längst zu
kennen glaubten.

Unter Nutzung eines kleinen Bürorechners entwickelte Morlet empiri-
sche Verfahren, um ein Signal in Wavelets zu zerlegen und anschließend wieder zu rekonstruieren. Als er die Ergebnisse schließlich seinen Kollegen prä-
sentierte, lautete deren Erwiderung: „Da kann etwas nicht stimmen, denn
wenn es richtig wäre, hätten wir davon längst gehört." Im Jahre 1981 bat
Morlet schließlich den Physiker Roger Balian, einen seiner ehemaligen Klas-
senkameraden von der Ecole Polytechnique, ihm bei der Korrektur seiner ersten Arbeit über Wavelets behilflich zu sein. „Balian erzählte mir, daß er sich
zwar auf dem Gebiet der Zeit-Frequenz-Interpretation ganz gut auskenne, er
aber einen Experten wisse, der dieses Gebiet noch souveräner beherrsche,
und er schickte mich zu Alex Grossmann nach Marseille."

2.5   Der Fehler ist exakt null ...

Grossmann erinnert sich an diese Begegnung: „Jean war zu mir gekommen,
da ich auf dem Gebiet der Phasenraum-Quantenmechanik arbeite. Sowohl in
der Quantenmechanik als auch bei der Signalverarbeitung hat man ständig
mit Fourier-Transformationen zu tun. Irgendwie muß man aber immer auf-
passen, was diesseits und jenseits der Transformation passiert ... Als Jean
zu mir kam, hatte er bereits ein funktionierendes Rezept. Inwieweit seine
numerischen Verfahren aber allgemeingültig sind, ob es sich dabei überhaupt um Näherungen handelt und unter welchen Bedingungen diese gegebenenfalls zutreffen, war völlig unklar." Sie benötigten ein ganzes Jahr,
um diese Fragen zu klären, wobei Experimente an Personalcomputern eine
große Rolle spielten. Grossmann berichtet:

> *Hier lag eine der Hauptursachen, warum das Problem nicht
> schon früher gelöst worden war: Erst zu diesem Zeitpunkt
> konnten sich gewöhnliche Leute, die nicht unbedingt ihr letztes
> Hab und Gut für einen Computer opfern wollten, selbst einen*

Kleincomputer leisten und mit diesem nach Herzenslust experimentieren. Wenn man etwas Neues beginnen oder etwas richtig verstehen möchte, ist es immer am besten, wenn man dabei nicht auf andere angewiesen ist. Jean nutzte für seine Arbeit ganz überwiegend Personalcomputer. Natürlich kannte er sich auch mit Großrechnern aus, schließlich war das sein Beruf, aber der Personalcomputer vermittelt ein ganz anderes Arbeitsgefühl. Ich kann mir nicht vorstellen, daß ohne meinen Kleinrechner mit Grafikdisplay irgend etwas Vernünftiges dabei herausgekommen wäre.

Um die empirischen Ergebnisse mathematisch zu stützen, wiesen Grossmann und Morlet nach, daß die „Energie" beim Übergang zur Wavelet-Darstellung erhalten bleibt. Energie bedeutet hier das quadratische Mittel über das Signal, was nicht notwendig mit dem physikalischen Energiebegriff übereinstimmt. Dies sichert eine sehr wichtige Voraussetzung an eine solche Transformation: Wenn man ein Signal in die Wavelet-Darstellung und anschließend wieder zurück transformiert, erhält man wieder das Ausgangssignal. Weiter bedeutet dies, daß eine geringfügige Änderung der Wavelet-Transformierten einer ebenfalls geringen Änderung des Signals entspricht; ein geringfügiger Fehler, eine kleine Abweichung wird das Ergebnis also nicht unverhältnismäßig stark ändern.

Allerdings war das Rekonstruktionsverfahren sehr aufwendig. Anders als bei der Fourier-Transformation, bei der ein Signal einer (räumlich oder zeitlich) Variablen in eine andere Funktion einer Variablen (der Frequenz) übergeht, erhält man bei der Wavelet-Transformation eine Funktion zweier Variablen, der Zeit und der Frequenz. Um das Signal zu rekonstruieren, muß deshalb ein Doppelintegral berechnet werden, was mit beträchtlichem Aufwand verbunden ist. Allerdings war Morlet und Grossmann bereits bekannt (und dies ist auch in mehreren Artikeln erwähnt), daß sich das Signal „näherungsweise" auch über ein Einfachintegral rekonstruieren läßt.

„Für praktische Anwendungen schlägt sich das sofort im Preis nieder: Während das eine Verfahren fast umsonst ist, hat das andere sehr wohl seinen Preis" (Morlet). Es wäre also schon interessant zu wissen, inwiefern die oben erwähnte Rekonstruktion über ein Einfachintegral Näherungscharakter besitzt. Ist der Fehler sehr groß? Morlet und Grossmann waren beide keine Mathematiker und zögerten deshalb zunächst, das Problem anzugehen.

„Nach einer Weile nahmen wir uns beide vor, zu sehen, was sich machen ließ", erinnert sich Morlet, „und Alex versprach mir, daß er versuchen wolle,

den Fehler bei der Einfachintegral-Rekonstruktion zu berechnen. Eines Tages im September 1984, er war gerade in Pasadena und ich in San Diego, rief
er mich an und teilte mir mit, daß er den Fehler gefunden habe: Er sei exakt
null ... "

2.6   Ein mathematisches Mikroskop

Wavelets sind eine Erweiterung der Fourier-Analyse. Ähnlich wie diese sind
Wavelets nicht um ihrer selbst willen von Interesse, sondern Mittel zum
Zweck. Das Ziel besteht darin, die in einem Signal verborgene Information
in Koeffizienten, Zahlen, umzuwandeln, die sich dann weiterverarbeiten,
speichern, übertragen, analysieren oder zur Rekonstruktion des Ausgangssignals verwenden lassen.

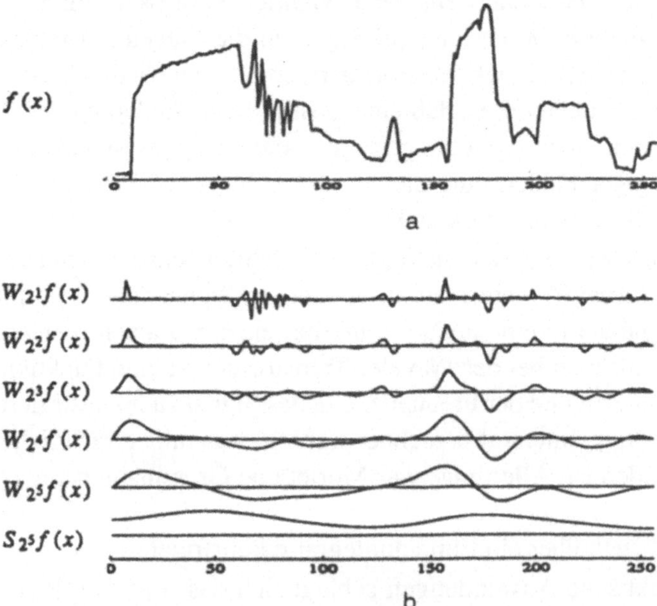

Abb. 2.3: **Ein Beispiel für eine Wavelet-Transformation.** (a) Das Ausgangssignal.
(b) Die Wavelet-Transformierte dieses Signals auf fünf verschiedenen Skalen betrachtet, die sich jeweils um den Faktor zwei unterscheiden. Die obere Kurve hat
die höchste Auflösung und zeigt somit die meisten Details. Der untere Graph enthält die niedrigsten Frequenzen.
Mit freundlicher Genehmigung von Stéphane Mallat, Ecole Polytechnique CMAP,
Paris.

Grundsätzlich ist das Vorgehen in beiden Fällen das gleiche: Die Koeffizienten geben an, wie die zur Analyse verwendeten Funktionen (Sinus/Kosinus bzw. Wavelets) zu modifizieren sind, um das Signal zu rekonstruieren. Tatsächlich kann man ein Signal durch Addieren unterschiedlich gedehnter und positionierter Wavelets in genau der gleichen Weise rekonstruieren wie durch Überlagern von Sinus und Kosinus. Auch die Koeffizienten werden mit dem gleichen Verfahren berechnet, indem man Signal und Abtastfunktion multipliziert und anschließend über das Produkt integriert. Eine graphische Veranschaulichung am Beispiel der Fourier-Analyse findet der Leser im Abschnitt *Die Integraldarstellung der Fourier-Koeffizienten* auf Seite 143. In der Praxis greift man allerdings auf schnellere Algorithmen zurück. Ja, Morlet verwendete als Einhüllende seiner Wavelets sogar dieselbe Gauß-(Glocken-)Kurve, die seinerzeit schon Gabor für die gefensterte Fourier-Analyse herangezogen hatte.

Der entscheidende Unterschied besteht darin, daß die Wavelets beim Strecken ihre Frequenz ändern, wodurch sie sich den verschiedenen Signalkomponenten automatisch anpassen können; bei kurzen, hochfrequenten Komponenten bilden sie ein schmales Fenster, bei langen, niederfrequenten dagegen ein breites. Man spricht deshalb auch von Mehrfachauflösung. Zunächst wird das Signal grob abgetastet, um einen Gesamteindruck zu erhalten, danach werden die Details mit immer größerer Auflösung analysiert. Wavelets arbeiten so als eine Art „mathematisches Mikroskop“: Werden sie komprimiert, nimmt die Auflösung zu, so daß die Details im Signal besser sichtbar werden. Bei der Erdölerkundung etwa entsprechen höhere Frequenzen der Abtastung dünnerer Schichten. Meist verwendet man fünf verschiedene Auflösungen, von denen jede doppelt so hoch wie die vorhergehende ist (Abbildung 2.3). Man kann das Signal aber durchaus wie bei den ersten Wavelets auch mit anderen Auflösungen abtasten. Manche sprechen hierbei von unterschiedlichen Zeit- bzw. Längenskalen, andere von unterschiedlichen Auflösungen; Morlet selbst sprach seinerzeit von „Oktaven“. Der Auflösungsbegriff bezieht sich auf die Anzahl der verwendeten Wavelets, charakterisiert also, wie oft das Signal abgetastet wird. Der Skalenbegriff betont demgegenüber, daß sich mit der Breite der Wavelets auch die der bei der Analyse erfaßten Komponenten ändert. Mit Oktaven wiederum ist gemeint, daß sich beim Übergang von einer Auflösung zur doppelten die Frequenz verdoppelt, so daß doppelt so hohe Frequenzen kodiert werden. Die Frequenzangaben tragen hier allerdings Näherungscharakter, da Wavelets im Unterschied zu den bei der Fourier-Analyse verwendeten Sinus und Kosinus keine genau definierte Frequenz haben. Das Spezifikum der Wavelets besteht gerade darin, daß sich Auflösung, Skale und Frequenz wegen der konstant gehaltenen Form immer gleichzeitig ändern.

Die Gesamtheit der bei den verschiedenen Skalen berechneten Koeffizienten vermittelt ein gutes Abbild des Signals bzw. der Funktion. „Im Unterschied zur Fourier-Reihe charakterisieren die Koeffizienten der Wavelet-Reihe die Eigenschaften der Funktion oder Verteilung einfach, präzise und abbildgetreu zugleich … " (Meyer [65], S. xii), oder, wie Meyer heute einschränkt, „zumindest diejenigen Eigenschaften, die schnellen Signaländerungen entsprechen, alles Rasche, Unstetige, Überraschende." Das liegt daran, daß Wavelets das Signal zwar detailgetreu erfassen können, dafür aber lediglich Änderungen beschreiben. Abbildung 2.4 veranschaulicht, wie die Wavelet-Koeffizienten die Korrelation (Übereinstimmung) zwischen Wavelet und Signalabschnitt charakterisieren. „Die Breite der Wavelets wird variiert, um den Rhythmus des Signals zu erfassen. Eine gute Übereinstimmung bedeutet, daß ein kurzer Signalabschnitt dem Wavelet sehr ähnlich sieht" (Y. Meyer).

Wird ein Wavelet mit einer Konstanten multipliziert, erhält man als Wavelet-Koeffizienten null. Definitionsgemäß ist das Integral über ein Wavelet stets null, da die Hälfte der Fläche unter dem Wavelet positiv und die andere Hälfte negativ ist. Bei Multiplikation mit einer Konstanten ändert sich die positive Fläche um den gleichen Betrag wie die negative, so daß das Integral weiterhin null ist. Darüber hinaus lassen sich Wavelets konstruieren, die beim Vergleich mit linearen oder quadratischen Funktionen oder sogar Polynomen höherer Ordnung kleine oder gar verschwindende Koeffizienten ergeben. Es ist die Anzahl der *verschwindenden Momente*, die bestimmt, was das Wavelet „nicht sieht".

„Wer eine Wavelet-Analyse macht, wird sich vor allem für Änderungen interessieren. Das ist wie beim menschlichen Geschwindigkeitsempfinden; der Mensch nimmt nur Beschleunigungen wahr, nicht jedoch Geschwindigkeiten." Solange die Geschwindigkeit im Zug oder Flugzeug konstant bleibt, scheinen diese für uns stillzustehen. Diese Tatsache ermöglicht den Wavelets, Informationen zu komprimieren. Typischerweise lassen sich dabei Signale mit 100 000 Stützstellen auf 10 000 Wavelet-Koeffizienten reduzieren, wobei diejenigen, die null sind, außer acht gelassen wurden. Die Abbildungen 2.3 und 2.4 machen deutlich, daß sich die Wavelet-Analyse vor allem dazu eignet, Veränderungen wie scharfe Peaks oder Sprünge im Signal zu „sehen". So ist, wie Meyer sagt, die „Wavelet-Analyse eine Art intelligentes Lesen des Signals, das unmittelbar zum Wesen vordringt" ([67], S. 5).

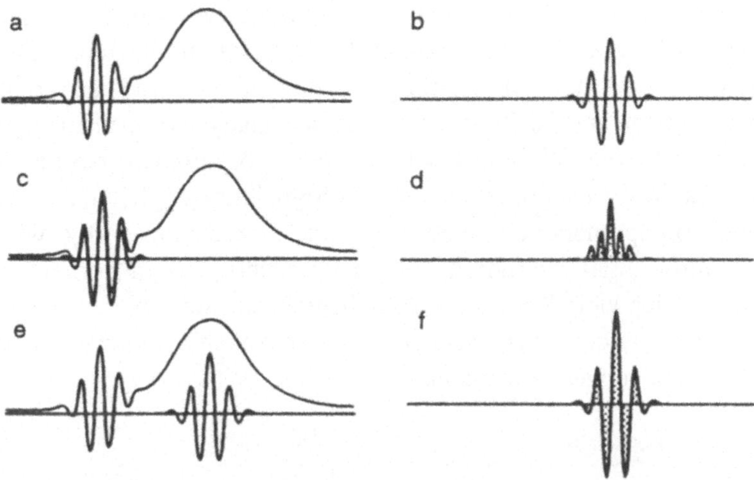

Abb. 2.4: Bei der Wavelet-Transformation wird ein Wavelet (b) sukzessive mit verschiedenen Abschnitten der Funktion (a) verglichen. Das Produkt dieses Abschnitts mit dem Wavelet ergibt eine neue Funktion, und die von dieser Funktion eingeschlossene Fläche ist der entsprechende Wavelet-Koeffizient. Funktionsabschnitte, die dem Wavelet ähneln, führen wie in (c) bzw. (d) auf große Koeffizienten. (Man beachte, daß das Produkt zweier negativer Funktionen positiv ist!) Langsam veränderliche Abschnitte ergeben wie in (e) bzw. (f) dagegen nur kleine Koeffizienten. Unter Verwendung von Wavelets unterschiedlicher Breite wird das Signal über mehrere Längenskalen analysiert. „Die Breite der Wavelets wird variiert, um den Rhythmus des Signals zu erfassen" (Y. Meyer).

2.7 Auf der Suche nach der Orthogonalität, oder: Tacitus contra Cicero

Als Meyer 1985 zu Grossmann nach Marseille unterwegs war, war die Idee der Mehrfachauflösung bereits bekannt. Nur das Berechnen der Wavelet-Koeffizienten war noch sehr aufwendig und mühsam. Außerdem war die Abbildung nicht treu. Um das Signal später rekonstruieren zu können, reichte es nicht mehr aus, wie bisher nur Auflösungen zu betrachten, die sich jeweils um den Faktor zwei unterschieden; man mußte auch Zwischenauflösungen hinzuziehen. Morlet und Grossmann hatten sich dazu das in Abbildung 2.5 gezeigte Schema ausgedacht, das zwar nur wenige „Zwischenregister" zwischen die „Oktaven" legte, bei der Signalrekonstruktion aber trotzdem erstaunlich kleine Fehler ergab.

Um das Signal wirklich originalgetreu rekonstruieren zu können, mußte man aber zur *kontinuierlichen* Wavelet-Transformation übergehen. Bei dieser wird das Signal nicht nur bei einigen diskreten, sondern bei allen möglichen Auflösungen und Positionen der Wavelets analysiert. Demzufolge sind auch unendlich viele Wavelet-Koeffizienten zu bestimmen, bei deren Berechnung das Wavelet allmählich über das Signal hinweggleitet. Ist man mit dieser im Prinzip unendlich lange währenden Berechnung fertig, wird das Wavelet infinitesimal kontrahiert, und die Berechnung beginnt erneut, wobei wieder unendlich viele Koeffizienten zu berechnen sind usw. ... Das Signal wird also nicht nur bei eng benachbarten, sondern auch bei allen dazwischenliegenden Auflösungen untersucht.

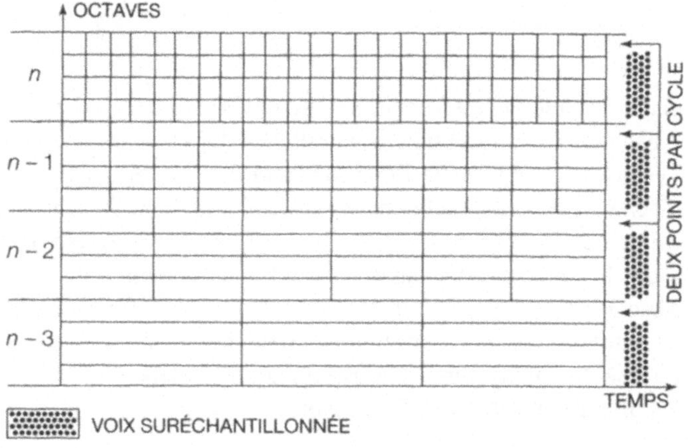

Abb. 2.5: **Wavelets und Sampling-Theorem.** Bei der Wavelet-Analyse entspricht jeder Wavelet-Koeffizient einem einmaligen Abtasten des Signals. Morlet verwendete zum Abtasten Wavelets konstanter Form. Bei jedem Übergang von einer Oktave zur nächsten (oder, in der heutigen Sprechweise, „beim Übergang von einer Längenskale zur nächsten" oder „von einer Auflösung zur doppelt so hohen") verdoppelte er die Anzahl der Abtastungen, indem er zwischen die Oktaven weitere Abtastfunktionen legte.

Im Sinne des Shannonschen Sampling-Theorems bedeuten diese *Zwischenregister*, daß das Signal *überabgetastet* (häufiger abgetastet, als vom Sampling-Theorem gefordert) ist. Erst orthogonale Wavelets ermöglichen, den Fall der *kritischen Abtastung* zu realisieren, bei dem man im Sinne des Sampling-Theorems mit möglichst wenigen Stützstellen auskommt und das Signal dennoch originalgetreu rekonstruieren kann.
Mit freundlicher Genehmigung von Jean Morlet.

Theoretisch würde man hierfür wie bereits gesagt unendlich lange brauchen. Praktisch bedeutet „unendlich" nach Grossmann „10 000 Koeffizienten, was gar nicht soviel ist". Tatsächlich ist meist eine große, aber diskrete Anzahl von Koeffizienten gemeint, wenn man von der kontinuierlichen Wavelet-Transformation spricht. Eigentlich wird das Signal also nur endlich oft abgetastet. Die kontinuierliche Wavelet-Transformation ist eine Vergeudung von Ressourcen. Da sich die Wavelets überlappen, ist die meiste in einem herausgegriffenen Koeffizienten enthaltene Information auch in dessen Nachbarkoeffizienten enthalten. Typischerweise enthalten solche Transformationen nach Meyer eine zehnfache Redundanz. „Mit der kontinuierlichen Wavelet-Transformation ist es wie bei Cicero: Alles wird zehnmal gesagt."

Die kontinuierliche Wavelet-Transformation

Bei der kontinuierlichen Wavelet-Transformation wird, ausgehend von einer Funktion ψ („Psi"), eine zweiparametrige Wavelet-Schar $\psi(at + b)$ mit den Zahlen a und b als Scharparameter erzeugt; der Koeffizient a gibt an, wie stark das Wavelet gedehnt ist, während b die Position charakterisiert. Bei der kontinuierlichen Wavelet-Transformation geht ein Signal $f(t)$ demnach in eine Funktion $c(a, b)$ zweier Variabler, Skale und Zeit, über:

$$c(a,b) = \int f(t)\psi(at + b)\mathrm{d}t.$$

Theoretisch sind solche Transformationen unendlich redundant. In der Praxis hat man inzwischen Wege gefunden, die relevanten Informationen weitgehend von den redundanten zu trennen. Bei einem dieser Verfahren wird die Transformation auf ihr *Skelett* reduziert, bei einem anderen werden nur die maximalen Wavelet-Koeffizienten, die sogenannten *Wavelet-Maxima*, berechnet.

Die erwähnte Redundanz kann allerdings auch von Vorteil sein. Kontinuierliche Darstellungen sind verschiebungs- (oder, wie die Mathematiker sagen, translations-) invariant. Da sich die Koeffizienten bei kleinen Verschiebungen nicht ändern, spielt es bei der kontinuierlichen Wavelet-Transformation keine Rolle, an welcher Stelle des Signals man genau mit der Kodierung beginnt. Aus diesem Grund gibt man bei der Datenanalyse oder Bilderkennung oft der kontinuierlichen Transformation den Vorzug.

Darüber hinaus muß man die Koeffizienten auch nicht mit beliebiger Genauigkeit berechnen. Ingrid Daubechies, Mathematik-Professorin an der Universität Princeton und seit 1985 mit Wavelets befaßt, vergleicht dies mit den unterschiedlichen Vorgehensweisem beim Zeichnen einer Landkarte:

Die meisten Männer zeichnen nur wenige Linien ein; wenn dann ein Detail fehlt, ist die Karte sofort unbrauchbar. Frauen neigen eher dazu, zahlreiche Details einzuzeichnen – hier eine Tankstelle, dort ein Lebensmittelladen usw., vieles davon auch redundant. Man stelle sich vor, von der Karte wird eine schlechte Photokopie gemacht. Wegen der hohen Redundanz wird sie selbst dann als Straßenkarte immer noch brauchbar sein. Vielleicht kann man nicht mehr den Firmennamen an der Tankstelle um die Ecke erkennen, aber die Information reicht immer noch aus. In solchen Fällen ist Redundanz durchaus von Nutzen; obgleich weniger Angaben zur Verfügung stehen, sind es zur vollständigen Rekonstruktion immer noch genug.

Soll die Information allerdings komprimiert werden, um sie billig speichern oder übertragen zu können, ist Redundanz eine kostspielige Sache. In diesem Fall sind *Orthogonaltransformationen* besser geeignet. Sie gestatten einerseits eine originalgetreue Rekonstruktion der Ausgangsfunktion und vermeiden andererseits die oben erwähnte Redundanz (siehe auch das Kapitel *Orthogonalität und Skalarprodukt* auf Seite 159). Bei Orthogonaltransformationen, wie die Fourier-Transformation eine ist, wird die Information nur einfach kodiert. Um mit Meyer zu sprechen: Man hat die Wahl zwischen Tacitus und Cicero.

An Anwendungen wie Informations-Komprimierung dachte Meyer seinerzeit allerdings noch nicht; in seinem Selbstverständnis als reiner Mathematiker interessierte er sich lediglich für die mathematische Seite der Wavelets. Was die kontinuierliche Transformation angeht, eignet sich als Wavelet so gut wie jede Funktion, deren Integral null ist. Bei den orthogonalen Wavelets ist das nicht mehr der Fall. Schon die Frage, ob solche Funktionen überhaupt existieren, war (sieht man von dem unstetigen Haar-Wavelet, vergleiche Kapitel *Mehrfachauflösung*, Seite 171, einmal ab) von großem Interesse.

> ## Orthogonalität und Skalarprodukt
>
> Orthogonale Transformationen sind treu. Sie gestatten eine exakte Rekonstruktion des Ausgangssignals aus der Transformierten und sind einfach zu berechnen. Die Koeffizienten ergeben sich aus einem einzigen *Skalarprodukt* zwischen Signal und Abtastfunktion (in unserem Falle dem Wavelet). Diesen Eigenschaften liegt eine geometrische Beziehung zugrunde. Ein Wavelet allein kann nie orthogonal sein; damit eine Wavelet-*Basis* orthogonal ist, muß jedes Wavelet orthogonal zu allen anderen sein.
>
> Jede Wavelet-Basis enthält unendlich viele Wavelets, die alle durch Dehnen oder Stauchen aus dem „Mutter"-Wavelet hervorgegangen sind. Um sich zu veranschaulichen, was paarweise Orthogonalität bedeutet, stelle man sich die Wavelets als Vektoren in einem unendlichdimensionalen Raum, die jeweils senkrecht auf allen anderen stehen, vor. Über das Konzept des Skalarprodukts zweier Vektoren lassen sich eine Reihe von Begriffen aus dem zwei- und dreidimensionalen Raum wie Winkel oder Länge auf höherdimensionale Räume verallgemeinern. Anstatt zu versuchen, sich solche eigenartigen Räume unmittelbar vorzustellen, greift man also auf Analogien zurück. So gelangt die Schulmathematik wieder zu neuen Ehren.

Schon im Jahre 1981 hatte Roger Balian bewiesen, daß bei der gefensterten Fourier-Analyse mit Gaußschen Fenstern und darüber hinaus sogar bei beliebigen regulären und wohl-lokalisierten Fenstern keine orthogonalen Darstellungen möglich sind.[1] Auch Meyer war von der Nichtexistenz orthogonaler Wavelets – genauer gesagt glatter (unendlich oft differenzierbarer) orthogonaler Wavelets, die beiderseits des Nullpunktes rasch gegen null gehen, aber nie null werden – fest überzeugt. Als er im Sommer 1985 einen Beweis ausarbeiten wollte, schlug dies fehl – und führte gerade auf die Wavelets, an deren Existenz Meyer gezweifelt hatte. Später erfuhr er, daß es bereits vier Jahre zuvor J. O. Strömberg [81], einem schwedischen Mathematiker, gelungen war, orthogonale Wavelets darzustellen, die nur nicht ganz so glatt waren wie die seinen.

---

[1] Balians Beweis war allerdings unvollständig; er wurde später durch Ronald Coifman und S. Semmes ergänzt. Einen vollständig anderen Beweis formulierte Guy Battle [8]. Siehe [66] oder [19], S. 108.

Mit diesen neuen Wavelets gelang es schließlich auch, minimale Wavelet-Transformationen zu realisieren, bei denen die Transformierte nicht mehr Punkte als das Signal selbst enthält.

Kapitel 3

Eine neue Sprache – neue Regeln

Es war im darauffolgenden Jahr, im Herbst 1986. Meyer war gerade in die Vereinigten Staaten gereist, um dort eine Vorlesung über Wavelets zu halten, als er einen Anruf von einem hartnäckigen 23jährigen Diplomanden erhielt, der sich an der Universität von Pennsylvania, Philadelphia, mit computergestützter Bildverarbeitung beschäftigte. Stéphane Mallat, wie der aus Frankreich stammende Student hieß, hatte an der Ecole Polytechnique de Paris, einer der berühmten „grandes écoles", zu der Zeit studiert, als Meyer dort gelehrt hatte; sie hatten sich aber beide nie getroffen.

Mallat, heute Professor an der Ecole Polytechnique und am Courant Institut für Mathematik der Universität New York, hatte während eines Urlaubs in St. Tropez über einen Freund von Meyers Wavelet-Arbeiten erfahren. Ihm kamen diese Dinge auffallend bekannt vor. Während er Meyers Arbeit über orthogonale Wavelets las, kam ihm der Gedanke, daß man denselben mathematischen Formalismus auch für die Bildverarbeitung nutzen könnte. Heute sagt er dazu: „In meiner Naivität gehe ich immer davon aus, daß sich meine momentanen Einfälle auch realisieren lassen, und tatsächlich habe ich Glück damit."

Zunächst erspare ich mir dadurch eine ganz Menge Kopfschmerzen. Und was wichtiger ist: Wenn ich merke, daß etwas wirklich nicht geht, bringt mich dies auf eine neue Idee, die schließlich doch funktioniert. Am Schluß des rekursiven Prozesses steht dann etwas, das tatsächlich geht. Mit der ursprünglichen Vorstellung hat das zwar nichts mehr gemein, aber was macht das schon? Immer wieder versuche ich, den Studenten klarzumachen, daß sie sich nur genug für eine Sache begeistern müssen, um zu sehen, daß sie geht.

In diesem Fall war es sogar so, daß die anfängliche Idee nicht nur einfach „funktionierte", sondern viel weiter reichte, als ursprünglich abzusehen war. Nach der Rückkehr in die USA rief Mallat sofort Meyer an, der auch bereit war, sich mit ihm an der Universität Chicago zu treffen. Zwei Tage lang zogen sich beide in ein ausgeborgtes Büro zurück. Meyer erinnert sich: „Immer wieder habe ich Mallat vorgeschlagen, unbedingt das Chicagoer Kunstinstitut zu besuchen, aber wir fanden einfach nicht die Zeit dazu." Mallat nämlich wies nach, daß die von Meyer und anderen im Zusammenhang mit den Wavelets eingeführte Idee der Mehrfachauflösung bei den Elektroingenieuren und in der Bildverarbeitung – allerdings unter anderem Namen – bereits seit geraumer Zeit in Gebrauch war.

Meyer erinnert sich: „Für mich kam dies völlig überraschend. Da saßen in einer Ecke die Mathematiker, in einer anderen die Elektroingenieure und in noch einer weiteren Leute wie David Marr von der Bildverarbeitung. Und nun kommt ein 23jähriger junger Mann und sagt ihnen ohne Umschweife, daß sie alle dasselbe machen und die Dinge von einer höheren Warte aus betrachten sollen – was gewöhnlich den Älteren vorbehalten bleibt."

Innerhalb von drei Tagen hatten sie die mathematischen Schwierigkeiten überwunden. Meyer, der inzwischen ordentlicher Professor war, bestand darauf, daß die entsprechende Arbeit „Multiresolution approximation and Wavelets" [57] allein unter Mallats Namen erschien. Diese Arbeit macht deutlich, daß eine Reihe von Begriffen aus verschiedenen Gebieten wie die Wavelets der Mathematik, die Pyramiden-Algorithmen der Bildverarbeitung, die Subband-Kodierung der Signalverarbeitung oder die Conjugate Quadrature Filter der digitalen Sprachverarbeitung, obgleich sie in verschiedenem Gewand und mit unterschiedlichen Namen auftreten, bei genauer Betrachtung alle auf das gleiche hinauslaufen. Tastet man ein Signal mit Wavelets unterschiedlicher Auflösung ab, wirkt dies ähnlich wie eine Folge von Filtern: Breite Wavelets filtern die tiefen Frequenzen heraus und schmale die hohen.

Diese Erkenntnis kam allen Gebieten gleichermaßen zugute. Marie Farge von der Ecole Normale Supérieure, Paris, die mit Hilfe von Wavelets Turbulenzen studiert, erinnert sich: „Letztlich waren all die herkömmlichen Verfahren zusammengeschusterte Tricks, die wohl in bestimmten Fällen funktionierten, aber es gab keine Garantie, daß sie sich sauber mathematisch begründen ließen. Eine allgemeine Theorie gab es nicht." Ingrid Daubechies sieht dies allerdings etwas anders: „Die Ingenieure werden sich sicher beleidigt fühlen. Schließlich hatten sie bereits eine schöne mathematische Theorie; nur hatten sie keine Ahnung, daß sich diese in einen viel größeren funktionalanalytischen Rahmen einfügt."

Mehrfachauflösung

Stéphane Mallat und Yves Meyer entwickelten die Theorie der Mehrfachauflösung von sehr verschiedenen Gebieten her kommend. Eines der Ergebnisse dieser Arbeiten war die schnelle Wavelet-Transformation (siehe Seite 189), ein anderes die mathematische Theorie orthogonaler Wavelets. Die Theorie nennt vier Bedingungen, deren Zusammentreffen es ermöglicht, ein Signal bei um den Faktor zwei verschiedenen Auflösungen zu analysieren und den Unterschied in orthogonalen Wavelet-Koeffizienten zu kodieren.

Darüber hinaus liefert die Theorie eine Vorschrift zur Erzeugung neuer orthogonaler Wavelet-Basen. Sowohl die Skalierungsfunktion als auch die Wavelets lassen sich über die Fourier-Transformierte eines Tiefpaßfilters beschreiben. Geometrisch gesehen, parametrisiert diese Funktion eine Kurve auf der Kugeloberfläche im vierdimensionalen Raum. Seltsamerweise braucht man zum Berechnen der Wavelet-Transformierten eines Signals nach der Mehrfachauflösungs-Theorie weder Skalierungsfunktionen noch Wavelets selbst; schon die einfachsten digitalen Filter reichen hierfür aus.

Bereits 1986 lagen zahlreiche Arbeiten über Wavelets vor, einige noch vor Prägung des Begriffs *Wavelet* datierend. Jetzt konnte man darangehen, die von der Mathematik herrührenden Begriffsbildungen für andere Gebiete fruchtbar zu machen. „Den Leuten, die sich mit Conjugate Quadrature Filtern beschäftigten, zeigte Mallat zum Beispiel, daß ihre Methode eigentlich viel tiefliegender und weitreichender ist als die Ad-hoc-Verfahren, und er machte deutlich, daß es hier wohlbewiesene Sätze und leistungsfähige mathematische Verfahren gibt. Darüber hinaus entstanden im Zusammenhang mit den Wavelets zwei neue Konzepte: das der Regularität und das der verschwindenden Momente" (Marie Farge).

Die Wavelets selbst profitierten hiervon in zweierlei Hinsicht. Zunächst konnte Mallat zeigen, wie sich Wavelet-Koeffizienten mit Hilfe einer neu eingeführten *Skalierungsfunktion* wesentlich rascher berechnen lassen. Damit war aus den Wavelets, die bis dahin eher als eine interessante Abart der Fourier-Analyse galten, ein außerordentlich mächtiges Werkzeug geworden. Ronald Coifman von der Yale Universität bemerkt dazu:

> *In meinen Augen ist die Wavelet-Analyse eine natürliche Erweiterung der herkömmlichen Fourier-Analyse und rein wissenschaftlich gesehen damit nur eine Neuformulierung mathematischer Hilfsmittel und Verfahren, die in der Mathematik und in anderen Wissenschaftszweigen in den letzten 50 Jahren bereits allgemein Verwendung fanden. Daß sich heute so viele diesem Gebiet zuwenden, liegt hauptsächlich daran, daß aus den stark theoretisch geprägten Ideen unter Verwendung schneller Algorithmen wie dem von Mallat entdeckten mittlerweile praktische Hilfsmittel des Ingenieurs geworden sind. Die Dinge liegen ähnlich wie bei der schnellen Fourier-Transformation und deren Ausstrahlung auf die Anwendungen.*

Mallat beschrieb auch ein systematisches Verfahren zur Erzeugung neuer orthogonaler Wavelets. Mehr noch, er formulierte nicht nur die Vorschrift, sondern lieferte auch eine Erklärung dazu. Meyers orthogonale Wavelets hatten sich ja seinerzeit auf eher wundersame Weise ergeben. „Die Existenz von Algorithmen mit den eben beschriebenen Eigenschaften scheint eher ein Zufall zu sein", schrieb Meyer damals selbst ([64], S. 212). Da Mathematiker nicht an Wunder zu glauben pflegen, selbst wenn diese durch einen allgemein anerkannten Beweis belegt sind, wollten sie der Sache gründlicher nachgehen. Mit der Theorie der Mehrfachauflösung wurden die Wavelets erstmals greifbar, ja sogar natürlich. Meyer erinnert sich: „Ich habe meine Wavelets durch Probieren gefunden, ohne daß dem ein besonderes Konzept zugrunde lag. Mallats Arbeit lieferte eine Philosophie, einen Rahmen, eine geradezu geometrische Veranschaulichung dazu. In gewisser Weise hat er mit seiner Arbeit über die Mehrfachauflösung das ganze Gebiet erst begründet."

3.1 Mutter oder Amöbe?

Die bei orthogonalen Wavelet-Transformationen zur Abtastung des Signals verwendeten Skalen unterscheiden sich jeweils um den Faktor zwei. Dadurch genügen sie dem Shannonschen Sampling-Theorem, ohne überflüssige Information zu enthalten: Mit jeder Verdopplung der Frequenz verdoppelt sich auch die Anzahl der Wavelets, mit denen das Signal abgetastet wird. Es kommt also quasi eine komplette „Familie" „kleiner Wellen" zum Einsatz. Die Franzosen sprechen von einer *Ondelette mère* (dem Mutter-Wavelet), einer *Fonction Père* (dem Vater-Wavelet, oder der Skalierungsfunktion) sowie zahlreichen Wavelet-Babies, manche davon noch klein, andere doppelt so groß, andere viermal so groß ... Robert Strichartz, Mathematiker an der Cornell-Universität, hat allerdings einen berechtigten Einwand: Die französische Bezeichnungsweise „zeugt von völliger Unkenntnis der menschlichen Fortpflanzung. Tatsächlich ähnelt die Erzeugung der Wavelets eher dem Fortpflanzungszyklus der Amöben".

Abb. 3.1: Im Jargon der Mathematiker sind sowohl Dehnungen als auch Stauchungen „Dilatationen". Auch Wavelets lassen sich mit Hilfe von Dilatationen dehnen oder stauchen. Dabei wird die Skale geändert, innerhalb derer das Signal abgetastet wird. Breitgezogene Wavelets charakterisieren den groben Verlauf, während schmale Wavelets die Details erfassen. Der englische Mathematiker Charles Dodgson, meist unter dem Namen Lewis Carroll bekannt, beschrieb solche Dilatationen in seinem Buch *Alice im Wunderland* schon zu einer Zeit, als noch niemand an Wavelets dachte: „... zudem ist es reichlich verwirrend, an einem einzigen Tag so viele verschiedene Körpergrößen zu erleben", beschwerte sich Alice.
Mit freundlicher Genehmigung von Eleanor Hubbard.

Der Vater spielt bei der Zeugung der Kinder nur eine mittelbare Rolle, und bei der kontinuierlichen Wavelet-Transformation tritt er überhaupt nicht in Erscheinung. Die Kinder sind damit Klone der Mutter, aus der sie durch Dehnen oder Stauchen entstanden sind. (Die Mathematiker subsumieren dies unter *Dilatationen*.) Anschließend werden die neuen Wavelets verschoben (die Mathematiker nennen dies eine *Translation*), um verschiedene Abschnitte des Signals abzutasten. Dem Vater, der Skalierungsfunktion, kommen allerdings zwei wichtige Aufgaben zu: Sie definiert die Anfangsauflösung und beschleunigt außerdem das Berechnen der Wavelet-Koeffizienten.

Die erste Aufgabe wird offensichtlich, wenn man an ein analoges, z. B. physikalisches Signal denkt. „Am Anfang steht immer das Digitalisieren des Signals" (Y. Meyer). Eigentlich brauchte man das Signal dazu einfach nur abzutasten; allerdings geht man dann das Risiko ein, daß die Abtastpunkte nicht repräsentativ sind. Statt dessen unterteilt man das Signal in Abschnitte von der Länge der Skalierungsfunktion und berechnet für jeden dieser Abschnitte einen charakteristischen Koeffizienten. Auf diese Weise erhält man Mittelwerte.

Die Skalierungsfunktion charakterisiert also die maximale, bei der Wavelet-Analyse zu Beginn verwendete Auflösung. So könnte man sich z. B. beim Temperaturverlauf für den Wechsel von Tag und Nacht oder aber für die Änderungen innerhalb eines Monats, eines Jahres, eines Jahrzehnts, eines Jahrhunderts usw. interessieren.

3.2   Die schnelle Wavelet-Transformation

Hinsichtlich der zweiten Aufgabe der Skalierungsfunktion griff Mallat auf eine Idee zurück, die aus der Bildverarbeitung kam und dort in den frühen 80er Jahren von Peter Burt, heute David-Sarnoff-Forschungszentrum, Princeton, sowie Edward Adelson, jetzt MIT, entwickelt worden war: den Pyramiden-Algorithmus.

Solange die Geschwindigkeit keine Rolle spielt, berechnet man die Wavelet-Zerlegung eines Signals am einfachsten, indem man das Signal nacheinander mit den entsprechenden Wavelets vergleicht. Da man dabei jedesmal vom Ausgangssignal ausgehen muß, dauert dies allerdings recht lange. Das wäre etwa so, wie wenn man beim Herstellen jeder x-beliebigen USA-Karte sowohl alle großen Städte und Autobahnen als auch sämtliche Flüsse und Nebenstraßen jeweils wieder neu erfassen würde – unabhängig davon, ob es sich um eine Übersichtskarte der gesamten USA, eine Karte des Staates New York oder eine topographische Detailkarte mit allen Bächen und Hügeln handeln soll. Viel zweckmäßiger ist es in solchen Fällen, auf bereits vorliegende Ergebnisse zurückzugreifen. Der Herstellung von Übersichtskarten etwa wird man Detailkarten zugrunde legen. Genauso ist es bei der Signalanalyse. Natürlich kann man prinzipiell auch mit der niedrigsten Auflösung beginnen; wenn aber die Geschwindigkeit eine Rolle spielt, wird man stets mit der höchsten beginnen: *von fein nach grob.*

Im ersten Schritt zerlegt man das Signal in zwei Anteile: den groben Verlauf und die Details (mit anderen Worten: allgemeine Tendenz und Fluktuationen). Um den groben Verlauf zu erhalten, betrachtet man das Signal nur mit der halben Auflösung (d. h. nur halb soviel Stützstellen). Technisch erreicht man dies über ein mit der Skalierungsfunktion verknüpftes Tiefpaßfilter, weshalb die Skalierungsfunktion manchmal auch Glättungsfunktion heißt. Der zweite Anteil enthält demgegenüber die Details, also alle Schwankungen, die zum geglätteten Signal hinzugenommen werden müßten, um das Ausgangssignal zu erhalten. Man berechnet sie über ein mit den kleinsten Wavelets verknüpftes Hochpaßfilter.

Offenbar muß es eine definierte mathematische Beziehung zwischen der Skalierungsfunktion und den jeweils verwendeten Wavelets geben. Wird ein zum „Vater" einer anderen Wavelet-Familie gehöriges Filter verwendet, ist nicht einzusehen, weshalb das durch den Vater geglättete Signal plus das durch die Mutter kodierte Signal wieder die gesamte Signalinformation selbst ergeben sollte. Mutter-, Vater- und Babywavelets zeigen eine verblüffende Familienähnlichkeit, was – trotz der gelegentlich geäußerten Einwände – durch die entsprechenden Bezeichnungen treffend zum Ausdruck gebracht wird.

Im zweiten Schritt werden die zuvor erhaltenen Wavelet-Koeffizienten (in denen die feinsten Details kodiert sind) gespeichert und das Vorgehen, nunmehr ausgehend vom Signal bei der halben Auflösung, wiederholt. Dieses bereits einmal geglättete Signal wird erneut in zwei Anteile zerlegt, ein nochmals geglättetes Signal, das mit einem Viertel der Originalauflösung betrachtet wird, sowie die dabei anfallenden Details, die jetzt doppelt so breit sind wie die ersten. Dabei muß sowohl die Skalierungsfunktion als auch das Wavelet doppelt so breit wie im ersten Schritt sein. Da man nur halb soviel Koeffizienten zu berechnen hat und die Rechnung selbst nicht schwieriger ist als zuvor, dauert dies nur noch halb solange. Die nun im Signal kodierten Details und die mit Hilfe der Skalierungsfunktion berechneten Mittelwerte beruhen auf doppelt solangen Signalabschnitten, da wir jetzt mit dem geglätteten Signal arbeiten. Die längeren Signalabschnitte enthalten dabei genauso viele Punkte wie die kürzeren Abschnitte beim ersten Schritt.

Die schnelle Wavelet-Transformation

Die schnelle Wavelet-Transformation (FWT = Fast Wavelet Transformation) ist ein einfaches und rasches Verfahren, um ein Signal in Komponenten zu zerlegen, deren Länge sich jeweils um den Faktor zwei unterscheidet. Die so berechnete Transformierte umfaßt genauso viele Punkte wie das Ausgangssignal, und die Transformation ist linear. Um die Wavelet-Transformierte eines Signals mit n Signalpunkten über die FWT zu berechnen, sind cn Berechnungen vonnöten, wobei c davon abhängt, wie komplex die Wavelets sind. Bei langen Signalen ist die FWT schneller als die FFT; da man in der Praxis aber lange Signale vor Anwendung der FFT ohnehin in mehrere Abschnitte zerlegt, ist dieser Vergleich mit Vorsicht zu betrachten.

Um die Wavelet-Koeffizienten (oder auch die Koeffizienten der Skalierungsfunktion) zu erhalten, ist über das Produkt von Wavelet (Skalierungsfunktion) und Signal zu integrieren. In der Praxis macht man aber etwas viel Einfacheres; man *faltet* das Signal mit einem dem Wavelet angepaßten kurzen Hochpaß-Digitalfilter und mit einem der Skalierungsfunktion angepaßten kurzen Tiefpaß-Digitalfilter. Ein einfaches Beispiel, das von der Haar-Skalierungsfunktion und dem Haar-Wavelet (die Filter bestehen hier jeweils aus zwei Zahlen) ausgeht, zeigt, daß beide Vorgehensweisen auf das gleiche Ergebnis führen.

Für den dritten Schritt benötigt man wiederum nur halb soviel Zeit wie für den zweiten. Wieder sind nur halb soviele Koeffizienten zu berechnen wie zuvor, um ein Signal mit einem Achtel der Auflösung des Ausgangssignals zu erhalten. Irgendwann wird schließlich das Signal völlig geglättet sein; die Information ist dann vollständig in die Wavelet-Koeffizienten unterschiedlicher Auflösung übergegangen. Jede Auflösung entspricht einer bestimmten Skale und den zugehörigen Frequenzen. Wird das Verfahren abgebrochen, bevor das Signal völlig „zerflossen" ist, enthält die Skalierungsfunktion noch Restinformation.

Der Burt-Adelsonsche Pyramiden-Algorithmus

„Ich fürchte, daß niemand diesen Formalismus jemals wieder anwenden wird", schrieb einer der Gutachter über den Algorithmus, der den Anstoß zur Entwicklung der schnellen Wavelet-Transformation gab.

Die eben skizzierte schnelle Wavelet-Transformation (FWT) ist eng verwandt mit dem von Filterbänken ausgehenden Burt-Adelsonschen Pyramiden-Algorithmus. Meyer resümiert: „Wenn man diese Arbeit heute noch einmal durchliest, möchte man sagen, daß eigentlich bereits alles da war."

Aus einem gewissen Abstand betrachtet, würde ich heute sagen, daß zu der Burt-Adelsonschen Arbeit noch ein Epsilon hinzugekommen ist, das allerdings nicht ganz unwesentlich war. Bei der Ausarbeitung des Formalismus hatten Burt und Adelson eine Reihe von Festlegungen intuitiv richtig getroffen, die sie damals aber nicht theoretisch begründen konnten. Vom streng wissenschaftlichen Standpunkt gesehen, enthielt die Ableitung also einige Lücken.

Zwei Konzepte fehlten den beiden damals, das der Wavelets und das der verschwindenden Momente. Auch der Aspekt der Orthogonalität war noch nicht erwähnt. Burt und Adelson konnten zwar Koeffizienten berechnen, vermochten aber nicht, diese im Sinne einer Orthogonalbasis zu interpretieren. Allerdings hatten sie einen unwahrscheinlich guten Instinkt, denn eines ihrer Beispiele hat tatsächlich ein verschwindendes Moment ... Aus späterer Sicht hat man zahlreiche Begründungen für die von Burt und Adelson getroffenen Festlegungen gefunden.

Ähnlich der FFT ist auch die FWT nicht irgendein Luxus, durch den die Rechnungen einfach ein bißchen schneller werden. Vielmehr ermöglichen beide Formulierungen Berechnungen, die zuvor überhaupt undenkbar gewesen wären. „Bei den meisten eindimensionalen Signalen spielt die Geschwindigkeit keine Rolle; mit spezialisierten Prozessoren kann man heute außerordentlich rasch rechnen. Ganz anders sieht das bei zweidimensionalen Bildern aus, von höheren Dimensionen einmal ganz abgesehen. Hier gibt es

Problemstellungen, die ohne schnelle Algorithmen überhaupt nicht mehr zu bewältigen sind" (A. Grossmann).

Mallat hält dagegen, daß selbst in einer Dimension Geschwindigkeit unverzichtbar sein kann. „Will man die Wavelet-Transformierte einer gesprochenen Rede in Echtzeit berechnen, muß man 16 000 Abtastpunkte pro Sekunde verarbeiten ... auch hier ist ein rascher Algorithmus unverzichtbar."

3.3 Die Daubechies-Wavelets – ein Ausweg aus dem Unendlichen

Mallats ursprünglichem Formalismus lagen verkürzte Versionen der von Guy Battle und Pierre Lemarié (heute Lemarié-Rieusset) konstruierten kontinuierlichen Wavelets zugrunde. Erst nachdem man in der Lage war, orthogonale Wavelets mit *kompaktem Träger* zu konstruieren, wurde es möglich, die beim Verkürzen notwendig entstehenden Fehler zu vermeiden. Diese erstmals von Ingrid Daubechies konstruierten Wavelets verlaufen nicht bis unendlich; außerhalb eines beschränkten Intervalls (etwa zwischen -2 und 2) oder, wie man auch sagt *Trägers*, haben sie den Wert null. Anders als die Morletschen oder die Meyerschen Wavelets entstammen sie der Computerwelt. Dementsprechend lassen sich die Daubechies-Wavelets auch nicht durch analytische Formeln darstellen; sie werden durch Iteration erzeugt.

Iterationsprozesse erhält man durch mehrfaches Wiederholen der gleichen Operation, wobei immer das Ergebnis des vorhergehenden Schrittes als Eingangsgröße des nächsten verwendet wird: Durch Iterieren von $x \mapsto x^2 - 1$ erhält man ausgehend von $x = 2$ erst 3, dann 8, dann 63 ... Auch die schnelle Wavelet-Transformation beruht auf Iterationen; bei jedem Schritt wird die zuvor berechnete geglättete Version des Signals als neuer Ausgangspunkt verwendet. Iterationen zählen zu den besonderen Stärken eines Computers: „Man braucht nur einen einzigen Befehl und eine Schleife einzugeben, und schon geht alles wie von selbst" (Y. Meyer).

Solche Iterationen scheinen trügerisch einfach. Nichtlineare Iterationen wie $x \mapsto x^2 - 1$ sind aber das Äquivalent zu nichtlinearen Differentialgleichungen, nur mit diskreter Zeit. Solche Differentialgleichungen sind so schwierig zu lösen, daß es die Mathematiker lange Zeit vorzogen, diese ganz aus ihren Überlegungen auszuklammern. Während der vergangenen zehn oder etwas mehr Jahre hat man gelernt, Computer zum Studium von Iterationsprozessen heranzuziehen. Mit deren Hilfe lassen sich selbst so komplexe

Objekte wie Julia- oder Mandelbrot-Mengen mit sehr einfachen Computer-
programmen erzeugen. Auf diese Weise sind auch die bekannten hübschen
Bilder vom „Chaos" und von dynamischen Systemen entstanden.

Vielen Mathematikern sind Iterationsverfahren allerdings noch nicht so
geläufig. „Insbesondere würde ihnen niemals in den Sinn kommen, explizite
Funktionen über Iterationsverfahren konstruieren zu wollen. Für Leute, die
sich mit Computern auskennen oder die sich mit Signalverarbeitung beschäftigen, sind Iterationsverfahren dagegen etwas ganz Natürliches" (Y. Meyer).
Es ist deshalb kein Zufall, daß ausgerechnet Mallat, der Computer für seine
Untersuchungen zum künstlichen Sehen einsetzte, die Idee hatte, Wavelets durch Iteration zu konstruieren. Auch der Burt-Adelsonsche Pyramiden-
Algorithmus hat bei dieser Idee Pate gestanden. Schon Mallat hatte diesen
Zugang in seiner Arbeit über Mehrfachauflösung vorgeschlagen, ohne ihn
allerdings bis zum Ende zu verfolgen. „Mallat macht exzellente Vorschläge,
mit denen man zwei- bis dreihundert Leute beschäftigen kann, und dann
wendet er sich plötzlich etwas anderem zu. So war es Ingrid Daubechies, die
mit der ihr eigenen Zähigkeit und ihrem Durchhaltevermögen diese Ideen
zur Reife führte" (Y. Meyer).

Multiwavelets

Die Daubechies-Wavelets ergeben sich im Verlauf eines Iterationspro-
zesses und lassen sich nicht auf analytischem Wege herleiten. Untersuchungen anderer haben gezeigt, daß man sehr wohl orthogonale Wavelets mit kompaktem Träger erzeugen kann, die durch explizite Funktionen beschrieben werden können. Allerdings ist es dazu erforderlich,
mehr als eine Skalierungsfunktion einzuführen. Mehrfachauflösungs-
Analysen, die mit solchen Wavelets durchgeführt wurden, unterliegen nicht den Beschränkungen der Daubechies-Wavelets; zum Beispiel
kann man symmetrische, orthogonale Wavelets mit kompaktem Träger
erzeugen. Hierbei sind zwei Verfahren gebräuchlich, von denen eines
von „fraktalen" und das andere von stückweise polynomialen Wavelets
ausgeht.

Ingrid Daubechies, der Herkunft nach Belgierin, hatte zunächst mathematische Physik studiert. Nach dem Studium ging sie nach Frankreich, um bei Alex Grossmann ihre Doktorarbeit zu schreiben. Anschließend arbeitete sie in den Vereinigten Staaten auf dem Gebiet der Quantenmechanik, schließlich auf der Grundlage eines fünfjährigen MacArthur-Stipendiums am Courant-Institut und danach bei AT&T. Grossmann erinnert sich: „Ingrid hat bei der Entwicklung der Wavelets eine wichtige Rolle gespielt. Nicht nur, daß sie wichtige Originalbeiträge lieferte, sie hat diese in einer gut lesbaren und auch für Außenstehende verständlichen Art verfaßt. Sie ist in der Lage, sich mit Ingenieuren genauso wie mit Mathematikern zu unterhalten. Das liegt daran, daß sie eine gelernte Physikerin ist, und man merkt ihr die Ausbildung in Quantenmechanik durchaus an."

Ingrid Daubechies hatte schon frühzeitig von Meyers und Mallats Arbeiten zur Mehrfachauflösung gehört. Sie erinnert sich: „Yves Meyer erzählte mir davon bei einer Tagung. Da ich auch schon an ähnliche Dinge gedacht hatte, war sofort mein Interesse an diesen Fragestellungen geweckt." Die Berechnung auch nur eines einzigen Wavelet-Koeffizienten mit den Meyerschen orthogonalen Wavelets erforderte einen beträchtlichen Rechenaufwand. Ingrid Daubechies dagegen wollte Wavelets konstruieren, die diese Rechnungen wesentlich vereinfachten. Bei diesem Vorhaben war sie extrem anspruchsvoll: Sie suchte nicht nur Wavelets, die orthogonal sind und einen kompakten Träger haben (zwei Forderungen, die sich bereits so sehr widersprachen, daß viele überhaupt an deren Realisierbarkeit zweifelten), sondern sie sollten darüber hinaus so glatt sein, daß alle ihre Momente verschwinden (vergleiche die Beispiele in Abbildung 3.2).

Ich habe mich damals gefragt, warum sollten wir nicht einfach diese Forderungen an den Anfang stellen und dann ein Rechenschema suchen, das eben diese Eigenschaften besitzt. Genau dies habe ich dann getan ... Es war ein außerordentlich anregender und intensiver Arbeitsabschnitt. Zu dieser Zeit kannte ich Yves Meyer noch nicht so gut. Nachdem ich das erste solche Wavelet konstruiert hatte, war er sehr beeindruckt davon. Jemand sagte mir, er hätte sogar ein Seminar darüber abgehalten. Ich wußte, daß er ein außergewöhnlich starker Mathematiker war, und ich dachte, mein Gott, er wird die Dinge viel schneller zu Ende bringen, als ich das vermag ... Heute weiß ich, daß er selbst dann keinen Ruhm dafür verlangt hätte, wenn das so gewesen wäre. Damals aber erhielt das Ganze für mich

*eine außerordentlich hohe Priorität, und ich habe wirklich hart
gearbeitet, bis ich Ende März 1987 schließlich alle Ergebnisse
zusammen hatte.*

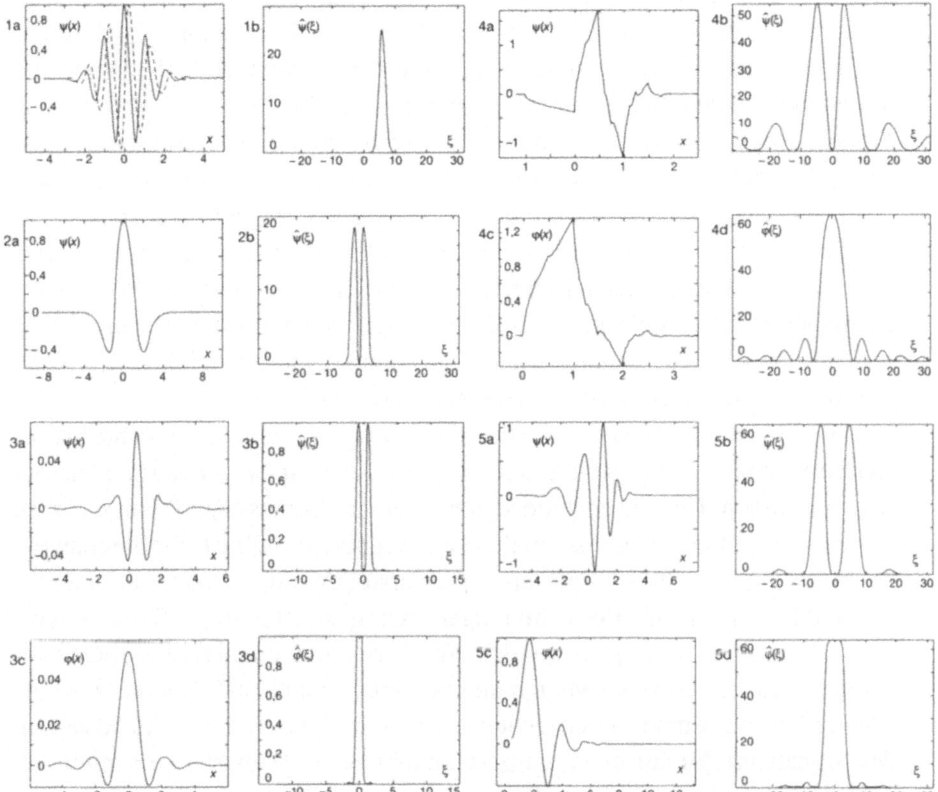

Abb. 3.2: Einige Beispiele für Wavelets und die zugehörigen Skalierungsfunktionen und Fourier-Transformationen. 1a) Das Morlet-Wavelet und 1b) die zugehörige Fourier-Transformierte. Das Morlet-Wavelet ist eigentlich komplex; die Strichlinie zeigt den Imaginärteil. 2a) Das „Mexikanerhut"-Wavelet und 2b) dessen Fourier-Transformierte. Beide Wavelets finden Verwendung bei der kontinuierlichen Wavelet-Transformation, die ohne Skalierungsfunktion auskommt. Die übrigen Wavelets erzeugen Orthogonalbasen. 3a) Das Meyer-Lemarié-Wavelet 4. Ordnung und 3b) dessen Fourier-Transformierte, 3c) die Skalierungsfunktion und 3d) deren Fourier-Transformierte. 4a) Ein Daubechies-Wavelet zweiter Ordnung. 5a) ein Daubechies-Wavelet siebenter Ordnung. Die Ordnung charakterisiert den Grad der Regularität: 5a) ist glatter als 4a). 4c) und 5c) sind die zugehörigen Skalierungsfunktionen. Die entsprechenden Fourier-Transformierten zeigen die Bilder 4b) und 4d) bzw. 5b) und 5d).
Mit freundlicher Genehmigung von Marie Farge und Eric Goirand.

3.4   Die Heisenbergsche Unschärferelation

Mehrfachauflösung und Daubechies-Wavelets mit kompaktem Träger bedeuteten weit mehr als nur eine bloße Steigerung der Rechengeschwindigkeit. Erst sie ermöglichten es, ein Signal gleichzeitig sowohl bezüglich des zeitlichen Verlaufs als auch der Frequenz auf erstaunlich einfache Weise und mit ebenso erstaunlich hoher Genauigkeit zu analysieren. Nun konnte man Signale über ganz kurze Zeitintervalle analysieren, ohne befürchten zu müssen, daß dabei allzuviel von der Frequenzinformation verlorenging. Obzwar einer der Mathematiker nach einer Vorlesung von Ingrid Daubechies einwendete, daß sie „wohl die Unschärferelation zu schlagen gedenke", wird die Heisenbergsche Unschärferelation natürlich nicht verletzt. So wie ein Elementarteilchen nicht *gleichzeitig* einen genau definierten Ort und einen festen Impuls haben kann, kann auch ein Signal nicht zur gleichen Zeit einen genauen zeitlichen „Ort" und eine feste Frequenz haben.

Die Fourier-Transformierte eines sehr kurzen, zeitlich also eng lokalisierten Signals muß notwendig sehr breit sein, also einen weiten Frequenzbereich umfassen. Der Leser stelle sich ein solches kurzes Signal vor, das zum Beispiel bis auf einen sehr schmalen Bereich überall null ist. Wollte man ein solches Signal durch eine Fourier-Reihe darstellen, müßte man sehr viele Sinus und Kosinus ganz präzise überlagern. Umgekehrt muß ein Signal mit einem sehr schmalen Frequenzbereich notwendig über einen sehr breiten Zeitbereich verschmiert sein. Wenn man nur wenige Sinus und Kosinus zur Verfügung hat, wird man nie erreichen können, daß durch deren Auslöschung der Signalwert bis auf einen ganz schmalen Bereich überall verschwindet, egal, wie man sie auch überlagert.

Werner Heisenberg konnte zeigen, daß das Produkt der „Unschärfen" (Schwankungen) der Zeit und Frequenz $\Delta t \cdot \Delta f$ nie kleiner als eine fest vorgegebene Zahl sein kann. Da Frequenzen invers zu Zeiten sind, kann das Produkt nicht mehr von irgendwelchen physikalische Meßwerten abhängen. Meist gibt man es in Anzahl der Schwingungen oder im Bogenmaß an. Je nachdem, wofür man sich entscheidet, ergibt sich ein unterschiedlicher Zahlenwert; dies ist lediglich eine Frage der Konvention. In der Physik wird dagegen die Ortsunschärfe mit der Impulsunschärfe multipliziert; da die Impulsunschärfe nicht invers zur Ortsunschärfe ist, gehen bei den Physikern physikalische Größen in die Formel ein, und es ergibt sich ein anderer Zahlenwert.

Dennis Gabor war einer der ersten, der auf die Bedeutung der Unschärferelation für die Kommunikationstheorie und Akustik hinwies. In seiner

1946 erschienenen Arbeit machte er deutlich, daß im Unterschied zu populärwissenschaftlichen Darstellungen der Quantentheorie, durch die die Heisenbergsche Unschärferelation weithin bekannt wurde, die mathematische Begründung für die Existenz einer unteren Schranke des Produkts $\Delta t \cdot \Delta f$ „weit weniger Aufmerksamkeit gefunden hat, als sie verdient" ([39], S. 432). In der Kommunikationstheorie schien, wie er hinzufügte, „deren Bedeutung gar völlig unbemerkt geblieben zu sein".

Auch mit Wavelets, die sich den Signalkomponenten automatisch anpassen, also breiter werden, um niedrige Frequenzen zu analysieren, und schmaler, um hohe zu erfassen, läßt sich diese Schranke natürlich nicht umgehen. Ingrid Daubechies stellt dazu fest: „Für niedrige Frequenzen werden breite Wavelets verwendet, und diese lösen zwar sehr gut in der Frequenz, aber dafür schlecht in der Zeit auf." Aufgrund ihrer großen Breite müssen solche zur Analyse tiefer Frequenzen verwendeten Wavelets zeitlich unbestimmt bleiben. Sie ergeben einen einzigen Koeffizienten, der für einen relativ langen Zeitraum gültig ist.

Bei sehr hohen Frequenzen stellt sich das dazu inverse Problem. „Man hat dann sehr schmale Wavelets, die zwar in der Zeit sehr gut auflösen können, nicht aber bezüglich der Frequenz" (I. Daubechies). Je stärker man die Wavelets komprimiert, um immer kürzere Signalabschnitte zu erfassen, desto stärker entziehen sich einem die Frequenzen. Jedesmal, wenn man zu einer doppelt so kleinen Skale übergeht, springt man eine Oktave nach oben, und der Frequenzbereich verdoppelt sich.

Zunächst bedeutet die Frequenzverschmierung eine Genauigkeitsgrenze; allerdings haben die Ingenieure mit der Zeit auch gelernt, diese konstruktiv auszunutzen. Die Telefongesellschaften transformieren aus eben diesem Grund die Gespräche in einen höheren Frequenzbereich. In dem Bestreben, so viele Gespräche wie möglich gleichzeitig zu übertragen, nutzen sie den bei hohen Frequenzen dafür zur Verfügung stehenden größeren Frequenzraum. Auch die Vorteile der Faseroptik gegenüber den herkömmlichen Telefonleitungen beruhen auf diesem Prinzip, indem dort hochfrequente Lichtsignale zur Übertragung verwendet werden.

Die Heisenberg-Relation stellt in gewisser Weise einen Kompromiß dar: Für die Kenntnis im Frequenzbereich zahlt man mit Unkenntnis im Zeitbereich und umgekehrt. Schon der Gedanke, man könne ein Signal gleichzeitig in der Zeit und in der Frequenz lokalisieren, ist irreführend, da er voraussetzt, daß jedes Signal eine eindeutige Zeit-Frequenz-Zerlegung, das heißt in jedem Moment eine eindeutige Frequenz besitzt, die wir nur nicht kennen. Wie kann man aber überhaupt über Frequenzen in einem gegebenen Zeitpunkt sprechen, wenn diese stets eine gewisse Zeit zum Oszillieren benötigen?

Heisenbergsche Unschärferelation und Zeit-Frequenz-Zerlegungen

Die meisten Menschen kennen die Heisenbergsche Unschärferelation lediglich im Zusammenhang mit der Quantenmechanik; daneben handelt es sich aber auch um eine Grundaussage der Signalverarbeitung. Alle in irgendeiner Weise auf einer Frequenzanalyse beruhenden Signalkodierungsverfahren sehen sich mit dieser Beschränkung konfrontiert: Bestimmtheit in der Zeit bringt stets eine gewisse Unsicherheit bezüglich der Frequenz mit sich und umgekehrt. Bei der klassischen Fourier-Transformation muß man sich entweder für die Zeit oder für die Frequenz entscheiden. Die gefensterte Fourier-Analyse und die Wavelets stellen Kompromisse dar.

Die Unschärferelation bedeutet nicht, daß wir auf irgendeine mysteriöse Weise von der Realität getrennt sind. Im Gegenteil, die mathematische Formulierung der Fourier-Analyse zeigt, daß die Unschärfe ein fester Bestandteil der Realität selbst ist.

Die Zeit-Frequenz-Analyse eines Signals ist nichts Absolutes, ein für allemal Gegebenes; sie hängt vom Standpunkt des Beobachters ab. Tastet man ein Signal in einer bestimmen Weise (zum Beispiel mit der gefensterten Fourier-Analyse) ab, wird man ein bestimmtes Ergebnis erhalten – immer mit der Einschränkung, die die Heisenbergsche Unschärferelation vorgibt. Tastet man es auf eine andere Weise (zum Beispiel mit Wavelets) ab, wird man ein anderes Ergebnis bekommen, das genauso richtig wie das erste ist. Je nach Problemstellung wird manchmal das eine und manchmal das andere Ergebnis besser geeignet sein. Auch wenn diese Mehrdeutigkeit auf den ersten Blick vielleicht befremdlich wirken mag, ist dies im Grunde auch nicht seltsamer als die Tatsache, daß sich die Zahl 24 auf verschiedene Weise faktorisieren läßt.

In der Quantenmechanik führen diese zunächst rein mathematischen Aussagen allerdings zu einigen verblüffenden Schlußfolgerungen. Dort hängen die Ergebnisse davon ab, wie die Frage formuliert ist, d. h. von der Art des Experiments. Als die Physiker das Licht nach seinem Aufbau befragten, erhielten sie manchmal die Antwort, daß es aus Teilchen, ein anderes Mal, daß es aus Wellen bestehe. Während es sich bei der Zeit-Energie-Zerlegung aber nur um verschiedene Aspekte ein und desselben Signals handelt, kann man in der Quantenmechanik überhaupt zu keiner Aussage über die Realität gelangen, ohne diese selbst zu stören. Jede Messung beeinflußt auch das System selbst. Damit hat die Aussage, daß Licht aus Wellen oder Teilchen besteht, auch keinen Sinn. Licht ist eben beides gleichzeitig, auch wenn dies unserer Erfahrung und unserem gesunden Menschenverstand zu widersprechen scheint. Es gibt nur eine Realität, und dies ist die Wellenfunktion. Jeder Versuch, sie mit unserer deterministischen Denkweise zu betrachten, muß daher notwendigerweise scheitern.

Wahrscheinlichkeit, Heisenbergsche Unschärferelation und Quantenmechanik

Häufig wird die Heisenbergsche Unschärferelation so gedeutet, daß der Ort und der Impuls eines Elementarteilchens nicht gleichzeitig bekannt sein können. Die Wahrheit allerdings ist noch weit seltsamer: Elementarteilchen können gleichzeitig überhaupt keinen genauen Ort und Impuls haben. Um dieses eigenartige Phänomen zu beschreiben, muß man sich der Sprache der Fourier-Analyse bedienen. Mathematisch gesehen, entsprechen Ort und Impuls den beiden Seiten der Fourier-Transformation.

Die Quantenmechanik beruht wesentlich auf der Wahrscheinlichkeitsrechnung. Anders als bei der Wahrscheinlichkeit, einen Gewitterguß abzubekommen oder dreimal eine Sechs zu würfeln, sind diese Wahrscheinlichkeiten aber zumeist kontinuierlich. Man kann die Wahrscheinlichkeit dafür ausrechnen, daß sich ein Teilchen in einem bestimmten Gebiet aufhält, nicht aber die, daß es genau an einem bestimmten Punkt ist. Solche kontinuierlichen Wahrscheinlichkeiten lassen sich mathematisch am besten unter Verwendung von Integralen beschreiben.

Kapitel 4

Anwendungen

Es ist kaum zu erwarten, daß die Wavelets die reine Mathematik genauso revolutionieren werden, wie dies seinerzeit die Fourier-Analyse tat. „Tatsächlich gibt es einige Sätze, die sich unter Verwendung von Wavelets wesentlich einfacher beweisen lassen als zuvor. Mir sind aber nur zwei Sätze bekannt, die ausschließlich mit Wavelets beweisbar sind." (I. Daubechies; Strichartz fügt hinzu, daß man allerdings auch die Vereinfachungen nicht unterschätzen sollte.)

Demgegenüber haben die Wavelets ein sehr breites Anwendungsfeld. Viele dieser Anwendungen laufen auf einen Vergleich der bei verschiedenen Auflösungen gewonnenen Wavelet-Koeffizienten hinaus. Verschwindende Koeffizienten bedeuten keinerlei Änderung und können ignoriert werden; bei nichtverschwindenden Koeffizienten dagegen geschieht etwas, sei es nun ein Fehler, ein plötzlicher Sprung im Signal oder Rauschen (unerwünschte Impulse also, die sich dem tatsächlichen Signal überlagern). Sind die Koeffizienten nur bei kleinen Skalen von null verschieden, ist dies immer ein Anzeichen für die geringfügigen, aber raschen Schwankungen des Rauschens. „Die kleinsten Wavelets werden stets versuchen, dem Rauschen zu folgen" (I. Daubechies). Gröber auflösende Wavelets können den raschen Änderungen nicht folgen; sie approximieren die Kurve nur grob.

Sind dagegen die Koeffizienten sämtlicher Skalen im gleichen Signalabschnitt von null verschieden, weist dies auf einen tatsächlichen Effekt hin. Gehen die Koeffizienten an der gleichen Stelle bei feiner werdender Skalierung nicht gegen null, bedeutet dies einen Sprung im Signal. Fallen sie bei feiner werdender Skalierung relativ langsam ab, zeigt dies eine Unstetigkeit in der Ableitung an; fallen sie rasch ab, liegt ein glattes Signal vor. Durch

Skalieren läßt sich sogar der Kontrast bei unscharfen, verrauschten Signalen verbessern. Wenn die Koeffizienten bei groben und mittleren Auflösungen auf eine Singularität hinweisen, während das Signal bei hohen Auflösungen stark verrauscht ist, kann man die fehlenden Hochfrequenz-Koeffizienten substituieren und die Singularität so zu hohen Frequenzen hin extrapolieren. Das Ergebnis ist dann unter Umständen besser als das Ausgangssignal.

Da Wavelets immer auf Änderungen reagieren und sich schmalen Signalabschnitten anzuschmiegen vermögen, werden sie von Forschern des Institut du Globe in Paris genutzt, um den winzigen Effekt nachzuweisen, den der vor der peruanischen Küste fließende El Niño-Ozeanstrom auf die Rotationsgeschwindigkeit der Erde hat. Auf ähnliche Weise untersuchen Forscher der Universität Southampton Ozeanströme in der Antarktis [78]. In der Mechanik werden Wavelets eingesetzt, um über eine Schwingungsanalyse Fehler in Zahnrädern festzustellen.

Die Tatsache, daß bei Fehlern in der Wavelet-Transformierten nicht gleich die ganze Transformation zusammenbricht, macht man sich in der medizinischen Bildverarbeitung zunutze. Bei der fourier-analytischen Auswertung von Bildern, die mit dem Magnetresonanzverfahren aufgezeichnet wurden, bringt die kleinste Bewegung des zu untersuchenden Organs das ganze Bild durcheinander. Dennis Healy Jr. und John Weaver, ein Mathematiker und ein Radiologe vom Dartmouth College, haben gemeinsam entdeckt, daß sich „solche Bewegungs-Artefakte" mit Wavelets „drastisch reduzieren lassen" ([45], S. 849). Darüber hinaus gehen sie der Frage nach, inwieweit man die Mehrfachauflösung bei der „selbstadaptiven" Magnetresonanz-Tomographie verwenden kann, um hochfrequente Magnetfelder gezielt auf der Basis der zuvor gewonnenen Niederfrequenz-Ergebnisse einzusetzen. Bedenkt man, daß eine halbe Stunde Magnetresonanz-Tomographie mehr als 2000 DM kostet, sind hier potentiell erhebliche Einsparungen möglich.

In der Astronomie kann man mit Hilfe von Wavelets die großräumige Materieverteilung im Weltraum untersuchen. Jahrelang galt diese Verteilung als zufällig, bis man in den letzten Jahren komplizierte Strukturen mit „Dunkelflecken" und „Blasen" entdeckte. Ein besseres Verständnis dieser Strukturen ist nach Albert Bijaoui unumgänglich, um die verschiedenen konkurrierenden Szenarien der Entwicklung des Universums bewerten zu können. Zunächst benötigt man dazu aber einen auf Galaxienzählungen beruhenden Katalog des Universums ([12], S. 195).

Da Wavelets Strukturen mit unterschiedlichen Größenskalen separieren können, lassen sich mit ihrer Hilfe auch Sterne von Galaxien unterscheiden, was ein durchaus nichttriviales Problem darstellt. Auf diese Weise konnten Bijaoui und seine Kollegen vom Observatorium der Côte d'Azur, Nizza, im Zentrum des Coma-Superclusters einen Subcluster mit mehr als 1400 Galaxien identifizieren. Derselbe Supercluster konnte anschließend als Röntgenquelle beobachtet werden. Yves Meyer dazu: „Wavelets sind wie ein Fernrohr, das die richtige Richtung weist."

Eine Reise durch die Funktionenräume – Wavelets und reine Mathematik

Die Fouriersche Erkenntnis, daß sogar unstetige Kurven als Summe von Sinus- und Kosinustermen geschrieben und damit als Funktion aufgefaßt werden können, trug zu einem tiefgreifenden Umdenken in der Mathematik bei. Im Verlaufe des neunzehnten Jahrhunderts entdeckten die Mathematiker mehrere seltsame neue Funktionen wie z. B.

$$f(x) = \cos 2\pi 10 x + \frac{1}{2}\cos 2\pi 10^2 x + \frac{1}{3}\cos 2\pi 10^3 x + \frac{1}{4}\cos 2\pi 10^4 x + \ldots$$

Diese Funktion springt ständig zwischen minus und plus unendlich hin und her; setzt man aber einen beliebigen endlichen x-Wert ein, erhält man stets ein endliches Ergebnis. Um mit derartigen Konstruktionen umgehen zu können, benötigte man neue Hilfsmittel wie z.B. das Lebesque-Integral.

In der Folge führte die Erweiterung des Funktionsbegriffs zu einem noch radikaleren Umdenken. Anstatt sich mit individuellen Funktionen zu beschäftigen, begannen die Mathematiker, ganze Familien von Funktionen (und noch exotischere Konstruktionen wie Distributionen) zu studieren, die, wie sie sagen, in Funktionenräumen beheimatet sind. Da die Wavelet-Koeffizienten – im Unterschied zu den Fourier-Koeffizienten – die Eigenschaften der Funktionen (zumindest, wie Yves Meyer sagt, „alle raschen Änderungen, Unstetigkeiten, Unwägbarkeiten") eindeutig widerspiegeln, sind sie beim Studium von Funktionenräumen von großem Nutzen. Durch einfache Änderung der Koeffizienten kann man von ganz gewöhnlichen glatten Funktionen zu den „wildesten Distributionen" mit scharfen Spitzen und tiefen Tälern übergehen.

4.1 Die Konstruktionsvorschrift für Fraktale

Besonders gut geeignet scheinen Wavelets zur Analyse von Fraktalen oder Multifraktalen, deren hervorstechende Eigenschaft die Selbstähnlichkeit bei verschiedenen Skalen ist.[1] Bereits die Fragestellung, ob sich Wavelets zum Studium solcher Objekte eignen, macht die auf diesem Gebiet herrschende Dynamik deutlich.

A. Arnéodo, F. Argoul und G. Grasseau hatten hierzu 1990 geschrieben: „Hier haben wir ein echtes mathematisches Mikroskop, eine Transformation, die geradezu herausfordert, in das hierarchische Gebäude der Fraktale hinabzusteigen. Wir möchten die Leser also einladen zu einer Reise zum Herzen der Fraktale", und an anderer Stelle: „Wir wollen hier die Konstruktionsvorschrift kritischer Fraktale offenlegen" ([4], S. 127). Zwei Jahre später schlug Meyer ein anderes, flexibleres und genaueres Verfahren zur Untersuchung von Fraktalen vor ([66], S. 118). Aber schon 1993 änderte er angesichts der bei Turbulenz-Untersuchungen gewonnenen Erkenntnisse seine Meinung erneut. „Für den, der das Abenteuer liebt, ist das ein durchaus befriedigender Zustand – während jemand, der ein Buch verfassen möchte, dies eher als demütigend empfinden mag."

Turbulenz-Untersuchungen werden durchgeführt im Windkanal bei Modane, nahe der französisch-italienischen Grenze. Die Signale werden über viele Kilometer aufgezeichnet; sie erscheinen vollkommen chaotisch. „Zufallsgeneratoren" können solch eine Reihe völlig zufälliger Zahlen liefern, und mit Hilfe einfacher Computerprogramme kann man auf dem Gebiet der dynamischen Systeme extrem komplizierte Mengen erzeugen. Sollte vielleicht auch die Umkehrung möglich sein, für ein komplexes Signal eine ganz einfache Regel zu finden? Lassen sich in den Turbulenz-Signalen verborgene Strukturen nachweisen? Ausgehend von den relativ einfachen Navier-Stokes-Gleichungen, die den Turbulenzen zugrunde liegen, würde man dies stark vermuten; die Strukturen aber tatsächlich zu finden, ist extrem schwierig. Mit einem von Arnéodo und seinen Kollegen in Bordeaux getesteten Wavelet-Verfahren konnte nachgewiesen werden, daß das Modane-Signal

---

[1] Während „Fraktale" allgemeine Mengen sind, ist der „Multifraktal "-Begriff (bis auf wenige Spezialfälle) lediglich auf Maße und Funktionen anwendbar. Nach Uriel Frisch sind Multifraktale charakterisiert durch bestimmte Singularitätstypen über gewissen fraktalen Mengen, z. B. eine Unstetigkeit der Funktion über der a-dimensionalen Menge A in Verbindung mit einer Unstetigkeit der Ableitung über der b-dimensionalen Menge B. Dies ist ein Beispiel einer „bifraktalen" Funktion; multifraktale Funktionen kann man sich als unendlich viele solcher Singularitäten über entsprechen Mengen veranschaulichen.

eine multifraktale Struktur besitzt, und Stéphane Jaffard von der französischen Ecole Nationale des Ponts et Chaussées konnte hierfür auch eine mathematische Begründung liefern. Yves Meyer resümiert: „ Und plötzlich waren wir wieder bei den Wavelets, die sich für diese Zwecke offenbar doch am besten eignen."

Uriel Frisch vom Observatorium Nizza, der gemeinsam mit Giorgio Parisi von der Universität La Sapienza, Rom, das Multifraktal-Modell [69] formulierte, hält dagegen, daß er bei Signalen wie dem aus Modane „nicht hundertprozentig sicher ist, ob das Modell wirklich adäquat ist". Obgleich das Signal sicher turbulent ist, könnte es sein, daß der Grad der Turbulenz hierfür nicht ausreicht. „Die Abweichungen gegenüber dem auf der Kolmogorovschen Theorie von 1941 beruhenden Selbstähnlichkeits-Modell ... könnten von einer zu kleinen Reynolds-Zahl herrühren." (Die Reynolds-Zahl ist ein Maß für die Turbulenz eines Signals.) Es ist durchaus denkbar, daß die Kolmogorov-Theorie zwar bei Signalen mit der Reynolds-Zahl unendlich gilt, nicht aber bei einer Reynolds-Zahl von 1 Million, wie dies bei den Modane-Experimenten der Fall ist.

Wie Frisch weiter ausführt, könnten die beobachteten Abweichungen durchaus auch auf Artefakte zurückzuführen sein. Eine Brownsche Bewegung mit kontinuierlichem Ultraviolett-Cutoff kann „sich als nahezu völlig diskreter Prozeß tarnen"; er nennt dies *„Chamäleon-Effekt"*. „Beim Versuch, lokale Exponenten eines Prozesses mit einer zu stark vereinfachten Wavelet-Analyse zu bestimmen, kann man die verschiedensten Artefakte erwarten." Obgleich ein neueres Auswertungsverfahren, das von einer „erweiterten Selbstähnlichkeit" ausgeht, die Multifraktal-Hypothese stützt, ist diese Frage bisher nicht endgültig entschieden.[2]

4.2 Rauschunterdrückung mit Wavelets – Unkraut jäten, ohne Gänseblümchen auszureißen

Auch ein neues Verfahren, Signale aus dem weißen Rauschen herauszufiltern, basiert auf Wavelets. Für solche Verfahren besteht ein großer Bedarf, u. a. bei medizinischen Diagnoseverfahren und in der Molekülspektroskopie.

Bei jedem Versuch, Signal und Rauschen zu trennen, besteht ein offensichtliches Problem erst einmal darin zu erkennen was Rauschen und was

---

[2]Die Idee der erweiterten Selbstähnlichkeit geht auf R. Benzi und S. Ciliberto (Ecole Normale Supérieure, Lyon) sowie deren Mitarbeiter zurück [10].

Signal ist. Schon die Definition des Rauschens ist keineswegs trivial. Morlet nennt ein schönes Beispiel: Wenn jemand im Meer nach unterirdischen Ölfeldern sucht, zählen U-Boote für ihn zum Rauschen, während man sich im militärischen Sektor gerade für die U-Boote interessiert. Weiß man, daß das Signal glatt (also langsam veränderlich) ist und das Rauschen demgegenüber rasch fluktuiert, kann man über benachbarte Daten mitteln und so das Rauschen beseitigen, ohne den groben Kurvenverlauf zu ändern. Glatte Signale sind im wesentlichen durch niederfrequente Beiträge charakterisiert und sollten dabei kaum beeinflußt werden.

Allerdings gibt es (z. B. bei medizinischen Diagnoseverfahren) zahlreiche Signale, die nicht glatt sind, sondern hochfrequente Peaks enthalten. In diesem Fall wird beim Beseitigen der hochfrequenten Anteile auch das Signal verstümmelt. Um mit Victor Wickerhauser von der Washington University, St. Louis, zu sprechen: „Mit dem Unkraut werden auch die Gänseblümchen gejätet."

Eine Gruppe von Statistikern fand schließlich einen Ausweg aus diesem undifferenzierten Kahlschlag. David Donoho (Stanford University und University of California, Berkeley) und Iain Johnstone (Stanford) konnten auf mathematischem Wege zeigen, daß bei Existenz einer bestimmten Art von Orthogonalbasis diese die beste Möglichkeit bietet, Signal und weißes Rauschen zu trennen. Eine *Basis* ist eine Schar von Funktionen, durch die sich die Gesamtheit aller Funktionen eines gegebenen Funktionenraumes darstellen läßt. Zum Beispiel erzeugt jedes Mutter-Wavelet eine spezifische Basis: Beliebige Funktionen lassen sich als Kombination eines Mutter-Wavelets und der durch Verschiebung und Dehnung daraus hervorgehenden Wavelets darstellen.

Anfangs war diese Aussage von rein akademischem Interesse, da Donoho und Johnstone nicht bekannt war, ob eine solche Basis überhaupt existiert. Das änderte sich, als Donoho im Sommer 1990 in St. Flour im französischen Zentralmassiv einen Kurs über Wahrscheinlichkeitsrechnung gab und dort einen Vortrag von Dominique Picard (Universität Paris-Jussieu) über Anwendungen von Wavelets in der Statistik hörte. Donoho erinnert sich: Nach einer Diskussion mit ihr und Gérard Kerkyacharian (Universität Picardy, Amiens) „merkte ich, daß das genau das war, wonach wir lange Zeit vergeblich gesucht hatten. Wir wußten, daß Wavelets, sinnvoll eingesetzt, nicht zu schlagen sind."

Das Verfahren selbst ist verblüffend einfach. Man unterwirft das Signal einer Wavelet-Transformation, läßt sämtliche Koeffizienten unterhalb einer gewissen Schranke (unabhängig von der Frequenz oder Auflösung) weg und rekonstruiert im Anschluß das Signal. Das Verfahren arbeitet genauso rasch wie die Wavelet-Transformation selbst. Darüber hinaus läßt es sich auf vielfältige Signalformen anwenden (siehe Abbildung 4.1 sowie [24] und [25]).

Das überraschende dabei ist, wie wenig man eigentlich vom Signal wissen muß. Traditionell herrschte immer die Auffassung vor, daß man über das vom Rauschen zu trennende Signal gewisse Kenntnisse haben oder aber bestimmte Annahmen machen muß. „Lassen sich über das Signal überhaupt keine *A-priori*-Voraussetzungen machen, kann man gleich die Finger davon lassen. Andererseits kann es aber auch nicht Sinn der Sache sein, den Algorithmus mit den eigenen Absichten zu füttern, um sich dann davon zu überzeugen, daß diese am Schluß wieder herauskommen" (A. Grossmann). Insbesondere mußte man bei den herkömmlichen Verfahren stets wissen – oder ebenfalls in bestimmter Weise annehmen –, wie glatt das Signal ist: Ist es bis auf einige wenige Sprünge glatt, hat es ausgeprägte steile Peaks, oder gleitet die Frequenz eher wie beim Vogelgezwitscher?

Geht man dagegen von Wavelets aus, braucht man nur zu wissen, daß das Signal einer weit größeren Klasse angehört, die nicht nur die eben genannten Fälle, sondern zahlreiche andere einschließt. Insbesondere fallen in diese Klasse so gut wie alle Signale, auf die sich auch die herkömmlichen Rauschminderungsverfahren anwenden lassen. Ohne weitere Vorkenntnisse „erhält man damit genau die gleichen Ergebnisse wie jemand, der von den richtigen Annahmen ausgeht, und darüber hinaus weit bessere als jemand, der von falschen Voraussetzungen ausgeht" (D. L. Donoho).

Der Trick besteht darin, daß sich für die erwähnte umfangreiche Klasse von Signalen die „Energie" des Signals mittels einer orthogonalen Wavelet-Transformation in relativ wenigen, großen Koeffizienten konzentrieren läßt. Das Signal wird also quasi in einige wenige „Fächer" eingeordnet. Weißes Rauschen „paßt" in solche Fächer nicht. „Weißes Rauschen ist vollständig ungeordnet. Man kann es zerlegen, wie man will, es wird nicht aufhören, wie eine Fieberkurve zu zittern." (Y. Meyer; daß weißes Rauschen unter allen orthogonalen Transformationen invariant bleibt, ist schon seit den 30er Jahren bekannt.) Die Energie des weißen Rauschens verteilt sich auf die gesamte Wavelet-Transformierte und führt so zu relativ kleinen Koeffizienten, die man schließlich weglassen kann. Während im „Orts- oder Zeitraum" das Signal vom Rauschen maskiert wird, sind im „Wavelet-Raum" beide sauber getrennt.

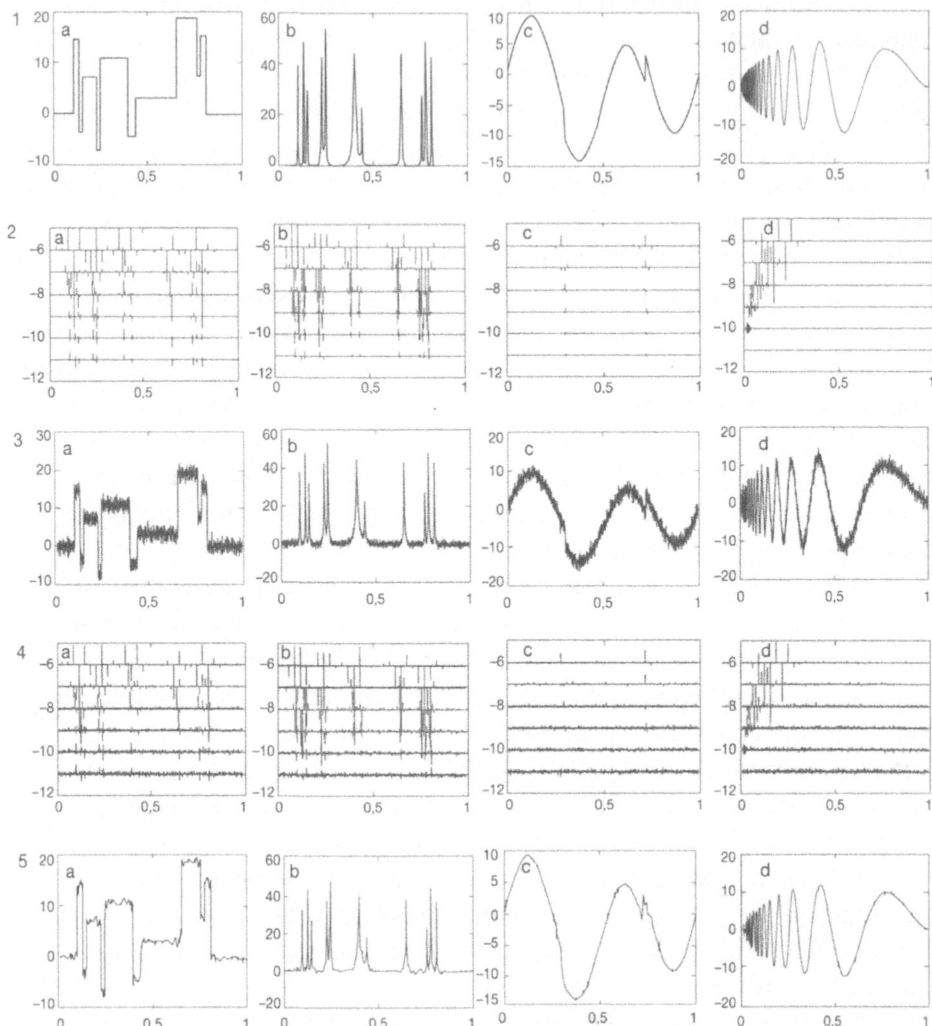

Abb. 4.1: **Das Abschneideverfahren zur Rauschminderung.**
Wavelets gestatten, das viele Signale störende weiße Rauschen zu beseitigen, indem sämtliche Wavelet-Koeffizienten unterhalb einer gewissen Schwelle weggelassen werden. 1. (a,b,c,d) Vier Funktionen. 2. (a,b,c,d) Die gleichen Funktionen im Wavelet-Raum (d. h. die Wavelet-Koeffizienten). 3. (a,b,c,d) Die Funktionen mit überlagertem weißem Rauschen 4. (a,b,c,d) Dieselben Funktionen mit überlagertem weißem Rauschen im Wavelet-Raum. Vor dem Hintergrund des Rauschens zeichnen sich einige wenige dominante Koeffizienten ab. 5. (a,b,c,d) Die aus den maximalen Koeffizienten rekonstruierten Funktionen.
Mit freundlicher Genehmigung von David Donoho und Iain Johnstone.

Unabhängig von Donoho und Johnstone beobachteten auch andere wie Ronald DeVore (University of South Carolina) und Bradley Lucier (Purdue University) [23], daß das Abschneideverfahren gut zum Eliminieren des weißen Rauschens geeignet ist. Donoho schreibt dazu: „Während wir über die mathematische Informationstheorie auf dieses Verfahren gestoßen sind, kamen andere von der Approximationstheorie; wieder andere entdeckten es einfach bei der praktischen Arbeit mit Wavelets, indem sie genau aufpaßten, was geschieht."

Mallat interessierte, wie sich auf diese Weise die Qualität unscharfer Bilder verbessern läßt. Einige Statistiker wandten ein, daß das Donoho-Johnstone-Verfahren zwar elegant und fundamental sein mag, seine Stärken aber wohl eher in der Theorie als in der Praxis zeigt. Sie jedenfalls könnten sich durchaus vorstellen, daß der jeweiligen Problemstellung angepaßte Verfahren effektiver sind als solche, die für einen weiten Bereich von Fragestellungen „nahezu optimal" funktionieren (siehe z.B. die Diskussion im Anschluß an [25]). Versucht man zum Beispiel, das Donoho-Johnstone-Verfahren auf unscharfe Bilder anzuwenden, werden verschiedene Kanten zerstört, und man erhält eine leichte Wellenstruktur.

Gemeinsam mit Wen Liang Hwang, einem Doktoranden, entwickelte Mallat ein Verfahren, um diese Probleme zu umgehen [59] (Abbildungen 4.2 und 4.3). Nachdem sie die Wavelet-Transformierte berechnet hatten, suchten sie diejenigen Koeffizienten, die größer als die benachbarten sind. Im Vergleich zu den Nachbarpunkten ist die Korrelation zwischen Bild und Wavelet bei diesen Bildpunkten unabhängig von der Größenskale am besten. Da Wavelets auf Änderungen (bei Bildern also auf Umrisse) reagieren, entsprechen diese Maximalwerte oder *Wavelet-Maxima* im Prinzip den Umrißpunkten. Wavelet-Maxima, die eher dem Rauschen zuzuordnen sind, werden weggelassen. Die Entscheidung hierüber wird, ausgehend von der Existenz und Größe von Maxima bei verschiedenen Auflösungen, automatisch getroffen; allerdings ist der Rechenaufwand dabei größer als bei Donohos Verfahren.

Mallat betont, daß das Wavelet-Maxima-Verfahren nicht allein zur Rauschminderung entwickelt wurde. Vielmehr bietet es eine Möglichkeit, automatisch Singularitäten, also die Stellen, bei denen im Signal irgend etwas Bemerkenswertes geschieht, zu erkennen und zu charakterisieren. Mallat sieht hierfür verschiedene Einsatzgebiete, so bei der Rauschunterdrückung und der Signalkodierung und -analyse. Mit ebendiesem Verfahren untersuchen z. B. Arnéodo und Mitarbeiter in Bordeaux singuläre Strukturen im Geschwindigkeitsfeld turbulenter Flüssigkeiten; auch bestimmte Fraktale wurden damit schon untersucht. Ein für die Mustererkennung nicht zu unterschätzender Vorteil ist die Translationsinvarianz der Wavelet-Maxima-Darstellung. Ausgehend von dieser, ist es unerheblich, an welcher Stelle des Signals man mit der Kodierung beginnt.

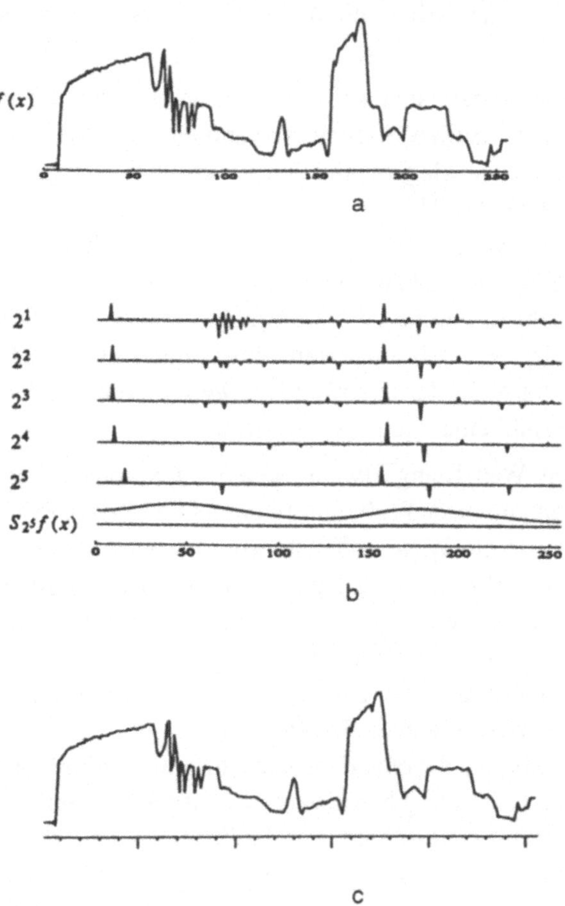

Abb. 4.2: Das Wavelet-Maxima-Verfahren.
Ein Signal kann durch seine Wavelet-Maxima, d. h. die Koeffizienten, die groß gegen die benachbarten sind, dargestellt werden. (a) Das Ausgangssignal (dessen Wavelet-Transformierte Abbildung 2.3 zeigt). (b) Die Wavelet-Maxima-Darstellung des Signals. (c) Das aus den Wavelet-Maxima nach 20 Iterationen rekonstruierte Signal.
Mit freundlicher Genehmigung von Stéphane Mallat, Ecole Polytechnique CMAP, Paris.

a   b   c

Abb. 4.3: Rauschminderung bei Bildern mit Wavelet-Maxima.
Mit Hilfe von Wavelets wurden die Umrisse des Bildes (a) bei unterschiedlichen
Auflösungen berechnet; die Wavelet-Maxima zeigen die wichtigsten Umrisse. Die
Umrisse bei hoher Auflösung zeigt (b). Schließlich wurde das Bild ausgehend von
den Umrissen bei verschiedenen Skalen mit Hilfe eines von Stéphane Mallat und
Sifen Zhong entwickelten Verfahrens rekonstruiert (c). Die Beschränkung auf die
Umrisse vermindert das Rauschen und beseitigt kleinere Unregelmäßigkeiten, so
daß die Haut glatter erscheint.
Mit freundlicher Genehmigung von Stéphane Mallat, Ecole Polytechnique CMAP,
Paris.

4.3 Artefakte und andere Unannehmlichkeiten: Wie man sich selbst ein Bein stellt

Obgleich das Donoho-Johnstone-Verfahren einfach und weitgehend automatisch arbeitet, ist beim Umgang mit Wavelets stets eine gewisse Vorsicht
angebracht. Bei orthogonalen Wavelets zum Beispiel ist es durchaus nicht
einerlei, wo man das Signal zu kodieren beginnt. Schon die kleinste Verschiebung führt zu völlig anderen Koeffizienten, wodurch die Mustererkennung zum Hasardspiel geraten kann. Bei kontinuierlichen Transformationen
ist diese Gefahr zwar ausgeschlossen, hier gibt es aber wieder andere Fußangeln. Korrelationen von Koeffizienten (unterschiedliche Koeffizienten, die
das gleiche Signal „sehen") können sich als mit den Wavelets eingeschlepp-
tes Artefakt erweisen: „Das ist einer der Fälle, wo man sich leicht unbeab-
sichtigt selbst ein Bein stellen kann" (A. Grossmann).

Wavelets richtig anzuwenden erfordert ein gewisses Maß an Erfahrung.
„Bei der Fourier-Transformation weiß man, was man bekommt. Bei der
Wavelet-Transformation dagegen braucht man ein gewisses Training, um die
Ergebnisse richtig interpretieren zu können. Ich erinnere mich an einen Be-

richt der EDF (Electricité de France), in dem Ingenieure offen eingestehen, daß es ihnen Schwierigkeiten bereitet, die mit Wavelets gewonnenen Ergebnisse zu interpretieren" (Y. Meyer). Zumindest ein Teil dieser Schwierigkeiten könnte von der Scheu herrühren, etwas Neues zu beginnen. Gregory Beylkin (University of Colorado, Boulder) berichtet von einem Studenten, der problemlos mit Wavelets umgehen konnte, ohne jemals zuvor etwas von der Fourier-Analyse gehört zu haben. Ähnliches weiß auch Marie Farge zu berichten. Meyer allerdings betrachtet das Problem als durchaus real.

Die Fourier-Analyse ist seit langem bekannt, und die meisten Physiker und Ingenieure verfügen über umfangreiche Erfahrungen mit Fourier-Transformationen. Fourier-Koeffizienten zu interpretieren gehört für sie zu den natürlichsten Dingen der Welt. Außerdem ist die Fourier-Transformation, wie Meyer betont, nicht nur eine bloße mathematische Abstraktion, sondern hat einen realen physikalischen Hintergrund. „Das ist nicht etwa nur irgendeine Konzeption. Die Fourier-Analyse hat einen physikalischen Sinn und ist damit genauso real wie dieser Tisch. Wavelets dagegen existieren nicht als physikalische Objekte und sind somit schwerer zu interpretieren."

Besonders willkürlich erscheinen in diesem Zusammenhang orthogonale Wavelet-Transformationen, die von um den Faktor zwei gedehnten (d. h. um eine Oktave verschobenen) Wavelets ausgehen. Die Vorstellung, daß sich ein Signal wie eine Klaviersonate allein durch den Ton C oder H beschreiben lassen soll, scheint genauso absurd, wie Fouriers Zeitgenossen die Idee erschien, daß sich unstetige Funktionen durch Superposition von Sinus und Kosinus darstellen lassen sollen. Informationen in Komponenten zu zerlegen, die sich in der Skalierung – also etwa Grundverlauf und unterschiedlich große Details – unterscheiden, erscheint dagegen in gewisser Weise sehr natürlich. Und tatsächlich zeigt eine genauere Betrachtung, daß auch unsere Augen und Ohren in den ersten Stufen der Informationsverarbeitung eine Art Wavelet-Analyse vornehmen.

Beim Sehen werden Neuronen der Sehrinde im Gehirn durch Lichtmuster, sogenannte Rezeptivfelder, angeregt. So wie schmale Wavelets hohe Frequenzen und breite niedrige Frequenzen kodieren, „sprechen Neuronen mit kleinen Rezeptivfeldern auf hohe Frequenzen und solche mit großen Rezeptivfeldern auf niedrige Frequenzen an", beschreibt dies David Field, Psychologe an der Cornell University. Ein ähnlicher Effekt, eine bessere Zeitauflösung bei hohen Frequenzen, ist beim Hören seit langem als *konstante Q*-Filterung bekannt.

Wavelets und Sehen: ein anderer Zugang

Auf dem Gebiet der Bilderkennung wurden Wavelets unabhängig von verschiedenen Forschern im Laufe der 80er Jahre eingeführt. Dies war die Antwort auf eine jahrelange zähe Debatte darüber, ob die Sehzellen auf räumliche Frequenzen oder unmittelbar auf räumliche Entfernungen reagieren. Im Wavelet-Modell ist das Bild, das wir betrachten, das Signal, die Lichtmuster (Rezeptivfelder) sind die Wavelets, und die Reaktion eines Neurons auf ein spezielles Lichtmuster ist der Wavelet-Koeffizient. Wie bei der Wavelet-Transformation führen kleine Rezeptivfelder zu einer hohen räumliche Auflösung, große dagegen zu einer hohen Frequenzinformation.

Eine bestimmte Auffassung geht davon aus, daß unser visuelles System die „Wavelet-Transformation" verwendet, um verschiedene Objekte zu trennen. Beim Betrachten einer Landschaft spricht immer nur ein kleiner Bruchteil aller Neuronen gleichzeitig an. Das würde bedeuten, daß sich Landschaften durch eine Wavelet-Transformation effizient kodieren ließen. David Field von der Cornell University vertritt allerdings die Auffassung, daß die Wavelet-Analyse in diesem Zusammenhang nicht der Kompression, sondern der Bilderkennung dient.

Eine gewisse Skepsis ist in diesem Zusmmenhang durchaus angebracht. Grossmann berichtet: „Ich fragte hierzu einen Freund, einen Spezialisten auf dem Gebiet des Hörvorgangs. Er meinte, wenn ich ihn drei Jahre früher gefragt hätte, hätte er mir alles erklären können. Aber je mehr wir wissen, desto komplizierter stellen sich uns die Dinge tatsächlich dar ... " Wenn unsere Ohren, wie wir gegenwärtig annehmen, in den ersten Phasen der Informationsverarbeitung tatsächlich eine Mehrfachauflösungs-Analyse vornehmen, schließt sich daran zumindest noch ein weiterer, sehr komplexer Vorgang an. Edward Adelson resümiert, er sei

enttäuscht, daß die Wavelet-Revolution so wenig Ausstrahlung auf sein Hauptarbeitsgebiet, die Untersuchung des Sehvorgangs, hatte. Natürlich weiß man seit langem, daß Gabor-Funktionen und Multi-Skalen-Darstellungen ebenso wie Pyramidenverfahren beim Sehen von Bedeutung sind. Ich hatte damit die Hoffnung verbunden, daß uns die neuen mathematischen Hilfsmittel in die Lage versetzen würden, bessere

> *Modelle für das menschliche Sehen ebenso wie für die maschinelle Bilderkennung zu entwickeln. Trotz einiger erfolgversprechender Ansätze ist es nicht gelungen, mit den vielgepriesenen neuen mathematischen Verfahren auch nur ein Ergebnis zu erzielen, das nicht schon zuvor bekannt gewesen wäre.*

Die Tatsache, daß auch unsere Augen und Ohren Wavelet-Verfahren benutzen, prädestiniert diese Verfahren besonders für die Informations-Komprimierung. Ingrid Daubechies stellt dazu fest: „Falls unser Ohr ein bestimmtes Signalanalyse-Verfahren nutzt, wird jede Anwendung dieses mathematischen Formalismus etwas Ähnliches wie unser Ohr bewirken. Sicher werden dabei gewisse Informationen verlorengehen, letztlich aber doch nur solche, die unser Ohr ebenfalls nicht wahrnimmt."

Field zufolge wird diese Auffassung von vielen Wavelet-Forschern geteilt. Zumindest was das Sehen anbelangt, ist sie seiner Meinung nach allerdings nicht haltbar. Nach seiner Ansicht verwendet unser visuelles System Wavelets nicht zur *Kompression*, sondern zur *Bilderkennung*, etwa um hunderte verschiedener Gesichter auseinanderzuhalten. „Der Algorithmus ist zwar optimal, nicht jedoch für die Kompression optimiert."

4.4   Ein Maß für die Information

Warum kann man eigentlich nicht zehn Stunden Musik auf einer einzigen CD unterbringen? Warum sind Videotelephone nicht schon längst Allgemeingut geworden? Die Antwort hierauf gibt das Sampling-Theorem. Es macht deutlich, daß sich kontinuierliche Signale aus einer endlichen Anzahl von Abtastpunkten reproduzieren lassen. Dies öffnete den Weg für viele uns heute selbstverständlich erscheinende Wunder der Technik. Allerdings hat die Sache einen Haken: Die Informationsmenge, die pro Zeiteinheit auf einem bestimmten Frequenzband übertragen werden kann, ist begrenzt. Die Annahme, daß sich jedes endliche Signal kontinuierlich reproduzieren läßt, ist gleichbedeutend damit, daß es eine unendliche Informationsmenge enthält. Das Sampling-Theorem besagt aber, daß endliche Signale weit weniger Information enthalten, als man ursprünglich dachte. Telefonleitungen etwa *übertragen* tatsächlich weit weniger Information.

„In den dreißiger Jahren dieses Jahrhunderts dämmerte diese Erkenntnis allmählich auch den Kommunikationstechnikern", schreibt Gabor. Das Sampling-Theorem bestätigte und quantifizierte schließlich den aufkommenden Verdacht, daß Straightforward-Verfahren, bei gegebener Bandbreite

mehr Information zu übertragen, zu einem „grundlegenden Trugschluß" führen ([39], S. 429).[3]

Hieraus ergibt sich die wichtige Erkenntnis, daß Information quantifi-
zierbar ist. Zum Beispiel kann man sagen, wieviel „Bit" die DNA enthält,
in der das menschliche Wesen kodiert ist. Ein „Bit" bezeichnet die Wahl
zwischen zwei Alternativen, beim Computer etwa zwischen den Zahlen 0
und 1 oder beim Stromschalter zwischen „an" und „aus". Der Begriff „Bit"
geht auf John Tukey (bekannt von der FFT) zurück und bedeutet „b[inary]
[dig]it"; acht Bit bilden ein „Byte". Als Folge dieser Erkenntnis kam es zu
einem grundlegend neuen Verständnis des Informationsbegriffs.

Eine weitere Folge ist die sich immer weiter öffnende Schere zwischen
Rechen- und Übertragungsgeschwindigkeit. Computer wie der Power Mac,
die 20 Millionen Multiplikationen pro Sekunde ausführen können, werden
an Modems angeschlossen, die 28 000 Bit pro Sekunde und damit ungefähr
1000 Zahlen pro Sekunde übertragen können. Der Computer spuckt Unmen-
gen von Bits aus und jagt diese in die Telefonleitungen, bis sie schließlich nahezu verstopft sind. Bandbreiten, für die selbst zahlreiche parallel geführte
Gespräche kein Problem darstellen, sind offenbar völlig ungeeignet, um den
Anforderungen des Computers gerecht zu werden.

Eine Möglichkeit, die ständig steigende Informationsflut zu bewältigen,
besteht darin, die Datenautobahnen breiter zu machen, zum Beispiel, indem
man zu höheren Frequenzen übergeht. Eine andere Lösung, die gleichzeitig
Speicherplatz und Rechenkosten spart, könnte darin bestehen, die Signale
zeitweilig zu komprimieren und bei Bedarf wieder zu dekomprimieren. Am
einfachsten lassen sich Signale dadurch komprimieren, daß man offensichtliche Redundanzen oder unwesentliche Informationen eliminiert. Im Grunde
ist das wie beim Telegramm, wo die Sätze, um Geld zu sparen, auf das absolute Mindestmaß reduziert werden.

Darüber hinaus lassen sich aber auch Signale ohne Informationsverlust
komprimieren, die nicht offensichtlich redundant sind. Signale können viel-
gestaltig sein und ihr Aussehen (und somit auch ihre offensichtliche Kom-

---

[3]Theoretisch enthält jeder Meßpunkt unendlich viel Information; mißt man dagegen ein
Signal tatsächlich, wird immer nur eine endliche Anzahl von Dezimalstellen signifikant sein.
Selbst mit idealen Meßgeräten wird man schon bald statt des Signals nur noch Rauschen messen – gar nicht zu sprechen von Problemen auf atomarem Niveau wie der Brownschen Bewegung. Zwar ist die Zahl π auf einige Milliarden Dezimalstellen berechnet worden; für alle
praktisch relevanten Anwendungen reicht der Wert $\pi = 3{,}141592$ aber aus. Im Dualsystem
sind dies 20 Bit. Selbst die Lichtgeschwindigkeit als eine der am besten bekannten physikalischen Größen ist nur auf acht Dezimalstellen genau bekannt.

plexität) je nach gewählter Darstellung ändern. Eine analytische Formel enthält dieselbe Information wie der dazugehörige Graph. Der Graph eines Kreises ist nicht komplizierter als die zugehörige analytische Gleichung. Dagegen ist bei der im Abschnitt *18* diskutierten Funktion, die ewig zwischen plus und minus unendlich hin- und herspringt, zwar das Speichern und Übertragen der Formel nahezu trivial, mit dem Graphen ist dies allerdings schier unmöglich. In anderen Fällen lassen sich sehr komplizierte Sachverhalte mit Hilfe sehr einfacher Befehle kodieren. Die extrem komplexe Mandelbrot-Menge aus Abbildung 4.4 etwa läßt sich mit einem nur dreißig Zeilen langen Programm erzeugen, und auch die Information des menschlichen Wesens ist in relativ wenig DNA (etwa 1 Million Bit) kodiert.

Wir wollen deshalb der Frage, wie sich Information „quantifizieren" läßt, etwas genauer nachgehen. Wie stellt man angesichts der Tatsache, daß die gleiche Information je nach Darstellung einmal groß und ein anderes Mal klein erscheint, fest, wieviel Information das Signal wirklich enthält? Wovon hängt es ab, ob sich ein Signal komprimieren, d. h. die gleiche Information auch noch kürzer darstellen läßt?

Auf den russischen Mathematiker Andrei Kolmogorov geht ein Zugang zurück, demzufolge der *Informationsgehalt* eines Signals gleich der kürzesten Zeichenfolge ist, die dieses Signal in einer gegebenen Sprache (wie z. B. der Computersprache Pascal) kodiert. Jedes Signal, das sich nicht kürzer kodieren läßt als durch sich selbst, das also nicht komprimierbar ist, ist definitionsgemäß zufällig.

Der Begriff *zufällig* wird hier in anderer Weise verwendet als traditionell in der Wahrscheinlichkeitstheorie. Dort können zwar Prozesse zufällig sein, nicht aber deren Ergebnisse. Beim Würfeln mit einem (imaginären) zehnseitigen Würfel wird man die Zahlenfolge $3, 8, 5, 9, 10, 4, 2, 7, 6, 8$ nicht öfter erhalten als $2, 2, 2, 2, 2, 2, 2, 2, 2, 2$ oder $1, 2, 3, 4, 5, 6, 7, 8, 9, 10$. Während uns die erste Folge kaum überraschen dürfte, wäre das bei der zweiten oder dritten sicher der Fall. Das liegt daran, daß wir die erste Folge nicht als etwas Besonderes und damit Unwahrscheinliches, sondern als Vertreterin aller Folgen ohne irgendwelche Auffälligkeiten ansehen. Betrachtet man ein Signal, lautet die erste Frage stets: Bedeutet es etwas oder nicht? Offenbar liegt dieser Frage eine mathematische Fassung des Begriffs „bedeuten" zugrunde: Zeichnet sich das Signal durch eine gewisse Ordnung und Struktur aus oder nicht? Die Kolmogorovsche Definition des Begriffs „zufällig" ist damit sehr intuitiv.

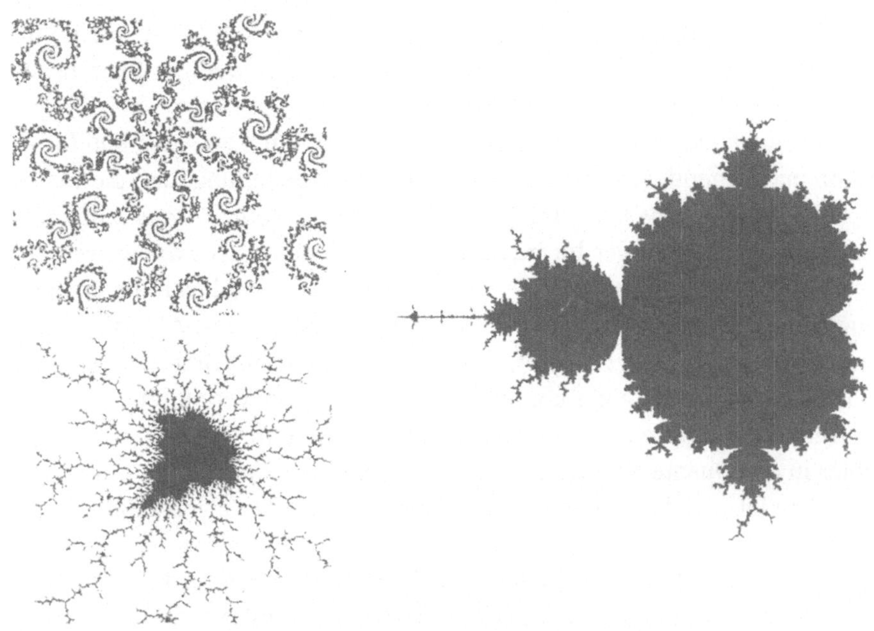

Abb. 4.4: Mit nur dreißig Programmzeilen läßt sich das rechts gezeigte Bild der Mandelbrot-Menge einschließlich zahlreicher Ausschnittvergrößerungen wie links im Bild erzeugen. Das Programm zum Berechnen dieser Bilder umfaßt nur wenige tausend Byte. Um die Bildpunkte direkt zu speichern, brauchte man dagegen etwa 32 000 Byte. Mit geeigneten Komprimierungsverfahren lassen sich das rechts gezeigte Bild auf 5000 Byte und die Ausschnittsvergrößerungen auf 14 000 und 25 000 Byte reduzieren. Die Anzahl der mit dem gleichen Programm zu erzeugenden unterschiedlichen Ausschnittvergrößerungen wird nur von der Notwendigkeit begrenzt, anzugeben, welche Ausschnitte man sehen will.

Der Vergleich von Programm und Farbbild fällt noch drastischer aus, da die Bilder wesentlich mehr Information enthalten.

Der *Kolmogorov*-Informationsgehalt eines Signals ist die kürzestmögliche Kodierung bei vorgegebener Sprache (z. B. in der Programmiersprache Pascal, in der sich sowohl die Bildpunkte als auch die Programmbefehle kodieren lassen). Die krasse Diskrepanz zwischen dem Kolmogorov-Informationsgehalt und der Komplexität in anderen Darstellungen ist offensichtlich.
Mit freundlicher Genehmigung von Yuval Fisher, University of California, San Diego.

Auf den Begriff „Informationsgehalt" trifft das leider nicht in gleicher Weise zu. Zufällige, nicht komprimierbare Signale besitzen einen hohen Informationsgehalt, strukturierte, komprimierbare Signale dagegen nur einen geringen. Unter einem Gesichtspunkt mag dies durchaus sinnvoll erscheinen: Will man Signale über die Telefonleitung senden, werden solche mit einem geringen *Kolmogorovschen Informationsgehalt* weniger Platz benötigen als die mit einem hohen Informationsgehalt.

Allerdings läuft diese Terminologie unserem Gefühl zuwider, daß Information auch irgendeinen Sinn haben sollte. Die Vorstellung, daß die Buchstabenfolgen *Ich liebe Dich* und *New York wurde von einer Atombombe zerstört* nur deshalb weniger Information enthalten sollen als *z ugpw krb* oder *ocy Kwoh sitp kxu bvmw otldowycm le px ktow fxub*, weil sich die ersteren komprimieren lassen (Ich lib dich, NY . . .), widerstrebt uns. Allerdings darf man, wie Warren Weaver warnt, „*Information* nicht mit Sinn verwechseln ([75], S. 8) . . . Eher schon kommt man zu der vagen Vermutung, daß sich Information und Sinn als so etwas wie ein Paar kanonisch konjugierter Variabler in der Quantentheorie erweisen, die einer Nebenbedingung unterliegen: Wer viel von dem einen möchte, muß auf das andere verzichten"([75], S. 88).

Der schwierigste Fall ist gleichzeitg der interessanteste: ein sehr kompliziertes Signal, das möglichst einfach kodiert werden soll. Hier fällt es besonders schwer, die kürzeste Kodierung zu finden. Man stelle sich vor, jemand soll das Programm zur Erzeugung der Mandelbrot-Menge nur anhand des Bildes finden – oder die Struktur der DNA durch bloßes Betrachten eines Menschen aufklären.

Tatsächlich hatte Kolmogorov schon in den 60er Jahren beobachtet, daß die meisten Signale zufälliger Art und damit nicht komprimierbar sind (siehe [56]). Seine Argumentation ist einfach: In einer vorgegebenen Sprache ist die Anzahl der kurzen Sätze immer wesentlich kleiner als die der langen, so daß sich die meisten längeren Sätze durch nichts anderes kodieren lassen als durch sich selbst. Selbst hocheffiziente Kodierungsverfahren, wie sie in Zettelkatalogen von Bibliotheken zur Anwendung kommen, sind nicht in der Lage, alle möglichen Bücher aller möglichen Längen zu erfassen. Die einzige Möglichkeit, die Bücher sicher zu unterscheiden, bestünde wohl darin, Buch für Buch komplett auf die Karteikarte zu drucken. Selbst bei endlichen Bibliotheken braucht man zum Auffinden eines Buches um so mehr Informationen, je größer die Bibliothek ist. Die ungefähre Kenntnis des Autorennamens reicht dann bei weitem nicht mehr aus.

Doch selbst bei Signalen, die sich komprimieren lassen, ist Kolmogorovs Botschaft wenig ermutigend. Wohl läßt sich bei manchen komprimierbaren Signalen die Struktur über statistische Tests aufklären; oft kann man aber nicht einmal entscheiden, ob die Signale überhaupt komprimierbar sind. In solchen Fällen bleibt einem nichts anderes übrig, als dies auszuprobieren.

4.5 Wavelets und Komprimierungsverfahren

Zum Glück stellt man in der Signalverarbeitung immer wieder fest, daß die zu komprimierenden Signale meist schon von der Struktur her ein bestimmtes Verfahren nahelegen. Und anstatt für jedes Signal die absolut kürzeste Darstellung zu suchen, verwendet man allgemeine Verfahren, die sich auf eine oder gar mehrere Klassen von Signalen anwenden lassen. Als allgemeines Komprimierungsverfahren zeichnen sich die Wavelets durch eine Reihe von Vorteilen aus. Bei vielen zu komprimierenden Signalen ist es wahrscheinlicher, daß sich benachbarte Punkte ähneln, als daß sie sich nicht ähneln. Bei einem Bild, das ein weißes Haus mit einer blauen Tür zeigt, werden blaue Punkte mit hoher Wahrscheinlichkeit von anderen blauen Punkten und weiße von weißen umgeben sein. Für solche Signale sind Wavelets besonders geeignet. Da Wavelet-Koeffizienten nur Änderungen registrieren, erhält man bei strukturlosen (oder strukturarmen) Flächen vernachlässigbar kleine oder verschwindende Koeffizienten. Damit verringert sich natürlich auch die Anzahl der beim Kodieren zu berücksichtigenden Wavelet-Koeffizienten ganz wesentlich. Ingrid Daubechies zufolge lassen sich auf diese Weise inzwischen Komprimierungsraten von 35 : 1 oder sogar 40 : 1 bei sehr geringen Verlusten erreichen.

Kommerzielle Komprimierungsverfahren erreichen Komprimierungsraten von 10 bis 12 und damit weit weniger als wir. Gruppen, die sich für kommerzielle Zwecke mit der Optimierung der Fourier-Transformation beschäftigen, behaupten ebenfalls, Komprimierungsraten um 35 zu erreichen. Die Frage, ob wir die herkömmlichen Verfahren übertreffen können, ist also noch offen. Ich persönlich glaube nicht, daß die Komprimierung von Bildern – etwa beim Fernsehen – das erfolgversprechendste Anwendungsgebiet der Wavelets ist.

Mit Wavelets allein lassen sich darüber hinaus die erwähnten hohen Komprimierungsraten ohnehin nicht erreichen. Eine wichtige Rolle kommt, wie Ingrid Daubechies weiter ausführt, ausgeklügelten Quantisierungsverfahren zu, mit deren Hilfe man den für die Wahrnehmung wichtigsten Informationen, wie z. B. Bildumrissen, beim Kodieren ein größeres Gewicht verleihen kann (für weitere Details hierzu siehe S. 168).

Mit Hilfe eines speziellen Quantisierungsverfahrens, der sogenannten
Vektorquantisierung, erreichte Michel Barlaud von der Sophia Antipolis-
Universität Nizza [3, 6] Komprimierungsraten in der Größenordung von 50
bis 100. (Allerdings ging er dabei von *biorthogonalen* Wavelets aus, zwei
Wavelet-Systemen, von denen eines der Signalzerlegung und das andere der
Signalrekonstruktion dient, und die den Einsatz symmetrischer Wavelets er-
möglichen.) Barlaud zufolge erreichten andere wie J. M. Shapiro und M. T.
Orchard ähnliche Ergebnisse. Allerdings ist noch nicht geklärt, ob diese Ergebnisse vor allem den Wavelets oder den verwendeten Quantisierungsverfahren zuzuschreiben sind.

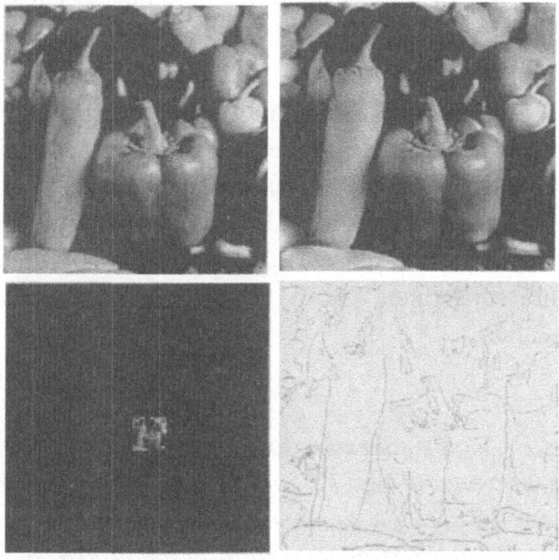

Abb. 4.5: **Knappe Umrißkodierung mit Wavelets.**
Zunächst werden unter Verwendung von Wavelets verschiedener Auflösung die im
Bild sichtbaren Umrisse bestimmt. Danach sondert ein bestimmter Algorithmus die
wichtigsten – in unserem Fall die längsten – dieser Umrisse aus. Damit erhält man
Komprimierungsraten um 40. Das Bild links oben zeigt das Original, rechts unten
sieht man die kodierten Ränder und darüber das rekonstruierte Bild.
Mit freundlicher Genehmigung von Stéphane Mallat und Sifen Zhong.

Andere Forscher machen darauf aufmerksam, daß sich Komprimierungsraten nur schwer vergleichen lassen. „Komprimierungsraten allein besagen nicht viel, solange man nicht dazu sagt, um was für ein Bild es sich
handelt" (Barlaud). Qualität und Komplexität des Originalbildes sind ebenso
zu berücksichtigen wie die Kodierungsqualität. Selbst ein Vergleich zweier

Verfahren auf der Basis des gleichen Bildes kann problematisch sein. „Zwar gibt es objektive Testverfahren, aber diese sind allesamt nicht viel wert", meint Olivier Rioul von der Pariser Ecole Nationale Supérieure des Télécommunications. Wie soll man auch objektiv die Qualität komprimierter Bilder vergleichen, wenn die Qualität subjektiv, abhängig vom Betrachter, ist? Daneben spielt die Bildkomplexität eine Rolle, und beim kommerziellen Einsatz muß der Preis für die Rechenzeit erschwinglich bleiben.

In bestimmten Fällen hat sich die Wavelet-Komprimierung inzwischen dennoch als nützlich erwiesen. Dadurch, daß die Bildinformation in relativ wenigen Koeffizienten konzentriert ist, lassen sich besonders Umrisse gut erfassen, was vor allem bei medizinischen Diagnoseverfahren von großer Bedeutung ist. Weaver und Healy [86] konnten so durch Abtasten einiger weniger mit dem Magnetresonanzverfahren gewonnener Wavelet-Koeffizienten den Umriß des schlagenden Herzens verfolgen. Und beim Aufspüren von U-Booten gelang es Michael Frazier gemeinsam mit seinem Kollegen Jay Epperson (derzeit University of New Mexico), in einer für Daniel H. Wagner Associates angefertigen Untersuchung bei qualitativ guten Abbildungsergebnissen Komprimierungsraten von 16 zu erreichen.

4.6 Rechentechnische Vereinfachungen

Auch zum Komprimieren großer Matrizen (quadratischer oder rechteckiger Zahlenschemata) lassen sich Wavelets heranziehen. Da solche Matrizen beim Lösen nichtlinearer partieller Differentialgleichungen eine große Rolle spielen, könnte sich hier ein wichtiges Anwendungsgebiet auftun. Die entsprechenden Verfahren wurden von Gregory Beylkin (University of Boulder) in Zusammenarbeit mit Ronald Coifman und Vladimir Rokhlin (beide Yale University) entwickelt. Die Matrix wird dabei wie ein zu komprimierendes Bild behandelt und nach Wavelets mit fünf oder sechs verschwindenden Momenten zerlegt. „Teilmatrizen, die sich gut durch Polynome niedriger Ordnung approximieren lassen, werden nur sehr kleine Koeffizienten liefern – und damit mehr oder weniger verschwinden" (G. Beylkin). Typischerweise erfordern Berechnungen wie Multiplikation oder Inversion von Matrizen mit n^2 Koeffizienten n^2, oft sogar n^3 Rechenschritte. Verwendet man Wavelets, kommt man bei einer bestimmten Klasse von Matrizen mit n Rechenschritten aus. Bei großen n ist dies ein gewaltiger Unterschied.

Der Ausdruck „mehr oder weniger verschwinden" mag manchem genauso wie das Null-Setzen kleiner Koeffizienten etwas fragwürdig erscheinen. Tatsächlich ist dieses Verfahren zwar „außerordentlich mächtig und bedeutsam" (A. Grossmann), erfordert gleichzeitig aber ein hohes Maß an Sorgfalt. Es funktioniert lediglich bei einer speziellen, allerdings großen Klasse von Matrizen. Hat man *a priori* keinerlei Kenntnis über die Matrix und wendet es trotzdem an, sollte man sich auf das Schlimmste gefaßt machen.

Inwieweit diese Verfahren breitere Bedeutung erlangen werden, ist derzeit noch offen. Ingrid Daubechies prognostizierte 1992, daß „in fünf, sicher aber zehn Jahren kommerzielle Softwarepakete erhältlich sein werden, die für umfangreiche Berechnungen, Simulationen und zum Lösen von partiellen Differentialgleichungen auf Wavelets zurückgreifen". Auch Coifman ist in dieser Frage optimistisch. Meyer beurteilt die Aussichten dagegen zurückhaltender: „Ich will nicht sagen, daß die Wavelet-Komprimierungsalgorithmen eine Sackgasse darstellen, im Gegenteil, dies ist schon ein wichtiger Forschungsgegenstand. Allerdings sind bis heute nur geringe Fortschritte sichtbar, so daß wir sicher erst am Anfang stehen." In bezug auf die bei den Turbulenz-Untersuchungen auszuwertenden Matrizen meint er, daß nur jede zehnte zu der Klasse gehört, auf die der Beylkin-Algorithmus anwendbar ist. „Tatsächlich hat sich Rokhlin inzwischen zugunsten problemangepaßterer Methoden von den Wavelet-Verfahren losgesagt und vertritt die Meinung, daß jedes dieser Probleme eine Ad-hoc-Lösung erfordert." Sollte dies tatsächlich zutreffen, wäre Ingrid Daubechies' Prognose widerlegt; „vorgefertigte" Software, die sich wie Türen oder Fenster beim Eigenheimbau auf einen großen Bereich von Problemen anwenden läßt, wäre dann nicht vorstellbar.

4.7   Wavelets und Turbulenz

Rokhlin untersucht turbulente Strömungserscheinungen von der Aerodynamik her kommend. Marie Farge, die sich in Paris im Zusammenhang mit Wettervorhersagen ebenfalls mit Turbulenzen beschäftigt, bleibt dagegen ihrer Überzeugung treu, daß sich Wavelets als effektives Hilfsmittel bei diesen Untersuchungen erweisen werden. Als sie 1984 von Alex Grossmann zum ersten Mal von Wavelets hörte, arbeitete sie gerade an ihrer Doktorarbeit. „Ich war damals regelrecht begeistert – schließlich hatte es auf dem Gebiet der Turbulenz seit langem keine vergleichbaren Hilfsmittel gegeben." Später erfuhr sie, daß Forscher in Perm, in der früheren Sowjetunion, Turbulenzen schon einmal mit ähnlichen Verfahren untersucht hatten.

Betrachtet man Turbulenzen im Fourier-Raum, erkennt man, daß Energie kaskadenartig von einer Wellenzahl (räumlichen Frequenz) zu einer anderen übergeht. Nicht sichtbar wird dabei allerdings, wie diese Kaskaden mit den Geschehnissen im Ortsraum zusammenhängen. Das Problem war, daß es keinerlei Möglichkeit gab, beide Seiten gleichzeitig zu betrachten, um etwa festzustellen, welche dieser Kaskaden welcher Wechselwirkung entspricht. Als mir Alex die Wavelets als mathematische Objekte vorstellte, die eine Darstellung gleichzeitig im Orts- und im Skalenraum gestatteten, sagte ich mir gleich, das ist es, damit sollten wir weiterkommen.

Ich bat ihn um einen Seminarvortrag, zu dem ich alle, die sich in Paris irgendwie mit Turbulenzen beschäftigten, einlud. Die Reaktion auf den Vortrag war niederschmetternd. „Darauf brauchst du keine Zeit zu verschwenden", sagten mir meine Kollegen, „bisher gibt es nicht einen einzigen Hinweis, daß das irgend etwas bringt. Schreib lieber deine Doktorarbeit fertig." Einige derer, die damals am skeptischsten waren, sind heute geradezu verrückt nach den Wavelets und bestehen darauf, daß jeder sie anwenden muß. Das ist geradezu absurd. Dies ist ein neues Verfahren, das man eben nicht blindlings auf solche schwer faßbaren Probleme wie die Turbulenz anwenden kann, ohne es zuvor mit rein akademischen Signalfolgen, die man gut beherrscht, getestet zu haben. So etwas erfordert viele Experimente und langjährige Erfahrungen im Verein mit einer entsprechenden Verfahrensentwicklung.

4.8 Prähistorische Zoologie

Marie Farge vergleicht den derzeitigen Zustand der Turbulenzforschung mit der „prähistorischen Zoologie". Um zu sehen, welche Strukturen für die Dynamik der Turbulenzen von Bedeutung sind und, ausgehend von deren Wechselwirkungen, schließlich eine Theorie zu formulieren, braucht man Beobachtungen über Beobachtungen. Mögliche Kandidaten sind singuläre, sogenannte „kohärente Strukturen" wie z. B. Tornados oder Strudel. Marie Farge versucht, diese Strukturen mit Hilfe von Wavelets zu isolieren und herauszubekommen, wie viele solcher Strukturen bei verschiedenen Skalen existieren – oder ob das Geschehen vielleicht über einen großen Frequenzbereich durch eine einzige Strukturfunktion beschrieben werden kann.

Sind die dynamisch relevanten Strukturen erst einmal isoliert, kann man sagen, „an welchen Stellen sich ein größerer Rechenaufwand lohnt und wo man dafür einsparen kann" (M. Farge). Da Turbulenz-Untersuchungen selbst für die leistungsfähigsten Computer eine Herausforderung darstellen, ist dies von zentraler Bedeutung. Die Reynolds-Zahl (ein Maß für die Turbulenz) für Wechselwirkungen in der Erdatmosphäre liegt bei 10^{10} bis 10^{12}; in direkten Computersimulationen beherrscht man heute Reynolds-Zahlen von maximal 10^2 bis 10^3.

Welche Wavelets?

Ein Vorteil – und gleichzeitiger Nachteil – der Wavelets besteht darin, daß sie ein sehr allgemeines Konzept repräsentieren. Schon heute gibt es zahllose verschiedene Wavelets und Wavelet-Fourier-Hybridkonstrukte. Dagegen gibt es keinen Konsens, wie intensiv man im Einzelfall nach dem optimalen Wavelet suchen sollte, und ebensowenig gibt es verläßliche Orientierungshilfen, wie man bei dieser Suche vorzugehen hat.

Am Anfang steht offenbar stets die Frage nach der geeigneten Darstellung (kontinuierlich oder diskret? System-, orthogonale oder biorthogonale Transformation?). Selbst wenn man sich für die orthogonale Transformation entscheidet, gibt es immer noch unendlich viele Möglichkeiten. Wieviel verschwindende Momente soll das Wavelet haben? Wie regulär und wie frequenzselektiv soll es sein? All diese Parameter sind nicht unabhängig wählbar. Je regulärer ein Wavelet ist, je mehr verschwindende Momente es also hat, desto komplexer gestalten sich zum Beispiel die Berechnungen. Gewisse Fortschritte gibt es inzwischen in der Frage, welche Eigenschaften für welche Anwendungen relevant sind. Wavelets mit fünf oder sechs verschwindenden Momenten mögen sich für numerische Untersuchungen eignen, nicht aber zur Bildkodierung. Aber auch hier sind noch zahllose Fragen offen.

Meyer sieht rückblickend die bisherigen Ergebnisse auf diesem Gebiet eher nüchtern: „Bei Turbulenzen hat man es mit Erscheinungen zu tun, die sich bei extrem unterschiedlichen Größenordnungen abspielen, und alle, die sich mit Turbulenzen beschäftigen, denken, daß Wavelets ein geradezu ideales Hilfsmittel zur Untersuchung von Wechselwirkungen bei solchen Größenordnungen darstellen. Es ist fast unglaublich, aber bisher haben all diese

Verfahren überhaupt nichts gebracht. Niemand hat auch nur ein wissenschaftlich relevantes Ergebnis vorzuweisen."

Sicher ist allerdings, daß die Wavelets – anders als seinerzeit die Fourier-Analyse bei linearen Differentialgleichungen – kein Kochrezept liefern werden, um nichtlineare Differentialgleichungen vom Typ der bei turbulenten Flüssen auftretenden Navier-Stokes-Gleichungen zu lösen. Die Fourier-Analyse selbst ist Meyer zufolge für eine nichtlineare Problemstellung, wie sie die Turbulenz darstellt, prinzipiell ungeeignet. „Sicher sind Wavelets dazu von der Struktur her im Prinzip eher prädestiniert. Aber kann man aus der prinzipiell besseren Eignung schon auf die praktisch bessere Eignung schließen?" Meyer stört vor allem, daß bei der Behandlung nichtlinearer Probleme mit Wavelets

> *dies in völlig undifferenzierter Weise geschieht; immer sind es dieselben Wavelets, die überhaupt nicht problemangepaßt sind ... Hierauf beziehen sich auch die gelegentlich geäußerten Zweifel, ob Wavelets überhaupt zur Lösung nichtlinearer Probleme geeignet sind. Eigentlich geht man in der Wissenschaft eher davon aus, daß es keine Universallösungen gibt, die für sämtliche Fragestellungen in gleicher Weise geeignet sind. Was kann man auch von Verfahren erwarten, die die Spezifik der Problemstellung außer acht lassen? Andererseits existieren natürlich in der Wissenschaft allgemeine Verfahren, bei denen man nach Bearbeiten zahlreicher Spezialfälle zu einer Art Kohärenz, einem allgemeinen Bild, gelangt. Offenbar kann man die Frage individuell durchaus unterschiedlich beantworten.*

4.9 Sinnlich oder streng, kontinuierlich oder diskret

Bei Komprimierungsverfahren bevorzugt Marie Farge orthogonale Wavelets (bzw. die aus ihnen abgeleiteten Wellenpakete), während sie in der Analysis auf die kontinuierliche Wavelet-Transformation zurückgreift. Bei der kontinuierlichen Transformation genügt ihr bei räumlich variierenden Signalen schon ein kurzer Blick auf den Bildschirm oder Ausdruck, um zu sehen, was die Signalpunkte bei unterschiedlichen Längenskalen machen. Sie sagt selbst: „Die Koeffizienten in einer Orthogonalbasis könnte ich dagegen nie entschlüsseln, das ist viel zu schwer."

Meyer zufolge kann man die „diskreten Wavelets mit den Zahlensystem-Basen 2 oder 10 vergleichen, während kontinuierliche Wavelets die Realität wie ein Film festhalten, dem nichts entgeht". Prinzipiell enthalten diskrete

Wavelets die gleiche Information; das Signal läßt sich ja in beiden Fällen rekonstruieren. Zugunsten eines effizienten Algorithmus geht bei der diskreten Transformation aber das „Gefühl für den Vorgang selbst verloren".

Meyer erinnert weiter daran, daß Jean Jacques Rousseau einmal ein musikalisches Notationsverfahren erfunden hatte, das auf Zahlen und nicht dem Notensystem beruhte. Ohne Zweifel wäre ein Musikstück auf diese Weise wesentlich einfacher zu notieren als im herkömmlichen Notensystem. Trotzdem hat sich das System nie durchsetzen können. Die Musiker wollen den Verlauf der Noten auf dem Blatt verfolgen, eine Präferenz, die sich nicht nur auf Musiker beschränkt. Und Meyer fährt fort: „Niemand mag lange Punktreihen, die mißtönend sind. Die Physiker mit ihrer tiefen gefühlsmäßigen Beziehung zur Realität (die wesentlich stärker ausgeprägt ist als bei den Mathematikern, die zur Realität eher eine abstrakte Beziehung haben) verachten Digitaldarstellungen. Sie bevorzugen schöne, von kontinuierlichen Transformationen erzeugte Bilder, die etwas mit den Dingen zu tun haben, die man anfassen kann."

Man kann dagegen einwenden, daß Mathematiker ebenso auf Bilder fixiert sind wie ihre Kollegen von der Physik. Während sie Sätze mit Formeln beweisen, denken sie häufig in geometrischen Bildern und haben damit zu kämpfen, diese Bilder auf den beschränkten zwei Dimensionen der Tafel oder eines Stücks Papier wiederzugeben. „Mathematik ist stets sinnlich", antwortete einmal ein Mathematiker einem Studenten, der sich die Mathematik „strenger" wünschte. Dagegen gibt es den Einwand, daß etwas Diskretes nicht streng sein kann. Morlet witzelt, daß Computer der Jugend die Welt als eine Menge von Bildpunkten – die des Bildschirms – vermitteln.

Neben Fragen des ästhetischen Empfindens und der Leichtigkeit, die Transformation zu lesen, spielt auch die Frage des Preises, den man zu zahlen gewillt ist, eine Rolle. Marie Farge oder Morlet, die mit der kontinuierlichen Transformation arbeiten, kommen, wie Meyer sagt, „aus dem Lager der Experimentalphysik. Sie haben ein sehr, sehr teures Experiment, und wenn die Auswertung statt drei Tage drei Wochen oder sogar drei Monate dauert, stört das überhaupt niemanden. Komplexwertige Wavelets führen auf ein Rechenverfahren, das tatsächlich ein bißchen genauer ist, wenn man kontinuierliche Wavelets verwendet, gleichzeitig aber die Rechenzeit enorm in die Höhe treibt. Bei unseren Untersuchungen mit Coifman an der Yale University vertreten wir gerade den entgegengesetzten Standpunkt – Beschränkung und größtmögliche Ökonomie. Offensichtlich entsprechen die beiden Richtungen zwei unterschiedlichen Betrachtungsweisen des gleichen Gegenstandes."

Kapitel 5

Und was kommt danach?

Marie Farge zufolge besteht ein Resultat der Wavelet-Forschung darin, daß sie „zu einem kritischen Überdenken der Fourier-Transformation vor allem unter dem Gesichtspunkt anregte, daß bei der Fourier-Analyse stets eine Kombination von Signal- und Analysefunktion gegeben ist. Häufig werden Wissenschaftler, die Generation für Generation das gleiche Verfahren anwenden, gewissermaßen ‚betriebsblind‘. Erst die Entdeckung neuer Verfahren fordert dann wieder zu einem gründlichen Durchdenken der Problemstellung heraus. Dies war auch bei den Wavelets der Fall.“

Nach David Marr entscheidet schon das zur Darstellung verwendete System darüber, was man sieht: „ . . . jede Darstellung hebt bestimmte Informationen hervor, während sie andere gleichzeitig in den Hintergrund treten läßt, wo sie möglicherweise nur schwer auffindbar sind“ ([62], S. 21). Marr führt als Beispiel die verschiedenen Zahlenbereichsbasen an: Im Zehnersystem ist sofort offensichtlich, ob Zahlen durch fünf oder zehn teilbar sind. Die Teilbarkeit durch sieben zu untersuchen, ist dagegen wesentlich schwieriger und erfordert bei sehr großen Zahlen schon umfangreichere Berechnungen. Gleichzeitig wächst damit die Gefahr möglicher Rechenfehler, so wie zwangsläufig zumindest Rundungsfehler auftreten, wenn man versucht, Zeitinformationen über die Phasen der Fourier-Transformation zu berechnen.

Je besser die Wavelets untersucht wurden, desto offensichtlicher wurde, daß die Wavelet-Analyse ebenso Einschränkungen unterliegt wie die Fourier-Analyse. Fourier-Analysen eignen sich vor allem für besonders reguläre, periodische Signale, während Wavelets besonders bei hochgradig nichtstationären Signalen mit ausgeprägten Peaks und abrupten Unstetigkeiten geeignet sind. Bei quasistationären Signalen, deren Zeitverhalten zumindest über einen bestimmten Zeitraum voraussagbar ist, würde man deshalb gern eine Kombination beider Verfahren verwenden. So ist es sicher nicht sinnvoll, Signale, die über längere Zeiträume stationär bleiben und nichts Auffälliges oder Abruptes zeigen, ausgerechnet mit schmalen Wavelets zu analysieren, die immer nur einige wenige Oszillationen erfassen. Daneben liefern Wavelets im Vergleich zur gefensterten Fourier-Analyse nur ein ungenaues Bild der hohen Frequenzen. Wie Meyer betont, ist dies auch der Grund, weshalb sich Wavelets nicht besonders gut zur Analyse von Musik und Sprache eignen. Andererseits ist die übliche gefensterte Fourier-Analyse inkompatibel mit der Forderung nach Orthogonalität und besitzt wegen der festen Fensterbreite auch nicht die den Wavelets eigene Flexibilität.

Coifman und Meyer gingen deshalb mit einem alternativen, aber durch die Wavelets inspirierten Standpunkt zunächst einen Schritt zurück. Sie suchten eine Darstellung, die gleichzeitig orthogonal (und damit für schnelle Algorithmen geeignet) ist, andererseits aber dennoch die Frequenzselektivität der gefensterten Fourier-Analyse zeigt. Das Ergebnis waren zwei neuartige Transformationen.

Ein Überblick über die Transformationen

„Eine sehr häufige Fußangel bei allen Transformationen besteht darin, daß die Abhängigkeit des transformierten Ausdrucks von der Testfunktion übersehen wird. Schwerwiegende Fehlinterpretationen, bei denen der Verlauf der Testfunktion als Charakteristikum der jeweils betrachteten Phänomene gedeutet wird, können die Folge sein." Die Übersicht auf Seite 243 ff. faßt die wesentlichen Eigenschaften der verschiedenen in diesem Buch diskutierten Transformationen wie Fourier-Transformation, gefensterte Fourier-Transformation, Wavelet-Transformation, Malvar-Wavelets, Wavelet-Pakete und optimale Wavelets zusammen.

5.1 Wavelet-Pakete

Die erste dieser Hybridkonstruktionen, die *Wavelet-Pakete*, entstand im Sommer 1989 in Gstaad (Schweiz), wo sich Meyer mit Coifman, der seinerseits von der Yale University gekommen war, traf. Vereinfacht ist ein Wavelet-Paket ein Produkt eines Wavelets und einer oszillierenden Funktion. Das Wavelet selbst spricht auf rasche Änderungen an, während die überlagerten Oszillationen auf die regulären Schwingungen reagieren. Meyer zufolge besteht „die Idee darin, einen neuen Freiheitsgrad einzuführen". Wie bei den Noten in der Musik können „Fensterbreite", Frequenz und Position der Wavelet-Pakete unabhängig variiert werden. Bei den reinen Wavelets dagegen sind alle „hohen Töne" kurz (schmale, hochfrequente Wavelets), während alle tiefen Töne lang (breite, niederfrequente Wavelets) sind. Da es unendlich viele oszillierende Funktionen gibt, „erhält man so eine sehr reichhaltige Schar von Funktionen, die viel komplexer und flexibler ist als bei der gefensterten Fourier-Analyse". Darüber hinaus ergibt sich die Möglichkeit, effiziente Algorithmen einzusetzen.

Marie Farge setzt bei ihren Arbeiten zur Turbulenz ebenso Wavelet-Pakete ein wie Healy und Weaver bei den medizinischen Applikationen. (Eine Diskussion über den Einsatz zur Bildkomprimierung findet sich in [89].) Die dort verwendeten Funktionen haben allerdings den Boden der gesicherten Theorie schon verlassen. Forscher wie Albert Cohen von der Universität Paris-Dauphine untersuchen derzeit, wie die so gewonnenen Koeffizienten zu interpretieren sind, eine Frage, die bei weitem nicht offensichtlich ist. „Inzwischen gibt es eine umfangreiche mathematische Literatur zur Interpretation von Wavelet-Koeffizienten", stellt Meyer fest.

„Bei der Wavelet-Transformation wissen wir inzwischen, daß sie ein bestimmtes Kapitel der Mathematikgeschichte wiederholt, was uns wissenschaftlich einen gewissen Rückhalt bietet. Die Wavelet-Pakete dagegen sind so neu, daß wir die Koeffizienten noch nicht richtig zu deuten vermögen."

5.2 Malvar-Wavelets

Im darauffolgenden Sommer entwickelten Coifman und Meyer während des Internationalen Mathematikerkongresses in Kyoto eine zweite Familie von Hybridkonstrukten. Balian und andere hatten zuvor gezeigt, daß eine gefensterte Fourier-Analyse mit Gaußscher Einhüllender nicht orthogonal sein kann. Coifman und Meyer blieben deshalb bei einem von trigonometrischen Funktionen begrenzten Fenster, variierten aber die Fensterform und die Funktionen darin. Nach mehrtägigen Diskussionen nutzten sie einen Nachmittag, an dem die anderen Kongreßteilnehmer einen Ausflug unternahmen, um auf einer Bank in den Gärten des Königspalastes die Gedanken zu Papier zu bringen. Es gelang ihnen, eine ganz spezielle Funktion zu konstruieren, die zunächst rasch ansteigt, dann in ein langgezogenes Plateau übergeht und schließlich wie in einem Decrescendo abklingt (Abbildung 5.1). Diese von Meyer als *Malvar-Wavelet* bezeichnete Funktion hüllt entweder einen Sinus oder einen Kosinus, nicht aber beide gleichzeitig ein. (Wegen weiterer Details siehe [66], S. 75–87.)

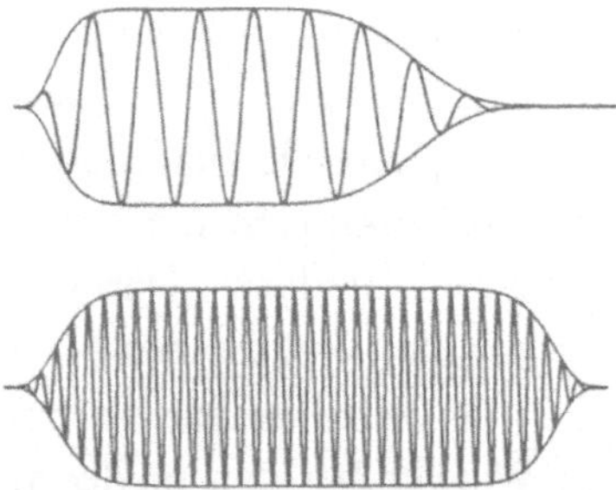

Abb. 5.1: **Zwei Beispiele für Malvar-Wavelets.**
Malvar-Wavelets beginnen mit einem Anstieg, an den sich eine stationäre Phase und danach ein entsprechendes Abklingen anschließt. Besonders geeignet sind sie für Signale wie Musik und Sprache, bei denen man sich vorrangig für die zeitliche Dynamik interessiert. Dabei macht man sich zunutze, daß das Signal ungleichmäßig abgeschnitten werden kann; die Dauer des Anstiegs, der stationären Phase und des Abklingens können unabhängig variiert werden.

Im Unterschied zu den Wavelets und Wavelet-Paketen, die im wesentlichen künstlich konstruiert sind, besitzen die Malvar-Wavelets eine physikalische Bedeutung: „Tatsächlich liegt dem die Vorstellung von einem realen Ton zugrunde" (Y. Meyer), der zunächst anschwillt, stationär weiterklingt und anschließend verhallt. Wie bei den Wavelets läßt sich die Fensterbreite variieren, hier allerdings mit einer größeren Flexibilität: Nicht nur die Fensterbreite kann unabhängig von der Anzahl der eingeschlossenen Oszillationen verändert werden; auch die Dauer des Anstiegs, der stationären Phase und des Abklingens lassen sich unabhängig voneinander einstellen. Diese Möglichkeit, Signale ungleichförmig zu zerlegen, sollte Meyer zufolge besonders bei Musik oder Sprache, wo „man sich zuallererst für die zeitliche Dynamik des Signals und erst in zweiter Linie für den globalen Frequenzgehalt interessiert", von Nutzen sein.

Die Aufteilung in die Abschnitte läuft völlig automatisch ab, wobei das Verfahren die jeweils kürzeste Kodierung wählt. Daß sich dieses Kriterium zur Sprachkodierung tatsächlich eignet, ist „ein Glaubensbekenntnis, das experimentell aber erstaunlich gut funktioniert. Phonetiker empfinden dieses automatische Verfahren im Vergleich zu den von ihnen verwendeten wesentlich raffinierteren Prozeduren als reichlich grob, aber für eine erste Klassifizierung ist es ausreichend" (Meyer). Victor Wickerhauser zum Beispiel konnte gemeinsam mit Eva Wesfried, Christophe d'Alessandro und Xavier Rodet mit Hilfe von Wavelets gesprochene Rede in stimmhafte und stimmlose Bestandteile auflösen. Er meint: „Ich denke, genauso gute Auflösungen lassen sich auch bei noch kleineren Einheiten wie Phonemen erreichen."

Wavelets, Sprache und Musik

Während sich für die Malvar-Wavelets eine Reihe von Anwendungen auf dem Gebiet der Sprache und Musik abzeichnen und die gefensterte Fourier-Analyse ohnehin zu den bei der Sprachverarbeitung und in der Akustik allgemein etablierten Verfahren gehört, vermochten die klassischen Wavelets keinen nennenswerten Einfluß auf diese Gebiete auszuüben. Wie ein französischer Wissenschaftler betont, mag das zumindest teilweise eine Folge der Tatsache sein, daß „diese Verfahren dort bereits lange bekannt waren, nur ohne den Namen ‚Wavelet' zu tragen".

Genau wie die Wavelet-Pakete bilden die Malvar-Wavelets mit ihren drei unabhängigen Variablen ein hochgradig redundantes System, das potentiell unendlich viele Orthogonalbasen ermöglicht und so zu einer hohen Effizienz führt. Um die hohe Geschwindigkeit tatsächlich zu erreichen, muß man die räumlichen oder zeitlichen Positionen der Wavelets auf ein Gitter beschränken. Darin liegt, wie Meyer betont, auch die Grenze der derzeitigen Algorithmen: „Um physikalische Erscheinungen zu studieren, muß man so kontinuierlich wie möglich sein und darf die Gitterpunkte nicht auf Kosten der dazwischenliegenden privilegieren. Effektive Algorithmen hingegen erfordern diskrete Verfahren."

Die Meyersche Namensgebung für diesen Wavelet-Typ soll an Henrique Malvar erinnern, einen brasilianischen Ingenieur, der bereits zuvor einen Spezialfall solcher Wavelets, allerdings noch ohne adaptive Unterteilung, konstruiert hatte. Darüber hinaus bezeichnete sie Meyer, um sie von den klassischen „Zeit-Skalen-Wavelets" abzugrenzen, auch als „Zeit-Frequenz-Wavelets". Andere wandten dagegen ein, daß es sich bei den Malvar-Wavelets überhaupt nicht um Wavelets im eigentlichen Sinn, sondern um eine adaptiv gefensterte Fourier-Analyse handle.

Grossman hält dem entgegen: „Die Wavelets haben sich in verschiedene Richtungen weiterentwickelt, und es ist wohl mehr eine scholastische Frage, was man noch als Wavelet bezeichnet und was nicht. Einige hochinteressante Entwicklungen der jüngsten Zeit kann man rein technisch gesehen kaum noch als Wavelet ansehen, da die Skale in etwas anderer Weise eingeführt wird – aber wen stört das schon?" Bei Neueinsteigern vermag die Terminologie allerdings ziemliche Verwirrung zu stiften und birgt zahlreiche Fußangeln. Üblicherweise stellen Landkarten mit einem großen Maßstab Details wie Kleinstädte und Nebenstraßen größer dar; Wavelet-Forscher verstehen darunter oft genau das Gegenteil: Wenn sie einen großen Maßstab verwenden, betrachten sie das Langzeitverhalten eines Signals, während sie bei kleinen Maßstäben feine Details untersuchen.

Schon der Gebrauch des Wortes „Wavelet" für orthogonale Wavelets ebenso wie für die zur kontinuierlichen Wavelet-Transformation herangezogenen Funktionen kann zu Mißverständnissen führen. Ein Mathematiker begründete dies einmal so: „Soweit ich sehe, faßt man sie nur deshalb unter dem Begriff Wavelets zusammen, weil sich dieselben Leute mit ihnen beschäftigen. Das ist wie bei den Biologen, die alles, was nicht irgendwo anders hin paßt, der Gattung der Würmer zuordnen." Zwar sind die orthogonalen Wavelets ein Spezialfall der biorthogonalen, doch abgesehen davon gehören all diese Funktionen nicht der gleichen Gattung an.

5.3　Das Verfahren der optimalen Basis – wie man den richtigen Schraubenzieher findet

Malvar-Wavelets und Wavelet-Pakete finden auch bei einem von Coifman, Meyer und Wickerhauser entwickelten Komprimierungsverfahren Verwendung, bei dem man eine optimale Basis sucht. Die auf Coifman zurückgehende Idee besteht darin, jedes Signal in der Basis darzustellen, in der es am effizientesten kodiert werden kann. Dabei macht sich das Verfahren die duale Natur jeder Information zunutze und sucht denjenigen Kompromiß zwischen Zeit und Frequenz, bei dem das Signal durch möglichst wenig signifikante Koeffizienten dargestellt wird.

Was man schließlich haben möchte, ist Mallat zufolge eine Darstellung, bei der „praktisch alle Koeffizienten bis auf ganz wenige, die sehr groß werden, verschwinden. Die Funktion verteilt sich dann nicht mehr über alle Koeffizienten, sondern wird auf einige wenige konzentriert." Dies ist ein Zustand sehr geringer Unordnung oder, wie man auch sagt, sehr geringer „Entropie" (wobei der hier verwendete Entropie-Begriff allerdings von dem bei Shannon und Weaver in ihrem Buch *The Mathematical Theory of Communication* eingeführten abweicht).

Da bei diesem Verfahren ausschließlich orthogonale Basen verwendet werden, sind diese a priori zunächst alle gleichwertig. Anders als bei der kontinuierlichen Transformation enthält die Darstellung an sich keine Redundanz. Allerdings können orthogonale Darstellungen bei bestimmten Signalen dadurch redundant werden, daß sich Eigenschaften eines Koeffizienten aus denen benachbarter entnehmen lassen. Man sagt dann, daß die Koeffizienten *korreliert sind*, wobei die Korrelation in diesem Fall durch das Signal selbst bedingt ist.

Das Verfahren der optimalen Basis

Zerlegt man ein Signal nach einer bestimmten Basis, muß man stets einen Kompromiß zwischen Zeit und Frequenz schließen. Graphisch kann man diesen Kompromiß durch *Heisenberg-Kästchen* darstellen, deren Höhe und Breite dem Zeit- bzw. Frequenzintervall entspricht. Die Elemente einer Orthogonalbasis kann man sich als solche Heisenberg-Kästchen in einer idealisierten Zeit-Frequenz-Ebene vorstellen, die überlappungsfrei aneinander anschließen. Das Verfahren wählt dann bei gegebenem Signal diejenige Orthogonalbasis, in der das Signal durch die minimale Fläche repräsentiert wird, wobei jeder signifikante Zerlegungs-Koeffizient einem Heisenberg-Kästchen entspricht.

Am besten lassen sich diese Korrelationen anhand von Wahrscheinlichkeiten diskutieren. Stellt man sich ein Signal als Sequenz von Symbolen oder Worten vor, dann wird „zumindest vom kommunikationstheoretischen Standpunkt aus gesehen die Wahl jedes weiteren Symbols immer durch Wahrscheinlichkeiten bestimmt, ... die von den zuvor getroffenen Wahlen abhängen" ([75], S. 10–11). „Geht man etwa von der Sprache aus, wird auf das Symbol ‚der' nur mit äußerst geringer Wahrscheinlichkeit ein Artikel oder ein (nichtsubstantiviertes) Verb folgen ... " Auf die Wortgruppe „im Falle" folgt mit hoher Wahrscheinlichkeit „daß" und mit sehr geringer „Elefant" usw.

In diesem Fall bedeutet Redundanz also nicht vorsätzliche Wiederholung wie bei den kontinuierlichen Transformationen, sondern denjenigen „Anteil der Nachrichtenstruktur, der nicht von der freien Wahl des Mitteilenden, sondern von den konventionsgemäßen statistischen Regeln im Gebrauch der jeweiligen Symbole abhängt". Weaver fährt fort: „Die englische Sprache hat eine Redundanz von ca. 50 Prozent, so daß etwa die Hälfte der beim Schreiben oder Sprechen verwendeten Buchstaben oder Worte der freien Entscheidung unterliegt. Auch wenn man sich dessen gewöhnlich nicht bewußt ist, ist die andere Hälfte durch die statistische Struktur der Sprache bestimmt." Dies ist übrigens, wie Weaver weiter ausführt, gerade der optimale Wert für Kreuzworträtsel ([75], S.14). Bei einer Sprache, die „nur 20 Prozent Freiheit ließe, wäre Kreuzworträtselraten nie populär geworden, da sich einfach nicht genug hinreichend schwierige Kreuzworträtsel finden ließen".

Beim Verfahren der optimalen Basis wird versucht, die Redundanz zu minimieren, indem man die dem Signal am besten angepaßte Basis verwendet. Die Signal-Grundstruktur ist dann bereits in der Basis angelegt, so daß das Signal sehr knapp dargestellt werden kann. Eine aus drei Sinus- oder Kosinusschwingungen bestehende Kurve läßt sich ökonomisch und abbildgetreu zum Beispiel durch eine Fourier-Analyse repräsentieren. Betrachtet man dagegen die Fourier-Transformation einer horizontalen Geraden mit nur einer Unstetigkeit, entsteht als Ergebnis ein umfangreiches Gemisch von Sinus- und Kosinustermen, das unübersichtlich und schwer zu interpretieren ist.

Meyer zufolge muß man demnach „schon vor der Kodierung das geeignete Werkzeug wählen. Der Elektriker braucht für bestimmte Zwecke eben einen kleinen Schraubenzieher, während für Zimmermannsarbeiten ein grober benötigt wird. Eine solche Wahlmöglichkeit, die zudem noch automatisch erfolgt, hat es auf diesem Gebiet zuvor nie gegeben. Das ist das Verlockende an diesem Algorithmus: Die Entropie entnimmt dem Werkzeugschrank automatisch den geeigneten Schraubenzieher."

Bei gegebenem Signal entscheidet das Verfahren der optimalen Basis selbst über die effektivste Kodierung. Im einen Extremfall (bei Signalen mit sich wiederholenden Figuren, wie z. B. Musik) könnte das Signal an die Fourier-Analyse übergeben werden. Im anderen Extremfall (so bei völlig unregelmäßigen Signalen, bei Fraktalen und Signalen mit kleinen, aber dennoch wichtigen Details) könnte es das Signal an eine Wavelet-Transformation übergeben. Signale, die sich nicht in eine der beiden Kategorien einordnen lassen, werden durch einen der Hybridalgorithmen kodiert, entweder durch Malvar-Wavelets oder durch Wavelet-Pakete. Das Ganze geht außerordentlich rasch vonstatten: Die Auswahl der Basis wird „auf der Grundlage einer überschaubaren Anzahl von Berechnungen zu Beginn getroffen. Die Information wird festgehalten und schließlich bei den weiteren Rechenschritten wieder verwendet. Beides geht parallel vonstatten" (Meyer).

5.4 Fingerabdrücke und Ungarische Tänze

Das FBI wird von Millionen von Fingerabdrücken geradezu überschwemmt. Jede dieser Dateien enthält einige 10^7 Bytes an Information. Es war deshalb nur natürlich, daß Wickerhauser und Coifman das Verfahren der optimalen Basis und das Wavelet-Paket-Verfahren im Auftrag des FBI zur Komprimierung dieser Dateien einsetzten. In einem von der Systemverwaltungsgruppe des FBI durchgeführten Test erwiesen sich beide Verfahren den Mitbewerbern deutlich überlegen. Bei der Fourier-Transformation gingen die Furchen verloren, und auch die klassischen Wavelets sind für die periodisch wiederkehrenden Fingerabdruck-Muster wenig geeignet. Da das Verfahren der optimalen Basis inzwischen zum Patent angemeldet worden war, griff das FBI Wickerhauser zufolge dennoch nicht darauf zurück, sondern verwendete ein eigenes, allerdings sehr ähnliches Prinzip.

Bisher werden Wavelet-Verfahren lediglich zur Komprimierung bei der Datenspeicherung oder -übertragung eingesetzt. Sind Personen zu identifizieren, werden die Daten von Hand oder maschinell rekonstruiert. Inzwischen hat das FBI aber einen Wettbewerb für automatisierte Identifikationssysteme ausgeschrieben. „Vermutlich werden diejenigen gewinnen, die wissen, wie man Wavelet-Koeffizienten zur Identifikation einsetzt; wenn nicht aus anderen Gründen, dann wegen der hohen Geschwindigkeit. Legt man Wavelet-Koeffizienten zugrunde, sind wesentlich weniger Daten auszuwerten" (Wickerhauser).

Auch bei Untersuchungen mit Militärhubschraubern wird das Verfahren der optimalen Basis eingesetzt. Dabei geht es darum, auf der Basis der Radarsignale zu unterscheiden, ob es sich bei einem potentiellen Ziel um einen Panzer oder nur um einen Felsbrocken handelt. Bei entsprechenden Versuchen gelang es, die 64 vom Radarsystem gelieferten Zahlenwerte mit dem Verfahren der optimalen Basis auf 16 zu komprimieren und dennoch, „insbesondere bei verrauschten Signalen, gleich gute oder sogar bessere Ergebnisse als bei Verwendung der 64 Ausgangsdaten zu erzielen" (Wickerhauser).

Die aufsehenerregendste Anwendung dieses Verfahrens bestand aber in der Rekonstruktion einer 1889 mit Thomas Edisons Original-Phonograph aufgezeichneten Aufnahme, auf der Brahms eigene Werke spielt. Coifman berichtet: „Die hiesigen Musiker sind davon sehr angetan; sie waren völlig überrascht zu hören, wie Brahms wirklich spielte ... das ist wie eine archäologische Grabung, die man behutsam freilegen muß."

Die Aufzeichnung von 1889, die auch einen Teil des Brahmsschen Ungarischen Tanzes Nr. 1 enthält, bot eine der ganz seltenen Gelegenheiten, wo Musikwissenschaftler einen der bedeutendsten Komponisten bei der Interpretation seiner eigenen Werke hören konnten – falls es gelänge, hinreichend viel von dem Originalklang zu retten. Lange Zeit galt dies als aussichtsloses Unterfangen. Jüngere Versuche, den Original-Wachszylinder in eine heute besser handhabbare Form zu bringen, schlugen fehl, und der Zylinder, dessen Schicksal derzeit ungewiß ist, wurde bei dem Versuch beschädigt. Im Jahre 1935 war eine Langspiel-Schallplatte direkt von dem Zylinder geschnitten worden; die British Library besitzt Aufnahmen, bei denen man davon ausgeht, daß sie von diesem Zylinder stammen. Allerdings sind die Aufzeichnungen von so schlechter Qualität, daß ein Musikwissenschaftler feststellte, jeglicher musikalischer Wert könne „milde gesagt als Produkt einer krankhaften Vorstellung" angesehen werden ([11], S. 26). Jonathan Berger und Charles Nichols von der Yale School of Music konnten demgegenüber berichten, daß sie mit Hilfe von Wavelet-Verfahren „genug sinnvolle musikalische Daten extrahieren konnten, um sich an dieser lange gehegten Absicht zu versuchen" ([11], S. 28).

Beide arbeiteten gemeinsam mit Coifman auf der Grundlage einer Kassette, die, ausgehend von der in der British Library aufgezeichneten LP, entstanden war. Die Musik war dermaßen verrauscht, daß, wie Berger berichtet, „selbst den meisten musikalisch gebildeten Zuhörern entging, daß es sich überhaupt um eine Klavieraufzeichnung handelte". Unter musikalischem Gesichtspunkt gesehen, sind die bisherigen Ergebnisse auch noch nicht befriedigend, aber durch Vergleich der rekonstruierten Version mit der Partitur und einer modernen Aufzeichnung gelangten Berger und Nichols zu einer Reihe überraschender Schlußfolgerungen.

Offensichtlich ging Brahms mit seiner eigenen Partitur sehr großzügig um, indem er an einigen Stellen acht Noten einfach doppelt so lang spielte und an anderen Stellen den Schwerpunkt auf den zweiten Taktton legte. An verschiedenen Stellen „geht die Darstellung gar in Improvisation über", schreiben Berger und Nichols. Das Projekt wird weitergeführt. Berger berichtet: „Im Ergebnis dieser Analyse erhält man ein umfangreiches Konglomerat von Wavelets, Koeffizienten, Fenstergrößen und Mittelungen. Sicher werden wir noch geraume Zeit benötigen, um das Ganze unserem ursprünglichen Ziel entsprechend automatisieren zu können."

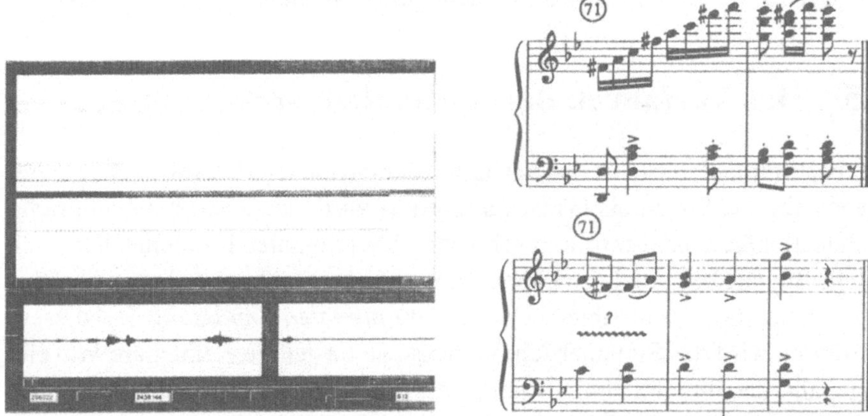

Abb. 5.2: Links die Takte 71 und 72 des rekonstruierten und vom Rauschen befreiten Ausschnitts der Brahmsschen Originalaufnahme des Ungarischen Tanzes Nr. 1; rechts zum Vergleich die beiden Takte in der Partitur. Die Originalpartitur (oben) zeigt ein achttöniges Arpeggio, das darunterliegende Notensystem, was Brahms bei der Aufnahme tatsächlich spielte. Interessierte Leser, die Zugang zum World Wide Web haben, können Klangproben von der Yale Music School Home Page, http://www.music.yale.edu, unter „Research Abstracts" erhalten.
Mit freundlicher Genehmigung von Jonathan Berger, Yale University.

Berger und Nichols wählten einen Zugang, bei dem sie unter Rauschen alles subsumierten, was nicht wohlstrukturiert ist, wobei „wohlstrukturiert" bedeutet, mit wenigen Zeichen, einem Algorithmus wie dem der optimalen Basis, auszudrücken. Also wurde das Signal mit dem Verfahren der optimalen Basis analysiert und alles, was dabei übrigblieb, verworfen. Meyer spekuliert sogar, daß dieser Zugang auch mit Signalen wie der Delphinsprache funktionieren sollte, bei der die Forscher genaugenommen gar nicht wissen, wonach sie eigentlich suchen sollen. Die Delphinsprache muß so strukturiert sein, daß sie den Delphinen die Verständigung ermöglicht. Das Verfahren der optimalen Basis könnte helfen, Aufschluß über diese bis heute unbekannte Struktur zu geben.

Problemstellungen dieser Art überschreiten die Grenzen traditioneller Rauschminderungsverfahren. Donoho schreibt dazu: „Das Faszinierende an den Wavelets ist, daß sie klarmachen, daß die herkömmlichen theoretischen Fragestellungen im Grunde geklärt sind. Gleichzeitig werfen sie, z. B. bezüglich der Wavelet-Pakete, ganz neuartige Fragen auf. Im Moment sind wir dabei, den Statistikern klarzumachen, daß bei den Wavelet-Paketen und Coifman-Meyer-Basen eine ganz neue Klasse von Problemen auf sie zukommt, die sie bisher völlig außer acht gelassen hatten."

5.5 Das Verfahren der optimalen Anpassung

Für bestimmte Zwecke ist das Verfahren der optimalen Basis weniger gut geeignet. Da das Signal als Ganzes analysiert wird, entstehen bei hochgradig nichtstationären, unkontrolliert schwankenden Signalen Probleme. Um auch solche Signale behandeln zu können, entwickelte Mallat gemeinsam mit Zhifeng Zhang [60] das flexiblere System der *optimalen Anpassung*. Bei diesem Verfahren wird das Signal abschnittsweise an dasjenige elementare Wavelet angepaßt, das ihm am ähnlichsten sieht. „Anstatt zu versuchen, die Signalanpassung global zu optimieren, versuchen wir, für jede Eigenart des Signals die jeweils geeignete Wellenform zu bestimmen. Das ist etwa so, wie wenn man versucht, das Signal ‚Wort für Wort' optimal anzupassen, während bei der optimalen Basis die optimale Anpassung des Gesamtsignals bestimmt wird" (Mallat).

Abb. 5.3: Der Versuch, mit dem Verfahren der optimalen Basis die Tiersprache zu entschlüsseln. ©Hergé/Casterman.

Bei gegebenem Signal wird beim Verfahren der optimalen Anpassung so etwas wie ein Lexikon elementarer Wellenformen durchsucht, um diejenige zu finden, die dem betreffenden Signalabschnitt am ehesten ähnelt. Dieses „Wort" wird vom Signal subtrahiert. Danach sucht das Verfahren nach derjenigen Welle, die einem Abschnitt des Restsignals optimal ähnelt usw. (In gewissem Umfang können diese Lexika auf entsprechenden Befehl auch neue Wörter erzeugen, d. h. Wellenformen im Hinblick auf eine bessere Anpassung modifizieren.)

Wie bei der schnellen Wavelet-Transformation greift Mallat auch hier auf die Vorstellung der iterativen Subtraktion zurück. Die vom Signal subtrahierte Information wird bei jedem Schritt kodiert und der Vorgang dann mit dem Rest wiederholt. Während aber bei der schnellen Wavelet-Transformation alle Signale nach starren mathematischen Algorithmen in der gleichen Weise behandelt werden, erzeugt der neue Algorithmus für jedes Signal eine individuelle Lösung.

Die fundamentale Wellenform beim Verfahren der optimalen Anpassung ist ein mit Sinus bzw. Kosinus unterschiedlicher Frequenz moduliertes gaußförmiges Fourier-Fenster variabler Breite. Damit lassen sich unendlich viele Basen erzeugen: Funktionen, die (für unendlich breite Fenster) den bei der Fourier-Analyse verwendeten Sinus und Kosinus ähneln, Wavelets selbst, Funktionen, die Wavelet-Paketen ähneln, Malvar-Wavelets usw. Das Lexikon all dieser Funktionen ist sehr umfangreich und außerordentlich redundant.

Paradoxerweise gestattet gerade dieses redundante Wörterbuch eine sehr effiziente Kodierung hochgradig nichtstationärer Signale. Mallat vergleicht Orthogonalbasen mit Lexika, die nur wenige Worte enthalten. Solange man sich auf Signale beschränkt, für die die Basis gut geeignet ist, funktionieren sie gut, versucht man aber, etwas Unübliches zu beschreiben, ist man gezwungen, viele Worte zu machen und Umschreibungen zu verwenden. Im großen Lexikon optimal angepaßter Funktionen dagegen wird man für jeden Signalabschnitt das rechte Wort finden.

Darüber hinaus ergibt sich ein weiterer Vorteil. Üblicherweise hat man die Wahl zwischen Kürze und Translationsinvarianz. Das Verfahren der optimalen Anpassung ist zwar effizient, gleichzeitig aber translationsinvariant. Das liegt daran, daß das Signal, ausgehend von ihm selbst inhärenten Eigenschaften und nicht durch schrittweises Berechnen der Koeffizienten, bei willkürlicher Wahl des Anfangspunktes kodiert wird. Damit eignet sich das Verfahren in besonderer Weise zur Mustererkennung und zum Kodieren von Umrissen und Strukturen.

Dies alles hat natürlich seinen Preis, nämlich eine geringere Kodierungsgeschwindigkeit. Um ein Signal mit n Punkten zu kodieren, benötigt man n^2 Rechenoperationen gegenüber $n \log n$ beim Verfahren der optimalen Basis. Natürlich erfordert es mehr Zeit, ein Wort in einem großen Wörterbuch zu finden als in einem kleinen. Das Rekonstruieren dagegen geht außerordentlich rasch. Um den Ausgangs-Satz zu rekonstruieren, braucht man nur die verschiedenen „Worte" aneinanderzufügen.

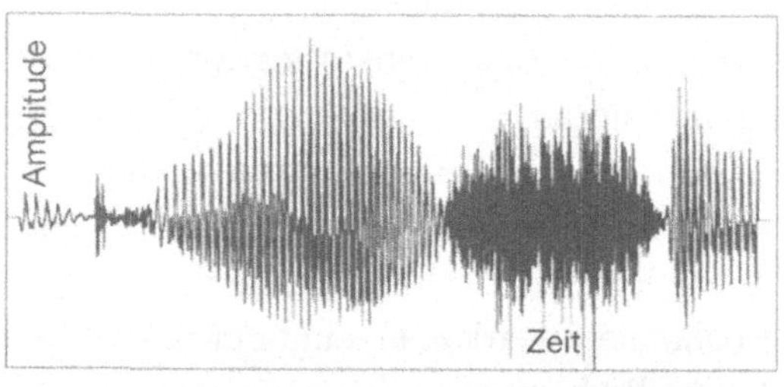

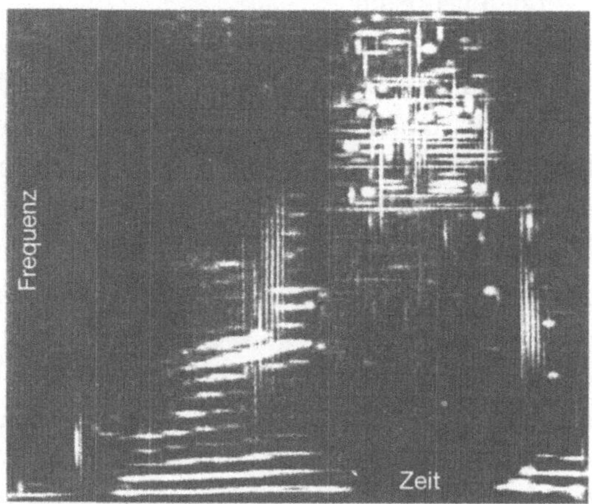

Abb. 5.4: Bei dem besonders für hochgradig nichtstationäre Signale geeigneten Verfahren der optimalen Anpassung wird das Signal abschnittweise an dasjenige elementare Wavelet angepaßt, das ihm am ähnlichsten sieht. Oben: Das gesprochene englische Wort „greasy" (deutsch: fettig), abgetastet mit einer Frequenz von 8 kHz. Unten: Die Energieverteilung, aufgetragen über Zeit und Energie. Man erkennt die niederfrequente Komponente des „g" und den raschen Übergang zum „ea". Das „ea" enthält zahlreiche Oberschwingungen, während die Energieverteilung des „s" der des weißen Rauschens ähnelt. Der größte Teil der Signalenergie ist in einigen wenigen Zeit-Frequenz-Atomen konzentriert. Obgleich das Signal insgesamt 3000 Abtastpunkte enthält, läßt es sich bei einem Signal-Fehler-Verhältnis von 40 dB aus nur 250 Atomen rekonstruieren.
Mit freundlicher Genehmigung von Stéphane Mallat, Ecole Polytechnique CMAP, Paris.

5.6 Ein Blick in die Zukunft

Die Suche nach neuen Signalkodierungs-Verfahren ist noch lange nicht beendet. Inzwischen hat man neue Sprachen mit sehr unterschiedlichen Möglichkeiten entdeckt; nun muß man lernen, diesen Reichtum richtig auszuschöpfen. Soll man bei gegebener Aufgabenstellung – etwa zur Video-Komprimierung, zur Sprachübermittlung, bei der medizinischen Diagnose, zum Auflösen von Gleichungen, um nur einige zu nennen – nun besser die Fourier-Analyse, Wavelets oder eines der Hybridverfahren einsetzen?

Entscheidet man sich für eine Wavelet-Transformation, bleibt die Frage, ob diese orthogonal, biorthogonal, kontinuierlich oder gerahmt sein soll. Soll sie verschwindende Momente haben oder nicht? Welche Kriterien sollte man dabei anlegen? Effizienz ist sicher ein Kriterium, aber es gibt weitere: Rechengeschwindigkeit, gute Interpretierbarkeit der Koeffizienten und die Qualität des Ergebnisses. Momentan stehen die Wissenschaftler bei der Beantwortung dieser Fragen gerade erst am Anfang, und Lösungen, die heute optimal erscheinen, können morgen schon veraltet sein. Bestimmte Aufgaben werden darüber hinaus sicher auch noch andere Darstellungsweisen erfordern.

Mallat meint: „Wenn man spricht, greift man auf ein riesiges Lexikon zurück und verwendet jeweils die Worte, mit denen man sich am kürzesten und präzisesten ausdrücken kann. Wenn das Wörterbuch zu klein ist, braucht man sehr viel Worte, um einen Sachverhalt zu formulieren." Ist es dagegen zu groß, kann einen die verwirrende Vielfalt so paralysieren, daß man nicht in der Lage ist, aus der langen Liste das geeignete Wort zu entnehmen.

In einer Idealwelt gäbe es genauso viel Worte, wie man braucht, und keines zuviel. Mallat beschreibt ein Experiment, bei dem eine Katze von Geburt an in einer Umgebung aufwächst, in der es lediglich horizontale Streifen gibt. „Zeigt man der Katze dann nach dem ersten Lebensjahr vertikale Streifen, wird sie diese überhaupt nicht erkennen. Da vertikale Streifen in ihrer Umgebung sowieso nicht vorkommen, braucht sie sie auch gar nicht zu kennen. Dagegen wird sie eine ausgeprägte Perfektion beim Unterscheiden horizontaler Streifen entwickeln."

„Ich denke, wir stehen heute der Herausforderung gegenüber, problemadäquate Darstellungen finden zu lernen. Die Fourier-Transformation ist ein Hilfsmittel, die Wavelet-Transformation ein anderes. Bei komplexen Signalen wie Sprachaufzeichnungen wird man Hybridschemata vorziehen. Wie kann man diese Frage mathematisch fassen, wie die geeignete Darstellung finden und gleichzeitig eine hohe Rechengeschwindigkeit erreichen?"

In manchen Fällen geht die Aufgabe auch über den Bereich der Mathematik hinaus. Das endgültige Kriterium für die Effektivität einer Bild- oder Sprachkomprimierung ist ohnehin das menschliche Auge oder Ohr, und die Entwicklung geeigneter mathematischer Darstellungen ist häufig eng an die menschliche Wahrnehmung gebunden. Nicht alle Information ist gleich wichtig. Schon Kleinkinder sind in der Lage, den Umriß einer Katze zu zeichnen, während der bloße Gedanke, überhaupt ohne Umrisse zu zeichnen, stutzig macht: Man denke etwa an die Grinsekatze aus „Alice im Wunderland", von der beim Verschwinden lediglich das Lächeln zurückbleibt. Andere Unterschiede sind weniger verstanden. Zum Beispiel ist es für den Menschen kein Problem, verschiedene Kleiderstoffe auseinanderzuhalten. Dagegen wissen wir, wie Mallat schreibt, „nach 20 Jahren Mustererkennung immer noch nicht, was Stoffe mathematisch gesehen sind".

Wavelets können bei diesen Aufgaben helfen, insbesondere, da auch beim menschlichen Sehen und Hören Wavelet-Verfahren Verwendung finden. Die anfänglichen Illusionen, daß sich mit Wavelets alle für die Fourier-Analyse ungeeigneten Problemstellungen bearbeiten lassen würden, sind aber längst verflogen. Meyer schreibt dazu: „Während ein einziger Algorithmus (die Fourier-Analyse) für alle stationären Signale geeignet ist, sind die nichtstationären Phänomene so reichhaltig und komplex, daß sie mit einem einzelnen analytischen Verfahren ... nicht alle zu behandeln sein werden."

Das sicher nicht geringste Verdienst der Wavelets besteht darin, sowohl eine präzisere als auch eine breitere Sicht auf mathematische Sprachen zur Charakterisierung von Informationen entwickelt zu haben. Dies betrifft einen schärferen Blick auf die Fourier-Analyse, die häufig reflektiv angewandt worden war (ein Mathematiker sagte hierzu einmal: „Das erste, was ein Ingenieur mit einer Funktion anstellt, die er neu zu Gesicht bekommt, ist eine Fourier-Transformation – das geht schon fast automatisch"), sowie einen offeneren Blick auf alternative Möglichkeiten. „Wer sich nur auf eine ganz bestimmte Weise ausdrücken kann, merkt häufig gar nicht, welchen Beschränkungen er unterliegt. Entdeckt man dagegen einen neuen Weg, zeigt einem dies, daß es auch noch einen dritten oder vierten Weg geben könnte. Auf diese Weise werden einem die Augen für ganz neue Perspektiven geöffnet" (Donoho).

Kapitel 6

Die Fourier-Transformation

6.1   Eine Bitte um Nachsicht

Die folgende Darstellung „in der Sprache der Mathematik" sowie der an-
schließende Anhang enthalten Material sehr unterschiedlichen Schwierig-
keitsgrades. Während manche Abschnitte wohl am ehesten dem Oberschul-
niveau zuzurechnen sind, ist anderes (zumindest ist mir das gesagt worden)
eher Bestandteil eines Mathematikstudiums. So wird es kaum vermeidbar
sein, daß der mathematisch vorgebildete Leser streckenweise das Gefühl haben könnte, unter seinem Niveau behandelt worden zu sein. Leser, die sich zu
diesem Personenkreis rechnen, möchte ich bereits an dieser Stelle um Nach-
sicht bitten. Es wäre sicher etwas hart und auch nicht ganz zutreffend zu sagen, das Buch sei nicht für sie geschrieben worden; primär hatte ich aber
doch den Leser ohne tiefergehende Mathematikausbildung im Auge.

Man hat mir weiter gesagt, daß es schicklicher wäre, auf die Darstellung
elementarer Sachverhalte zu verzichten, die heute jeder 15jährige kennt. Ich
habe dennoch daran festgehalten, da auch ich selbst diese Dinge entweder
nie gelernt oder längst wieder vergessen habe, genau so, wie ich mich kaum
mehr an den seinerzeit im Lateinunterricht behandelten „Äneas" erinnere.
Sicher stehe ich damit nicht allein, und ich halte die Annahme für unrea-
listisch, daß jemand sein altes Mathematiklehrbuch aus dem Keller holt, nur
um dieses Buch lesen zu können.

Einige eher elementare Abschnitte sind in sich abgeschlossen, diese können ohne Bedenken überschlagen werden. Die fortgeschritteneren könnten
dagegen schon eher Probleme stellen, da sie ja einerseits für Leute wie
mich verständlich bleiben sollten, andererseits aber der komplette Sachver-

halt korrekt dargestellt werden muß. Oft versuchen populärwissenschaftliche Autoren, die Fachleute nachzuahmen, ohne sie jedoch richtig verstanden zu haben. Das hat fatale Folgen: Der Leser meint zuerst, er habe tatsächlich etwas begriffen, muß nach einigem Nachdenken dann aber feststellen, daß ihm eigentlich gar nichts klar ist. Oft genug sucht er die Schuld dann bei sich selbst und wird nie mehr versuchen, irgendwelche Dinge zu verstehen, die ihm etwas schwieriger erscheinen.

Auch die Fachleute sind mit dieser Situation nicht glücklich. Es liegt im Wesen der Sache, daß der populärwissenschaftliche Autor ihre Ideen mit seinen eigenen Worten beschreibt. Darüber hinaus muß er diese Ideen auch noch möglichst spannend erzählen – niemand möchte eine Sammlung von Auszügen aus wissenschaftlichen Originalarbeiten lesen. Wenn nun aber der Autor den Sachverhalt, den er da beschreiben will, selbst nicht richtig verstanden hat, beschwört jedes neue Wort nur zusätzliches Unheil herauf. Die Fachleute finden ihre Aussagen dann aus dem Zusammenhang gerissen und entstellt wieder, ja sehen manchmal gar im Scherz Geäußertes für bare Münze genommen. Dem Spott ihrer Kollegen preisgegeben, werden sie nie wieder ein Wort mit einem Journalisten wechseln.

Ich möchte verstehen, was ich schreibe – oder zumindest dieses Gefühl haben. (Manchmal schummle ich zwar auch ein bißchen, doch das soll die Ausnahme bleiben.) Dazu vereinfache ich die Dinge zuerst einmal so weit, bis ich sie selbst kapiere. Gelegentlich stelle ich beim Durchlesen eines früher geschriebenen Kapitels fest, daß ich selbst nicht mehr ganz verstehe, was da steht. Dann bleibt mir nichts anderes übrig, als mich noch einmal hinzusetzen und den Text so lange umzuarbeiten, bis er wirklich klar ist. In einigen Abschnitten habe ich eine Art „Mehrfachauflösung" praktiziert, indem ich eine Formel zunächst grob beschreibe, dann detaillierter diskutiere und erst am Schluß die Formel selbst notiere. Beim Lesen mathematischer Sachverhalte gibt es zwei extreme Standpunkte: Der eine liest nur den Text und sieht zunächst über die Formeln hinweg, andere orientieren sich an den Formeln und betrachten den Text nur als letzten Ausweg, wenn sie nicht mehr weiterkommen. Lesern, denen die Darstellung in diesem Buch zu langatmig erscheint, empfehle ich, einmal diesen zweiten Weg zu versuchen.

Fachliche Fehler sind natürlich auch in populärwissenschaftlichen Darstellungen nicht zu entschuldigen. Ja, ich glaube sogar, daß sie in elementaren Darstellungen noch mehr Schaden anrichten als in einem Buch, das sich an Spezialisten wendet – letztere haben meist genug Vorbildung, um nicht völlig in die Irre zu gehen. Ich will nicht die kühne Behauptung aufstellen, daß mir keinerlei Fehler unterlaufen wären, aber zumindest habe ich mich um eine wahrheitsgemäße Darstellung bemüht. Um noch einmal ein Bild aus der Wavelet-Theorie zu bemühen: In meinen Augen vermittelt das Buch ein zwar niedrig aufgelöstes, nicht aber verrauschtes Bild der Fourier- und Wavelet-Analyse.

Für diejenigen Leser, die ein höher aufgelöstes Bild suchen, habe ich eine Zusammenstellung von Wavelet-Büchern ebenso angefügt wie ein ausführliches Quellenverzeichnis. Ich erinnere mich an eine Umfrage, in der die Aufrichtigkeit (oder Unaufrichtigkeit) von Wissenschaftlern getestet werden sollte. Zu den vernichtendsten Fragen gehörte: „Haben Sie jemals eine Arbeit zitiert, ohne sie selbst gelesen zu haben, oder kennen Sie jemanden, der so etwas schon einmal getan hat?" Ich bekenne: Ich habe Haars Arbeit „Zur Theorie der orthogonalen Funktionensysteme" oder Strömbergs „A modified Franklin system and higher-order spline systems on R^n as unconditional bases for Hardy spaces" nicht gelesen. In zumindest einem Fall habe ich aber eine Arbeit gelesen, die einer der aktiven Wavelet-Forscher selbst nie gelesen, aber zitiert hat; wie man sieht, befinde ich mich in bester Gesellschaft.

Selbst wenn Sie zu den „nichtmathematischen" Lesern gehören, sollten Sie nicht wie ich die Formeln einfach übergehen. Meist wird das Auslassen der Formeln damit entschuldigt, daß diese unbekannte Symbole oder Zeichen enthalten; eine Formel verstehen zu wollen ist dann etwa so, als hätte man ein 500-Teile-Puzzle zusammenzusetzen, bei dem man von vornherein weiß, daß mehrere Teile fehlen. Ich habe mein Bestes getan, so etwas zu vermeiden. Natürlich sind die folgenden Abschnitte von unterschiedlichem Schwierigkeitsgrad. Jemand, der mit der Trigonometrie nicht so vertraut ist, könnte zum Beispiel beim Abschnitt „*Mehrfachauflösung*" Schwierigkeiten haben. Aber ein gewisses Bemühen vorausgesetzt, zumindest die wichtigsten Formeln – in Verbindung mit dem Text – zu erfassen, sollte es in meinen Augen ermöglichen, der Darstellung in den wesentlichen Zügen zu folgen. Auch die im Anhang angefügten Beweise sind durchaus ernst gemeint, selbst wenn sie notwendigerweise Schritte enthalten, die der Leser einfach wird glauben müssen.

Vielleicht fragen Sie sich jetzt, ob das Ganze die Mühe denn überhaupt lohnt. Als mathematischer Schnellkurs ist dieses Buch natürlich nicht geeignet, es wird den Leser kaum in die Lage versetzen, eine Prüfung über Sinn und Zweck der Fourier-Analyse oder Wavelet-Transformation zu bestehen. Es soll einfach eine Vorstellung davon vermitteln, wohin sich die Mathematik heute bewegt, und vielleicht auch einige Grundideen herausarbeiten, die sonst im Dickicht der Details und Verfahren leicht untergehen können. Darüber hinaus hoffe ich, daß es auch Lesern, die nicht die Absicht hegen, sich ernsthaft weiter mit Mathematik zu beschäftigen, nahebringt, was Mathematiker machen und worin die Möglichkeiten und die Schönheit ihrer Verfahren liegen, Verfahren, die unser Alltagsleben stark beeinflussen und auch unser Weltbild maßgeblich bestimmen.

6.2　Was ist eine Fourier-Transformation?

Die Fourier-Transformation ist ein mathematisches Verfahren, um Funktionen in die Frequenzen zu zerlegen, aus denen sie bestehen. Man kann dies etwa mit einem Prisma vergleichen, das Licht nach Farben zerlegt. Bei der Fourier-Transformation wird eine zeitabhängige Funktion f in eine neue, frequenzabhängige Funktion $\hat{f}$ (sprich: f-Dach), die *Fourier-Transformierte* (oder, bei einer periodischen Ausgangsfunktion, die *Fourier-Reihe*) der Ausgangsfunktion zerlegt.

Bei zeitlich veränderlichen Funktionen oder Signalen – etwa Musik oder dem Auf und Ab der Börsenkurse – wird die Frequenz meist in Hertz, d. h. in Schwingungen pro Sekunde, gemessen (Abbildung 6.1).

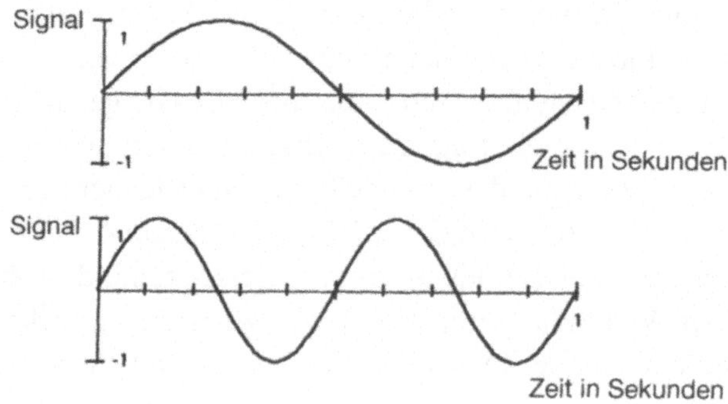

Abb. 6.1: Die Funktion $\sin 2\pi x$ hat eine Frequenz von 1 Schwingung pro Sekunde (1 Hertz), während $\sin 2\pi 2x$ mit einer Frequenz von 2 Schwingungen pro Sekunde (2 Hertz) oszilliert.

Funktionen können aber auch räumlich variieren. Bei der Fourier-Transformierten eines Fingerabdrucks sind die Hauptbeiträge bei einer „Frequenz" von 15 „Schwingungen" pro Zentimeter zu erwarten. (Genaugenommen ist die Frequenz der Kehrwert der Schwingungsdauer, so daß man bei räumlich variierenden Funktionen meist von der zur Länge inversen *Wellenzahl* spricht.)

Eine Funktion und ihre Fourier-Transformierte sind zwei Seiten ein und desselben Sachverhalts. Die Funktion selbst beschreibt den zeitlichen Verlauf, nicht aber die Frequenzen. Bei einer Musikaufzeichnung beschreibt die Funktion selbst die durch die Schallwellen hervorgerufenen zeitlichen Luftdruckschwankungen; die Frequenzen, d. h. welche Töne gespielt werden, kann man der Funktion auf den ersten Blick aber nicht ansehen. Die Fourier-Transformierte dagegen zeigt sofort die Frequenzinformation, wogegen die Zeitinformation verborgen bleibt. Bei der Musikaufzeichnung etwa sagt sie, welche Noten gespielt werden, aber es ist sehr schwierig herauszubekommen, wann die Töne erklingen.

Dessenungeachtet enthalten natürlich sowohl die Funktion selbst als auch ihre Fourier-Transformierte die volle Information über das Signal. So, wie man aus der Funktion die Fourier-Transformierte berechnen kann, kann man über die Rücktransformation aus der Fourier-Transformierten die Ausgangsfunktion vollständig rekonstruieren.

6.3 Die Fourier-Reihe

Die Fourier-Reihe einer mit der Periode 1 periodischen Funktion f lautet

$$f(t) = \frac{1}{2}a_0 + (a_1\cos 2\pi t + b_1\sin 2\pi t) + (a_2\cos 2\pi 2t + b_2\sin 2\pi 2t) + \dots$$

$$(6.1a)$$

Die Fourier-Koeffizienten $a_1, a_2, a_3 \dots$ geben an, „wie stark" die Kosinus $\cos 2\pi t, \cos 2\pi 2t, \cos 2\pi 3t, \dots$ (mit einer Frequenz von 1, 2, 3 … Hertz) in der Funktion „enthalten" sind, während die Koeffizienten $b_1, b_2, b_3 \dots$ dasselbe für die Sinus besagen. Fourier-Reihen enthalten grundsätzlich nur Sinus und Kosinus ganzzahliger Vielfacher der Grundfrequenz.

Für Gleichung (6.1a) schreibt man gewöhnlich

$$f(t) = \frac{1}{2}a_0 + \sum_{k=1}^{\infty}(a_k \cos 2\pi kt + b_k \sin 2\pi kt), \qquad (6.1b)$$

wobei k die Frequenz ist und das „Summenzeichen" Sigma

$$\sum_{k=1}^{\infty}$$

besagt, daß die Terme $(a_k\cos 2\pi kt + b_k\sin 2\pi kt)$ für alle ganzzahligen k zwischen 1 und unendlich zu addieren sind. Häufig bezeichnet man die Frequenz mit dem der jeweiligen Variablen entsprechenden lateinischen Buchstaben, bei der Fourier-Transformierten eines zeitabhängigen Signals also τ („tau") und bei der eines ortsabhängigen Signals ξ („xi"). Da aber τ und ξ in der Mathematik üblicherweise kontinuierliche Variable bezeichnen, verwenden die Mathematiker für Frequenzen vorzugsweise den meist diskreten Variablen vorbehaltenen Buchstaben k.

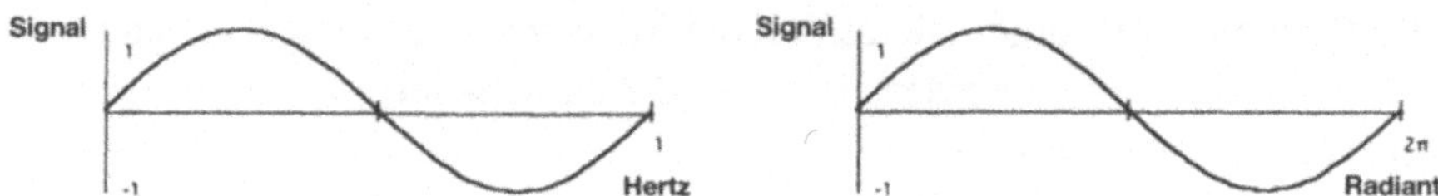

Abb. 6.2: Die „2π" machen die Formeln für die Fourier-Analyse zwar unhandlich, sind aber leider nicht zu vermeiden. Dabei ist es unerheblich, ob man die 1-periodische Funktion $\sin 2\pi x$ oder die 2π-periodische $\sin x$ betrachtet; abgesehen von den Achsenbezeichnungen handelt es sich in beiden Fällen um denselben Graphen.

Die zur Fourier-Reihe einer 1-periodischen Funktion $f(t)$ gehörigen Fourier-Koeffizienten ergeben sich aus

$$a_k = 2\int_0^1 f(t)\cos 2\pi kt \ \mathrm{d}t \quad\text{und}\quad b_k = 2\int_0^1 f(t)\sin 2\pi kt \ \mathrm{d}t. \tag{6.2}$$

Das Integral über das Produkt der Funktion f mit dem Sinus bzw. Kosinus zur Frequenz k beschreibt gerade die Fläche unter der Produktfunktion; das Ergebnis muß noch mit dem Faktor 2 multipliziert werden. Einige Beispiele finden sich im Abschnitt 8, und der Anhang enthält eine kurze Diskussion des allgemeinen Integralbegriffs. Das bestimmte Integral $\int_0^1$ bedeutet, daß von 0 bis 1 zu integrieren ist, das Symbol $\mathrm{d}t$ weist darauf hin, daß die Integration über t erfolgt.

Mit Hilfe von Gleichung (6.1) lassen sich Funktionen aus ihren Fourier-Koeffizienten rekonstruieren. Dabei wird jeder Sinus bzw. Kosinus mit dem entsprechenden Koeffizienten gewichtet, und anschließend werden die auf diese Weise entstandenen Funktionen Punkt für Punkt addiert, wobei der erste Term noch durch 2 dividiert werden muß.

6.4 Amplitude und Phase

Die Information über den zeitlichen (oder räumlichen) Signalverlauf ist bei
der Fourier-Reihe in den *Phasen* verborgen: Um zu erreichen, daß sich die
Sinus und Kosinus der einzelnen Frequenzen in geeigneter Weise addieren
oder subtrahieren, muß man sie gegeneinander verschieben.

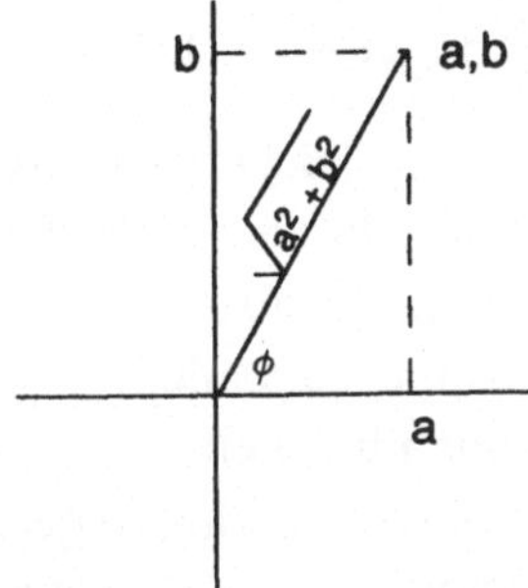

Abb. 6.3: Der Fourier-Koeffizient einer festen Frequenz als Punkt (a, b) in der Zahlenebene. Die zur betreffenden Frequenz gehörige Phase ist der von der horizontalen Achse und der Verbindungslinie Koordinatenursprung – (a, b) eingeschlossene
Winkel. Die Amplitude ist die Länge dieser Verbindungslinie, $\sqrt{a^2 + b^2}$.

Stellt man den der Frequenz k entsprechenden Fourier-Koeffizienten ei
ner Funktion wie in Abbildung 6.3 als Punkt (a_k, b_k) in der Zahlenebene dar,
ist die Phase ϕ („phi") der Winkel, den die horizontale Achse mit der Verbindungslinie Koordinatenursprung – Punkt einschließt. Die Länge dieser Verbindungslinie, $\sqrt{a_k^2 + b_k^2}$, ist die der Frequenz k entsprechende *Amplitude*
der Funktion, d. h. der Beitrag der Frequenz k zum Gesamtsignal.

Die Phase ϕ ist mit den Fourier-Koeffizienten über die Formeln

$$\cos \phi = \frac{a}{\sqrt{a^2 + b^2}}, \qquad \sin \phi = \frac{b}{\sqrt{a^2 + b^2}}$$

verknüpft.

Der $k$te Term der Fourier-Reihe lautet $a_k \cos kx + b_k \sin kx$. (Da wir hier
2π-periodische Funktionen betrachten, tritt jetzt als Argument des Sinus
bzw. Kosinus kx an die Stelle von $2\pi kx$; ϕ wird also im Bogenmaß gemessen.) Dies läßt sich auch noch auf andere Weise schreiben. Erweitert man den

$k$ten Term der Fourier-Reihe mit $\sqrt{a_k^2 + b_k^2}$, erhält man

$$\sqrt{a_k^2 + b_k^2}\left(\frac{a_k}{\sqrt{a_k^2 + b_k^2}}\cos kx + \frac{b_k}{\sqrt{a_k^2 + b_k^2}}\sin kx\right)$$
$$= \sqrt{a_k^2 + b_k^2}(\cos\phi_k\cos kx + \sin\phi_k\sin kx)$$
$$= \sqrt{a_k^2 + b_k^2}(\cos(kx - \phi_k)),$$

wobei wir im letzten Schritt Gleichung (B.1) der im Anhang befindlichen Übersicht über trigonometrische Formeln verwendet haben. Offensichtlich kann man den $k$ten Term der Fourier-Reihe also ebensogut als einen um den Phasenwinkel ϕ_k verschobenen Kosinus darstellen.

Auch wenn die Phasenformel eigentlich keinen besonders komplizierten Eindruck macht, ist es so gut wie unmöglich, Phasen genügend genau zu berechnen, um den Zeitverlauf der Funktion zu reproduzieren. Der mit einer Stimmgabel erzeugte Kammerton A hat zum Beispiel eine Frequenz (Tonhöhe) von 440 Hertz. Um anhand der Fourier-Transformation einer Symphonie zu erkennen, daß dieses A 20 Minuten nach Beginn der Symphonie erklingt, müßte man die Phase dieser Symphonie mit einer Genauigkeit von $1/(20 \cdot 60 \cdot 440)$, d. h. $1/528\,000$ berechnen. (440 Schwingungen pro Sekunde, mal 60 Sekunden mal 20 Minuten. Die Phase selbst ändert sich im Verlauf der Musik nicht, aber die bei einer begrenzten Rechengenauigkeit unvermeidlichen Rundungsfehler summieren sich Schwingung für Schwingung.) Um darüber hinaus eine bestimmte Stelle der Schwingung zu lokalisieren, muß man hiervon noch einmal etwa das Fünffache, d. h. $1/2\,640\,000$ nehmen. Die Kenntnis allein dieser einen Phase entspricht der Vermessung eines Kilometers mit einer Genauigkeit von einem halben Millimeter.

Dies läßt sich auch noch etwas anders veranschaulichen. Wir nehmen einmal an, die Sinfonie sei in A-Dur geschrieben. Der Fourier-Koeffizient dieser Frequenz wird dann sicher besonders groß sein. 20 Minuten nach Beginn der Symphonie herrsche einen Moment Stille. In diesem kurzen Zeitraum wird das A also durch die Summe aller anderen Frequenzen ausgelöscht. Würde man die Phase des A um genau 180° – also um eine Halbschwingung der 440 Schwingungen pro Sekunde – ändern, würde sich das Vorzeichen des Kosinus in dem durch $\sqrt{a_k^2 + b_k^2}(\cos(kx - \phi_k))$ dargestellten A in $\sqrt{a_k^2 + b_k^2}(-\cos(kx - \phi_k))$ ändern. Anstatt einen Moment Stille zu erzeugen, in dem das A durch die anderen Frequenzen ausgelöscht wird, würde das A nun besonders laut erklingen: Man hört dann das „tatsächliche" A der Symphonie plus die Summe aller anderen Töne, die zusammen nochmals ein gleich lautes A liefern.

6.5 Die Fourier-Transformation

Bei periodischen Funktionen gehen in die Fourier-Reihe nur ganzzahlige Vielfache der Grundfrequenz ein. Auch nichtperiodische Funktionen, die gegen unendlich schnell genug abfallen, lassen sich als Superposition von Sinus- und Kosinustermen schreiben und so einer Frequenzanalyse unterwerfen. („Schnell genug" heißt, so schnell, daß die Fläche unter dem Graphen endlich bleibt.) Um die *Fourier-Transformierte* zu erhalten, muß man aber die Koeffizienten aller möglicher Frequenzen berechnen, so daß die entsprechenden Formeln

$$a(\tau) = \int_{-\infty}^{\infty} f(t)\cos 2\pi\tau t \, \mathrm{d}t \quad \text{und} \quad b(\tau) = \int_{-\infty}^{\infty} f(t)\sin 2\pi\tau t \, \mathrm{d}t \quad (6.3)$$

oder, mit x als Variable,

$$a(\xi) = \int_{-\infty}^{\infty} f(x)\cos 2\pi\xi x \, \mathrm{d}x \quad \text{und} \quad b(\xi) = \int_{-\infty}^{\infty} f(x)\sin 2\pi\xi x \, \mathrm{d}x.$$

lauten. Da die Funktion in Gleichung (6.2) die Periode 1 hatte, erstreckte sich das Integrationsintervall lediglich von 0 bis 1. Nun, bei der Betrachtung nichtperiodischer Funktionen, läuft es von $-\infty$ bis ∞.

6.6 Komplexe Zahlen

Auch wenn es manchmal vielleicht den Anschein haben könnte, sind Mathematiker nicht besonders masochistisch veranlagt; wenn sie dennoch mit komplexen Zahlen arbeiten, dann nur deshalb, weil sich bestimmte Sachverhalte mit ihnen einfacher formulieren lassen. Bei der Fourier-Analyse kann man mit Hilfe komplexer Zahlen die Sinus- und Kosinussummen der einzelnen Frequenzen jeweils auf einen Term reduzieren.

Eine komplexe Zahl $z = x + \mathrm{i}y$ (wobei $i = \sqrt{-1}$ die imaginäre Einheit ist) entspricht einem Punkt in der (x, y)-Ebene. Um Fourier-Reihen oder -Transformierte mit komplexen Zahlen zu schreiben, verwendet man eine auf Leonhard Euler zurückgehende Formel. Es gibt Mathematiker, die diese

Beziehung, die eine Klammer zwischen der Trigonometrie und der Zinseszinsrechnung, zwei 2000 Jahre lang völlig unabhängigen Zweigen der Mathematik, herstellt, als bemerkenswerteste und gleichzeitig merkwürdigste Beziehung der Mathematik überhaupt betrachten:

$$e^{i\theta} = \cos\theta + i\sin\theta. \tag{6.4}$$

Mit anderen Worten, sieht man θ als Winkel an, wird die Zahl $e^{i\theta}$ entlang eines Kreises mit dem Radius 1 rotieren. (Wem das nicht klar ist, der schlage im Überblick zu trigonometrischen Funktionen auf Seite 256 des Anhangs nach.)

Die Zahl e ist ebenso wie π irrational, sogar transzendent. Wie π taucht sie häufig an Stellen auf, an denen man das gar nicht vermutet, etwa in Gleichung (6.4) oder bei der Zinseszinsrechnung. Wenn man eine Mark auf der Bank zu einem Zinssatz von 100 Prozent nicht zur täglichen oder etwa sekündlichen, sondern kontinuierlichen Verzinsung anlegt, hat man am Jahresende e DM $\approx 2{,}718\,281\,853\,9\ldots$ DM.

Wir wollen die obige mysteriöse Beziehung lediglich als bequeme Notation der Fourier-Analyse betrachten. Mit ihrer Hilfe läßt sich Gleichung (6.1b) für die Fourier-Reihe einer periodischen Funktion

$$f(t) = \sum_{k=-\infty}^{\infty} c_k e^{-2\pi i k t}$$

und Gleichung (6.2) für die Koeffizienten

$$c_k = \int_0^1 f(t) e^{2\pi i k t}\,dt$$

schreiben. (Die Faktoren 2 und 1/2 aus den Formeln (6.1) und (6.2) kürzen sich bei dieser Schreibweise erfreulicherweise weg.) Den Term $e^{2\pi i k t}$ nennt man *Exponentialfaktor* (genauer: *komplexen Exponentialfaktor* zur Frequenz k.)

Die entsprechenden Formeln für die Fourier-Transformation und Rücktransformation bei hinreichend schnell abfallenden Funktionen lauten

$$\hat{f}(\xi) = \int_{-\infty}^{\infty} f(x) e^{2\pi i \xi x}\,dx \quad \text{und} \quad f(\xi) = \int_{-\infty}^{\infty} \hat{f}(x) e^{-2\pi i \xi x}\,d\xi.$$

Da wir hier keine zeitliche, sondern eine räumliche Funktion im Auge haben, haben wir ξ statt τ und x statt t geschrieben.

6.7　Ein Wort zur Schreibweise: f oder $f(x)$

Mathematiker unterscheiden zwischen einer Funktion f und deren Funktionswert in einem speziellen Punkt x, den sie mit $f(x)$ bezeichnen. Die Funktion f betrachten sie dabei als abstrakt gegeben; ob die Variable Zeit, Länge, Temperatur, Geld oder etwas anderes bedeutet, ist ebenso unerheblich wie die Maßeinheit. Andererseits kann man Funktionen nicht ohne irgendeinen „Platzhalter" darstellen, der einem sagt, was mit der entsprechenden Variablen zu tun ist. Zum Beispiel kann eine Funktion f durch $f(x) = x^2$ definiert sein. Wahrscheinlich führt gerade das zu den Schwierigkeiten, die viele Studenten mit dieser Schreibweise haben. Manchen von ihnen ist es offenbar unmöglich, sich eine Funktion f abstrakt vorzustellen; wenn der Professor f sagt, haben sie stets $f(x)$ vor Augen.

Im neunzehnten Jahrhundert betrachteten die Mathematiker stets Funktionen $f(x)$. Erst als sie lernten, sich Funktionen als Punkte bzw. Vektoren in einem unendlich-dimensionalen Raum vorzustellen (man vergleiche den Abschnitt über *Orthogonalität und Skalarprodukt* auf S. 159), bildete sich die f-Schreibweise heraus. Andere Konzeptionen, die den Mathematikern historisch gesehen viel mehr Schwierigkeiten bereiteten (hierzu gehören z.B. die komplexen Zahlen), akzeptieren die Studenten dagegen problemlos.

Wie auch immer, diese Schreibweise verlangt nach einer gewissen Sorgfalt. Es ist völlig richtig, daß $\hat{f}$ die Fourier-Transformierte von f ist. Falsch wäre dagegen die Aussage, $\hat{f}(x)$ sei die Fourier-Transformierte von $f(x)$. Denn während f vom Raum abhängt, variiert $\hat{f}$ mit der räumlichen Frequenz: Die Fourier-Transformierte von $f(x)$ ist also $\hat{f}(\xi)$. Wir könnten statt dessen die Fourier-Transformierte von $f(x)$ mit $\widehat{f(x)}$ bezeichnen; allerdings ist das Leben – und insbesondere die Handschrift vieler Mathematiker – auch ohne diese „Dächer" schon kompliziert genug, so daß wir darauf verzichten wollen.

Kapitel 7

Zur Konvergenz von Fourier-Reihen und zur Stabilität des Sonnensystems

Fourier zufolge läßt sich so gut wie jede periodische Funktion als Summe unendlich vieler mit geeigneten Koeffizienten multiplizierter Sinus- und Kosinusterme darstellen. Verschiedene Fourier-Reihen können sich also lediglich in diesen Koeffizienten unterscheiden. So läßt sich die 2π-periodische unstetige Rechteckschwingung als Fourier-Reihe

$$f(x) = \sin x + \frac{1}{3}\sin 3x + \frac{1}{5}\sin 5x + \dots \tag{7.1}$$

schreiben; ihre Fourier-Koeffizienten lauten also $1, 0, \frac{1}{3}, 0, \frac{1}{5}, 0, \dots$ Genaugenommen sind dies nur die Sinus-Koeffizienten; die Kosinus-Koeffizienten sind sämtlich null. Abbildung 7.1 zeigt die Rechteckfunktion zusammen mit der Summe der ersten sieben Fourier-Terme.

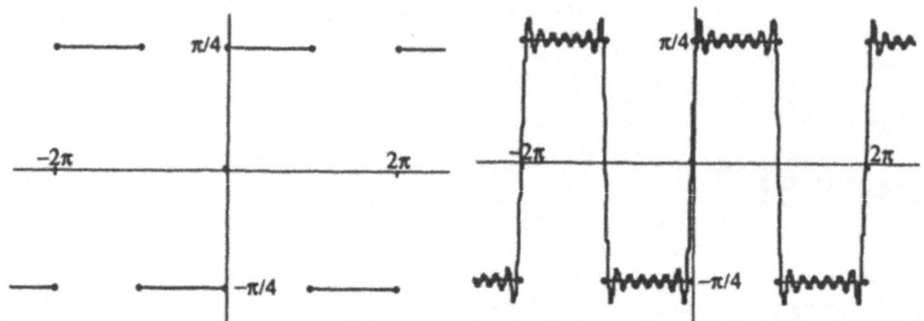

Abb. 7.1: Selbst unstetige Funktionen wie die Rechteckfunktion lassen sich als Superposition von Sinus- und Kosinustermen, in diesem Fall sogar nur von Sinustermen schreiben. Das Bild zeigt links die Funktion selbst und rechts die Summe der ersten sieben Fourier-Terme.

Abbildung 7.2 zeigt anhand der Summe der ersten vier Fourier-Terme, wie die Reihe gegen die Funktion konvergiert.

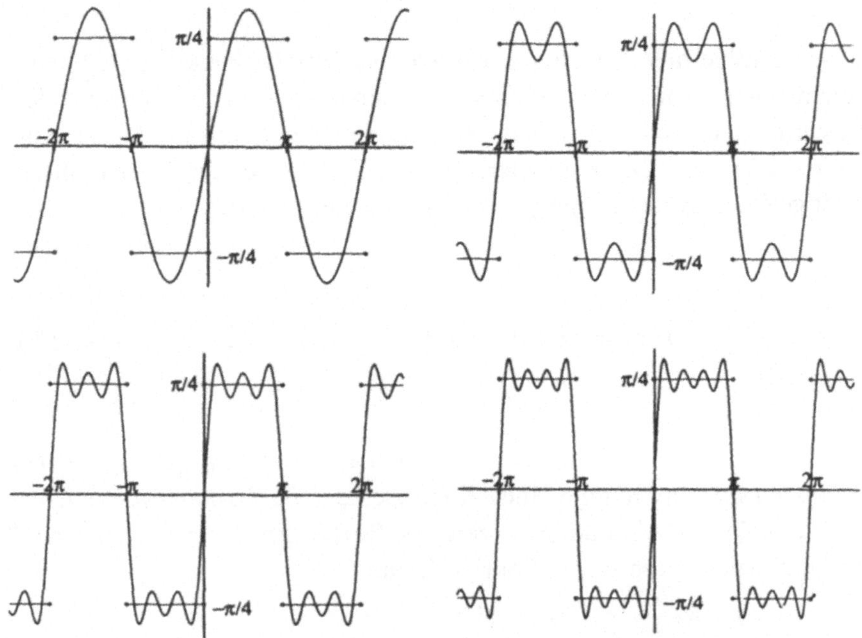

Abb. 7.2: Die Summe der ersten vier Fourier-Terme der Rechteckfunktion. Je mehr Glieder man nimmt, desto besser approximiert die Partialsumme die Funktion.

7.1 Überlegungen zum Konvergenzbegriff

Wir haben bewußt gesagt, daß sich *so gut wie* jede periodische Funktion durch eine Fourier-Reihe darstellen läßt. Schon im Jahr 1872 hat man nämlich die ersten Ausnahmen gefunden. Es gibt stetige Funktionen, bei denen die Fourier-Reihe in gewissen Punkten von der Funktion selbst abweicht. Einige sehr großzügige Mathematiker nennen auch solche Reihen noch konvergent. Bei einer bestimmten von Andrei Kolmogorov 1923 entdeckten Funktion, deren Fourier-Reihe überall divergiert, kommen allerdings selbst sie nicht umhin, Bedenken anzumelden.

Aber auch bei Fourier-Reihen, die gegen die darzustellende Funktion konvergieren, ist diese Konvergenz längst nicht immer so gut, wie man sich dies wünschen würde, und Außenstehenden wird die Konvergenz-Definition der Mathematiker sicher etwas seltsam anmuten. *Stückweise stetige* Funktionen von der Art der Rechteckfunktion (Funktionen also, die stetige Abschnitte mit dazwischenliegenden Unstetigkeitsstellen verbinden) sowie *stückweise differenzierbare* Funktionen (deren zwischen den Unstetigkeitsstellen liegende Abschnitte besonders glatt sind) haben, wie Gustave Lejeune Dirichlet zeigen konnte, *punktweise konvergente* Fourier-Reihen.

Das bedeutet: Sieht man von den unmittelbaren Umgebungen der Sprungstellen ab, konvergieren die Reihen auf den stetigen Teilabschnitten so, wie man es erwarten würde: Je mehr Terme man zu der Reihe hinzunimmt, desto besser schmiegt sie sich der Funktion an. Solche Reihen, die sich der Funktion in allen Punkten des Grundintervalls mit jedem neu hinzukommenden Term immer besser annähern, heißen *gleichmäßig* konvergent. An den Unstetigkeitsstellen kann dies offenbar nicht der Fall sein: Betrachtet man Abbildung 7.1, so kann die Reihe bei 2π offenbar nicht gleichzeitig gegen $\pi/4$ und $-\pi/4$ konvergieren; statt dessen konvergiert sie gegen den Mittelwert.

Dabei geschehen seltsame Dinge, und es bedarf schon einiger Kunstgriffe, wenn man die Reihe weiter konvergent nennen will. Abbildung 7.2 zeigt, wie der erste Fourier-Term der Rechteckfunktion quasi über die Funktion hinausschießt. Je mehr Terme man hinzunimmt, desto näher rückt das hinausschießende Stück an die Unstetigkeitsstellen heran, ohne aber jemals ganz zu verschwinden. Tatsächlich wird die Höhe des überschießenden Abschnitts nicht einmal wesentlich kleiner (stets etwa $1/10$ des Sprungs an der Unstetigkeitsstelle). Dieses *Gibbssche Phänomen* begrenzte z. B. die Genauigkeit der im 19. Jahrhundert üblichen mechanischen Erdbebenvoraussagegeräte, und es stellt bis heute ein Problem dar, etwa bei der Bildverarbeitung in der Medizin. Trotzdem enthält die Reihe die gesamte Information über die Funktion und gilt nach wie vor als *punktweise* konvergent: Irgendwann wird die Reihe in jedem Punkt einmal gegen die Funktion konvergieren, *nur eben nicht in allen Punkten gleichzeitig.*

Man kann sich des Gibbsschen Phänomens entledigen, indem man die Reihe in anderer Weise aufsummiert. Hervorgerufen wird das Überschießen nämlich durch das plötzliche Abschneiden der Fourier-Koeffizienten. An irgendeiner Stelle sagt jemand, jetzt ist es genug, und hört einfach auf, weitere Terme zur Reihe zu addieren. Das Problem verschwindet, wenn man „allmählich" aufhört, die Reihe aufzusummieren, indem man die neu hinzukommenden Terme immer kleiner macht. Eine in [48] dargestellte und hier im Anhang auf S. 279 wiedergegebene Möglichkeit, dieses Problem zu umgehen, führt gleichzeitig auf einen – im Vergleich zum Dirichletschen – wesentlich einfacheren Konvergenzbeweis für Fourier-Reihen. Allerdings macht das „allmähliche Ausschalten" der Summe die dem Algorithmus sonst eigene Effizienz zunichte. Hinzu kommt, daß man bei der Standard-Fourier-Analyse, wenn man mit der Approximation nicht zufrieden ist, einfach ein paar Terme mehr addieren kann. Beim allmählichen Ausschalten muß man dagegen die Reihe jedes Mal von Anfang an neu aufsummieren.

7.2 Divergente Reihen

So gut wie jede periodische Funktion besitzt eine Fourier-Reihe, doch nicht jede Sinus-Kosinus-Reihe stellt auch eine Funktion dar. Fallen die Koeffizienten nicht hinreichend schnell ab, wird die Reihe *divergieren* und kann dann keine Funktion mehr repräsentieren. Dies trifft z. B. auf die in Abbildung 7.3 gezeigte Funktion

$$\sin x + 3\sin 3x + 5\sin 5x + \ldots \tag{7.2}$$

zu. Ausgehend vom *Distributionsbegriff* entdeckten Laurent Schwartz und Israël Gelfand in den 50er Jahren einen neuen Zugang, um auch divergenten Reihen wie (7.2) einen bestimmten Sinn zu geben, was weitreichende Konsequenzen für die gesamte Theorie linearer Differentialgleichungen hatte.

Sowohl für die reine als auch für die angewandte Mathematik ist die Frage der Konvergenz von Fourier-Reihen von zentraler Bedeutung. So hatte gerade dieses Problem im 19. Jahrhundert alle Versuche zunichte gemacht, einen mathematischen Beweis für die Stabilität des Sonnensystems zu formulieren. Bei der Suche nach periodischen oder quasiperiodischen Lösungen einer bestimmten Problemstellung, also etwa der Frage, ob sich die Planeten unseres Sonnensystems in hunderttausend Jahren noch immer auf im wesentlichen denselben Bahnen bewegen werden wie heute, ist es ganz natürlich, die Lösung als Fourier-Reihe anzusetzen. Im Jahre 1878 schrieb Karl Weierstraß an die Mathematikerin Sophie Kovalevskaya, daß es ihm gelungen sei, eine Fourier-Reihe zu formulieren, deren Koeffizienten durch die Newtonschen Bewegungsgleichungen bestimmt seien ([87], S. 31); allerdings gelang es ihm nicht zu beweisen, daß die Reihe auch konvergiert.

Nachdem er sich drei weitere Jahre lang mit dem Problem auseinandergesetzt hatte, schrieb er an Sophie Kovalevskaya ([87], S. 33), daß er mehr und mehr zu der Überzeugung gelangt sei, daß die Lösung „völlig neue Zugänge" erfordern werde. „Schemenhaft sehe ich diese Wege schon vor meinem Auge, aber immer wie hinter einem Schleier verborgen. Hätte ich hier jemanden, mit dem ich Tag für Tag über diese Dinge reden könnte, würde mir manches vielleicht schon viel klarer erscheinen."

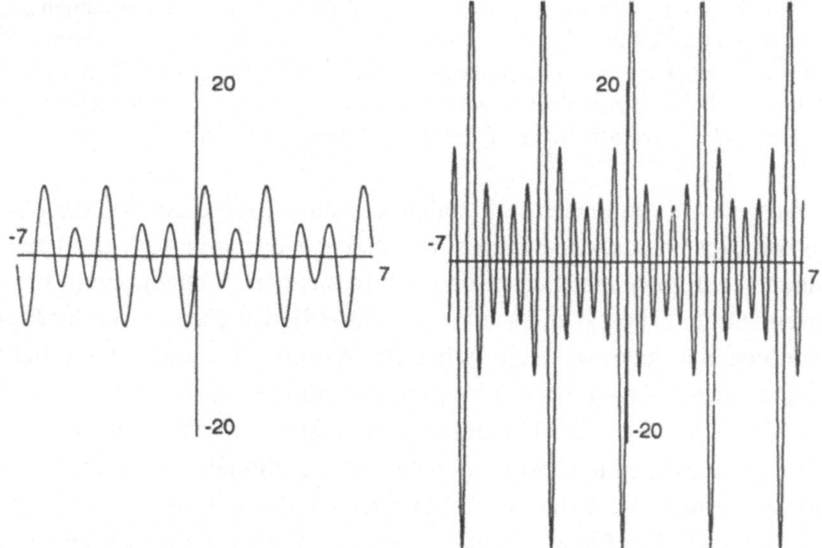

Abb. 7.3: Nicht alle Sinus-Kosinus-Reihen stellen Funktionen dar; manche, wie z. B. $\sin x + 3\sin 3x + 5\sin 5x + \ldots$, divergieren. Das linke Bild zeigt die Summe der ersten drei, das rechte die der ersten sechs Reihenglieder.

7.3　Kann der Saturn unser Sonnensystem verlassen?

Am meisten hängt das Schicksal unseres Sonnensystems von dem problematischen Planetenpaar Jupiter/Saturn ab, dessen Umlaufzeiten sich wie 2 : 5 verhalten. Während der Saturn die Sonne zweimal umrundet, legt Jupiter also fünf Umläufe zurück. Damit stehen beide Planeten in periodischen Abständen relativ zueinander an der gleichen Stelle, und es ist zu erwarten, daß sich Bahnabweichungen infolge der gegenseitigen Anziehung wie bei einem Kind, das man auf der Schaukel anstößt, verstärken.

Abb. 7.4: Karl Weierstraß, einer der großen Mathematiker des 19. Jahrhunderts, wollte mit Hilfe einer Fourier-Analyse nachweisen, daß das Sonnensystem ewig stabil bleibt. Es gelang ihm auch, Fourier-Reihen für die stabilen Umlaufbahnen zu formulieren; da die Reihen aber unendlich viele Koeffizienten mit sehr kleinen Nennern enthielten, war er nicht in der Lage, deren Konvergenz zu beweisen. Erst 1942 konnte man die Konvergenz einer solchen Reihe mit kleinen Nennern schlüssig zeigen. United Features Syndicate. ©1992. Genehmigter Abdruck.

Ausgehend von diesem rationalen Verhältnis, sagte der Physiker Jean-Baptiste Biot voraus, daß schon eine winzige Störung in einer der Umlaufbahnen von Jupiter und Saturn den Saturn aus dem Sonnensystem hinauswerfen würde. Erbost bemerkte Weierstraß [88], daß genausogut der Jupiter davonfliegen könnte, was „die Arbeit der Astronomen sogar wesentlich erleichtern würde, da gerade er die größten Störungen verursacht". Er wendete ein, daß die Stabilität der Umlaufbahnen nicht davon abhängig sein sollte, ob die Umlaufzeiten in einem rationalen oder irrationalen Verhältnis stehen. Und wer vermag überhaupt die Umlaufbahnen mit einer für diese Entscheidung erforderlichen Genauigkeit zu bestimmen? Dessenungeachtet sind die rationalen Verhältnisse auch in der Weierstraßschen Formulierung relevant und müssen in Betracht gezogen werden.

In der mathematischen Fassung des Problems manifestiert sich die Resonanz dieser beiden Planeten als das berühmt-berüchtigte Problem kleiner Nenner. Solange zwei Planeten die Sonne völlig unabhängig umkreisen, stehen Umlaufzeiten wie 2 : 5 völlig im Einklang mit den Newtonschen Bewegungsgleichungen. Berücksichtigt man dagegen ihre gegenseitige Gravitationsanziehung, enthält die den Umlauf beschreibende Fourier-Reihe unendlich viele Koeffizienten mit kleinen Nennern. Da solche Koeffizienten sehr groß werden können, stellt dies die Konvergenz der Reihe in Frage.

Weierstraß selbst hat nie zu beweisen vermocht, daß die Reihe konvergiert. Der erste Konvergenzbeweis für eine Reihe mit kleinen Nennern, eine wissenschaftliche Glanzleistung von Carl L. Siegel [76], gelang erst 1942.

7.4 Ein imaginäres Bankkonto

Um zu verstehen, was rationale Zahlen, kleine Nenner und Konvergenz miteinander zu tun haben, wollen wir folgende Frage betrachten: Gegeben sei eine periodische Funktion $f(t)$, deren Mittelwert über eine Periode null sei. Existiert dann eine mit der gleichen Periode p periodische Funktion $g(t)$, so daß

$$g(t) - g(t - p) = f(t) \tag{7.3}$$

ist?

Dies ist eine linearisierte Fassung des Jupiter-Saturn-Problems. Da sich Zahlen besser veranschaulichen lassen, wenn man sie als Geld deutet, wollen wir von einem imaginären Bankkonto ausgehen. Die Funktion $g(t)$ beschreibe den Kontostand zur Zeit t; das Konto unterliegt kontinuierlichen Bankbewegungen in Form von Einzahlungen und Abbuchungen. Die Funktion $g(t - p)$ beschreibt den Kontostand jeweils 24 Stunden zuvor (in Jahren ausgedrückt ist also $p \approx 1/365$.) Die vorgegebene Funktion $f(t)$ sagt zu jedem Zeitpunkt aus, wieviel Geld in den vergangenen 24 Stunden auf das Konto eingezahlt oder von diesem abgehoben wurde.

Da die Funktion $f(t)$ mit einer Periode von, sagen wir, einem Jahr periodisch sein soll, wird sich die Folge der Einzahlungen bzw. Abhebungen alljährlich wiederholen. Wenn wir also innerhalb eines bestimmten 24-Stunden-Tages 1000 Mark abheben, wird das, nachdem ein astronomisches Jahr vergangen ist, ebenfalls wieder der Fall sein, 100 Jahre später wiederum, usw. Ist es unter der Prämisse einer periodischen Funktion $f(t)$ möglich, daß sich der Kontostand $g(t)$ ebenfalls mit einer Periode von genau einem Jahr wiederholt? Auf solch einem Konto könnte sich wohl der Kontostand von einem Augenblick – oder auch einem Tag – zum nächsten ändern; der Gesamtablauf würde sich aber Jahr für Jahr bis in alle Ewigkeit wiederholen.

So wie Weierstraß wissen wollte, ob das Sonnensystem bis in alle Ewigkeit stabil bleibt, interessiert uns die Frage, ob unser Bankkonto bis in alle Ewigkeit stabil bleiben wird. Können wir sichergehen, daß wir niemals bankrott gehen (in die Sonne stürzen) oder Milliardäre werden (aus dem Sonnensystem hinausfliegen)?

Wir betrachten unendlich viele solcher Konten $g(t)$, die aber nicht notwendig periodisch sein müssen – gerade dies wollen wir vielmehr erst bestimmen. Bisher haben wir noch nichts über die Anfangsbedingungen gesagt. Um zu sehen, wieviel Geld in jedem Augenblick auf unserem Konto ist, müssen wir zunächst wissen, wieviel Geld wir in jedem Moment der ersten 24 Stunden haben. Danach können wir $g(t)$ anhand von Formel (7.3) berechnen. Während des ersten Tages können wir uns also beliebig viel Geld geben, oder, mit anderen Worten, wir müssen die Gesamtheit der unendlich vielen Möglichkeiten betrachten. Die Frage läßt sich dann auch so formulieren: Gibt es unter der Gesamtheit aller Bankkonten $g(t)$ mindestens eines, dessen Kontostand sich periodisch mit einer Periode von einem Jahr wiederholt? Kann es überhaupt periodische Lösungen geben?

Bei der Beantwortung dieser Frage wollen wir den gleichen Zugang wählen wie Weierstraß und seine Zeitgenossen beim Studium der Planetenbahnen. Wir fragen also: Läßt sich $g(t)$ als Fourier-Reihe schreiben? Konvergiert diese Reihe? Zuerst betrachten wir die Fourier-Koeffizienten von $g(t)$. Danach werden wir sehen, daß die Konvergenz dieser Reihe und damit die von uns gesuchte Lösung ganz wesentlich davon abhängt, ob bestimmte Zahlen rational oder irrational sind.

Der erste Schritt ist erstaunlich einfach. Wir schreiben $f(t)$ und $g(t)$ als Fourier-Reihe, wobei wir uns der Darstellung mit komplexen Exponenten bedienen:

$$f(t) = \sum_{n=-\infty}^{\infty} a_n e^{2\pi i n t}, \qquad g(t) = \sum_{n=-\infty}^{\infty} b_n e^{2\pi i n t}.$$

Während die Fourier-Koeffizienten a_n von $f(t)$ bekannt sind, müssen die b_n von $g(t)$ erst noch bestimmt werden. Gleichung (7.3) lautet dann

$$\sum_{n=-\infty}^{\infty} b_n e^{2\pi i n t} - \sum_{n=-\infty}^{\infty} b_n e^{2\pi i n(t-p)} = \sum_{n=-\infty}^{\infty} a_n e^{2\pi i n t}$$

oder

$$\sum_{n=-\infty}^{\infty} b_n (1 - e^{-2\pi i n p}) e^{2\pi i n t} = \sum_{n=-\infty}^{\infty} a_n e^{2\pi i n t}.$$

Damit zwei Fourier-Reihen gleich sind, müssen sie gliedweise übereinstimmen; dies führt auf

$$b_n = \frac{a_n}{1 - \mathrm{e}^{-2\pi i n p}}. \tag{7.4}$$

Damit ist der erste Teil der Aufgabe bereits gelöst: Die Fourier-Koeffizienten der gesuchten Funktion $g(t)$ sind jetzt bekannt. Nun müssen wir die Reihe aufsummieren, und gerade hier liegt das Problem. Alle Koeffizienten b_n haben im Nenner den unschönen Faktor $(1 - \mathrm{e}^{-2\pi i n p})$; für bestimmte n kann dieser Nenner sehr klein werden und bei rationalen p sogar ganz verschwinden.

Um uns hiervon zu überzeugen, zeichnen wir wie in Abbildung 7.5 einen Kreis vom Radius 1 in der komplexen Zahlenebene; der Punkt $(1, 0)$ entspricht also gerade der komplexen Zahl 1, und der Punkt $\mathrm{e}^{-2\pi i p}$ hat die Koordinaten $(\cos 2\pi p, -\sin 2\pi p)$. Ist p rational, d.h. $p = a/b$, so ist np ganz, wenn n ein ganzzahliges Vielfaches von b ist. In diesem Fall ist $\mathrm{e}^{-2\pi i n p} = 1$, und die Aufgabenstellung hat, da in (7.4) eine Null im Nenner steht, keine Lösung. Wir erinnern an $\mathrm{e}^{i\theta} = \cos\theta + \mathrm{i}\sin\theta$, d. h. $\mathrm{e}^{i\theta} = 1$ für $\theta = 2\pi$. Multipliziert man 2π noch mit einer ganzen Zahl k, entspricht dies k Umläufen auf dem Kreis, nach denen man schließlich wieder bei der Zahl 1 anlangt.

Was geschieht nun, wenn p irrational ist? Zwar existieren in diesem Fall die Koeffizienten b_n in Gleichung (7.4), aber Vorsicht ist auch hier geraten. Ist p irrational, entspricht np nicht mehr einer ganzzahligen Anzahl von Umläufen, kann einer ganzen Zahl aber doch beliebig nahekommen, wobei der Nenner $1 - \mathrm{e}^{-2\pi i n p}$ sehr klein wird. Zum Beispiel hat das astronomische Jahr nicht genau 365, sondern 365,24... Tage. Jeder 365. Koeffizient wird dann also einen kleinen Nenner und damit einen entsprechend großen Koeffizienten haben, und die Koeffizienten aller Vielfachen von $(365 \cdot 4) + 1 = 1461$ (da 1461 Tage ziemlich genau vier Jahre sind) werden noch um ein Vielfaches größer sein.

Durch diese kleinen Nenner $1 - \mathrm{e}^{-2\pi i n p}$ sind nun die a_n zu dividieren. Zwar müssen die a_n, um die Konvergenz von $f(t)$ zu sichern, für hinreichend große n ebenfalls klein werden; ob sie aber so schnell abfallen, daß die Reihe für $g(t)$ konvergiert, oder ob sich schließlich die kleinen Nenner durchsetzen, ist außerordentlich schwer zu entscheiden.

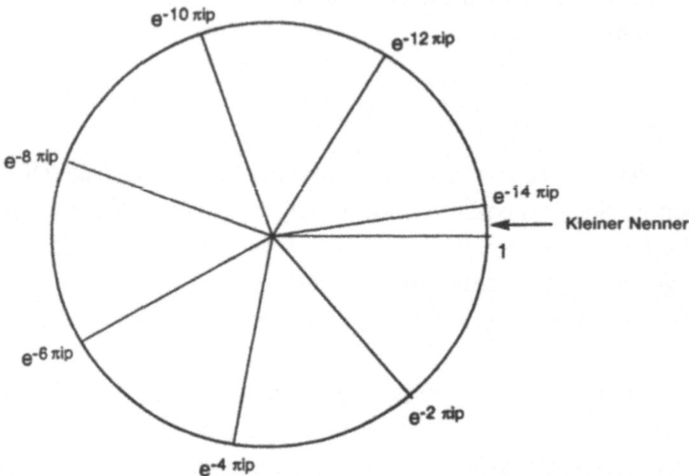

Abb. 7.5: Das Problem der kleinen bzw. verschwindenden Nenner kann man sich anhand eines Kreises vom Radius 1 in der komplexen Zahlenebene veranschaulichen. Der Punkt $e^{-2\pi ip}$ hat die Koordinaten $(\cos 2\pi p, -\sin 2\pi p)$. Ist p rational, d. h. $p = a/b$, und n ein Vielfaches von b, so ist np ganz und $e^{-2\pi inp} = 1$. In Gleichung (7.4) für die Fourier-Koeffizienten kommt dann eine Null in den Nenner zu stehen. Für irrationale p kann np einer ganzzahligen Anzahl von Umläufen niemals exakt entsprechen, aber beliebig nahekommen, wobei der Nenner $1 - e^{-2\pi inp}$ sehr klein wird. Die Frage, ob eine Reihe mit kleinen Nennern divergiert oder konvergiert, ist aber extrem schwierig zu beantworten.

7.5 Das KAM-Theorem

Was das Sonnensystem anbelangt, schien Weierstraß, insbesondere nachdem der für seine mathematische Strenge berühmte Dirichlet kurz vor seinem Tode 1859 erklärt hatte, er habe einen Weg zur näherungsweisen Lösung des n-Körper-Problems gefunden, zu der Auffassung zu neigen, daß die Reihe konvergiert ([68], S. 8). Dagegen stand die Auffassung George Birkhoffs, eines Amerikaners, und Henri Poincarés, eines Franzosen, daß die Reihe nicht konvergieren könne. Poincaré erhielt sogar 1885 einen vom schwedischen König verliehenen Preis für eine Arbeit, in der er nicht nur schon damals die meisten der heute bei der Behandlung dynamischer Systeme eingesetzten modernen Verfahren umriß, sondern auch den Nachweis erbringen wollte, daß es in einem n-Körper-System keine ewig stabilen Umlaufbahnen geben könne (genauer, daß diese Bahnen so selten sind, daß sie nur mit der Wahrscheinlichkeit null vorkommen).

Erste Hinweise, daß diese Schlußfolgerung nicht stimmen kann, gab es 1954, als Kolmogorov bei einem Vortrag vor dem Internationalen Mathematikerkongreß in Stockholm die Umrisse eines Beweises skizzierte, demzufolge die Umlaufbahnen (von Planeten, Teilchen usw.) auch dann stabil sein können, wenn *a priori* kein Anlaß dazu besteht, da die Stabilität nicht durch einen Erhaltungssatz bedingt ist. Vladimir Arnold und Jürgen Moser publizierten 1962 und 1963 detaillierte Beweise dieses Satzes.

Der heute als KAM-Theorem bezeichnete Satz gilt für alle nichtdissipativen (also reibungsfreien) Systeme der klassischen Mechanik. Wenn man sich solche Systeme als Konkurrenz von Ordnung und Unordnung vorstellt, besagt es, daß die Ordnung stärker als zuvor angenommen ist: Unter bestimmten Voraussetzungen sind solche Systeme von Natur aus stabil. Der Unterschied zwischen Stabilität und Chaos hängt von einer heiklen zahlentheoretischen Fragestellung ab, in welchem Umfang nämlich sich irrationale Zahlen durch rationale approximieren lassen. (Eine mathematische Diskussion des KAM-Theorems findet der Leser in [5] und [68], eine populäre Darstellung in [13].)

Keine erschöpfende Antwort gibt das KAM-Theorem allerdings auf die Frage der kleinen Nenner. So erhielt Jean-Christophe Yoccoz im August 1994 die Field-Medaille dafür, daß er bei einem ähnlich gelagerten Problem herausgefunden hatte, welche Fourier-Reihen konvergieren.

Kapitel 8

Die Integraldarstellung der Fourier-Koeffizienten

Um die Fourier-Koeffizienten einer 1-periodischen Funktion f zu berechnen, muß man die Funktion mit $\sin 2\pi kx$ bzw. $\cos 2\pi kx$ (Sinus und Kosinus ganzzahliger Frequenz) multiplizieren. Da sowohl $\sin 2\pi kx$ als auch $\cos 2\pi kx$ zwischen $+1$ und -1 oszilliert, entsteht bei der Multiplikation eine Funktion, deren Graph zwischen $+f$ und $-f$ schwankt.

Das Integral über dieses Produkt (die von der Produktfunktion eingeschlossene Fläche) ist der Fourier-Koeffizient der jeweiligen Frequenz. Dabei ist zu beachten, daß die negative Fläche (unterhalb der x-Achse) von der positiven (oberhalb der x-Achse) subtrahiert werden muß. Integriert wird über eine Periode der Funktion (hier von 0 bis 1, bei 2π-periodischen Funktionen von 0 bis 2π).

Die Fourier-Koeffizienten glatter Funktionen streben bei sehr hohen Frequenzen gegen null. Im Vergleich zu den raschen hochfrequenten Oszillationen ändert sich die Funktion nur langsam, so daß die eingeschlossenen negativen und positiven Flächen in der Tendenz etwa gleich groß sind; im Resultat bleiben dann nur sehr kleine Koeffizienten übrig. Nichtzutreffend ist dagegen die Behauptung, daß Fourier-Koeffizienten mit wachsender Frequenz generell kleiner werden müssen. So ist bei der unten dargestellten Funktion der Kosinus-Koeffizient der Frequenz 100 zwar klein, aber größer als der zur Frequenz 7. Alle Koeffizienten von $\cos nx$ mit ungeraden n verschwinden bei dieser Funktion!

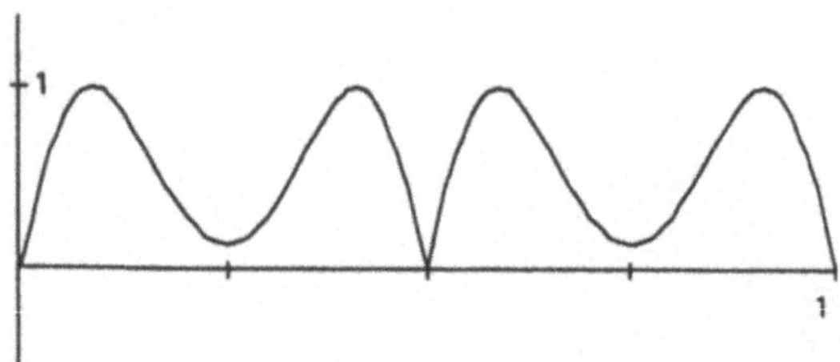

Abb. 8.1: Die Funktion $f(x) = |\sin(3\sin 2\pi x)|$.

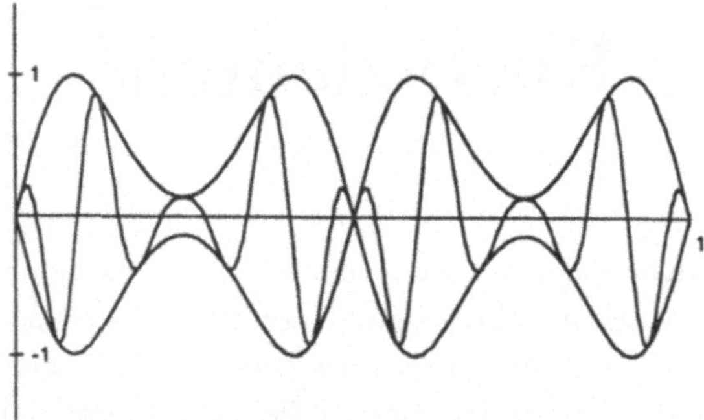

Abb. 8.2: Die Funktion $f(x) = \cos 8(2\pi x)$. Das Integral über diese Funktion, der Kosinus-Fourier-Koeffizient von f mit der Frequenz 8, ist $-0{,}2311$.

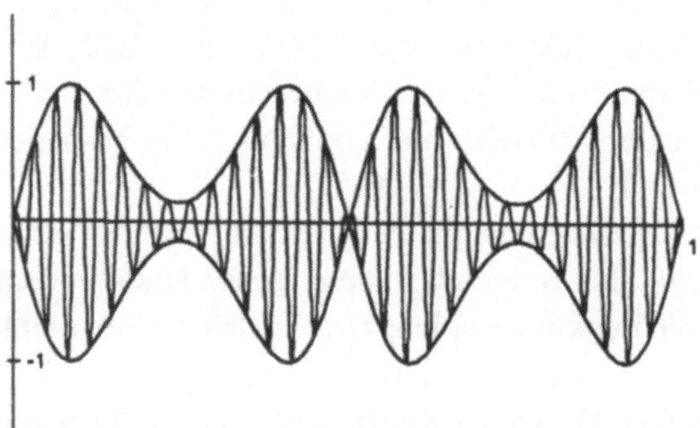

Abb. 8.3: Der Kosinus-Koeffizient der Frequenz 30 ist $-1{,}327 \cdot 10^{-2}$.

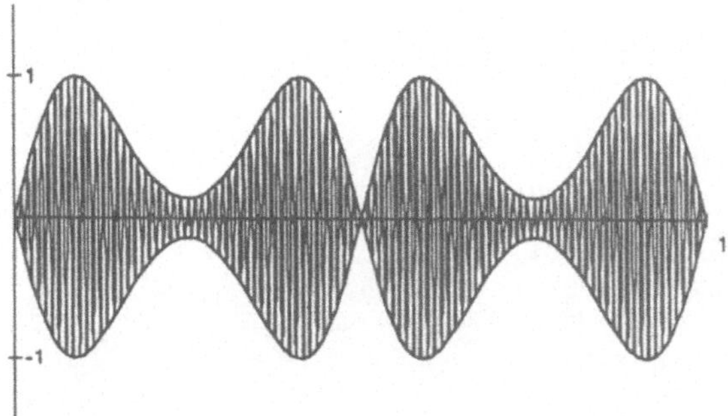

Abb. 8.4: Der Kosinus-Koeffizient der Frequenz 100 ist $-1{,}192 \cdot 10^{-3}$.

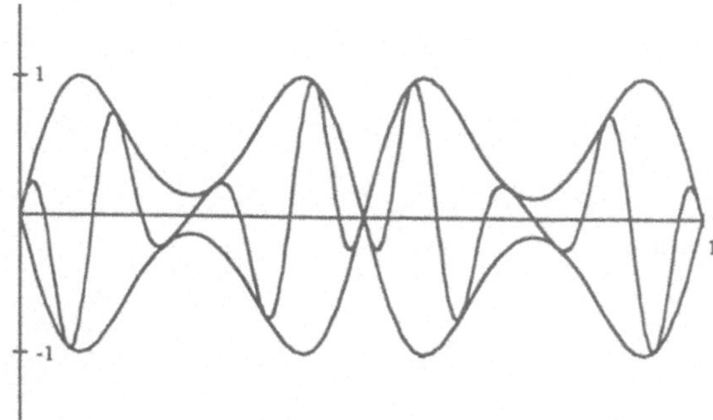

Abb. 8.5: Der Kosinus-Koeffizient der Frequenz 7 ist null.

Kapitel 9

Die schnelle Fourier-Transformation

Algorithmen sind Rechenvorschriften. Kinder, die lernen, wie man zweistellige Zahlen multipliziert oder beim Subtrahieren eine Ziffer „borgt", wenden Algorithmen an. Computer können mit Hilfe ausgeklügelter Algorithmen Rechnungen bewältigen, die sonst endlos lange dauern würden. Auch die schnelle Fourier-Transformation (abgekürzt nach dem englischen FFT = Fast Fourier Transform) ist ein moderner Algorithmus, ja vielleicht sogar der, der die größten Auswirkungen auf die Gesellschaft insgesamt hatte. Gilbert Strang, Mathematiker am Massachusetts Institute of Technology, schreibt: „Ganze Industriezweige springen durch diese Idee, die zunächst der reinen Mathematik entstammt, auf ein nie gekanntes Geschwindigkeitsniveau" ([79], S. 290).

Mit der FFT läßt sich die Anzahl der bei der Fourier-Transformation eines Signals mit n Stützstellen (Zahlenwerten) nötigen Rechenschritte von n^2 auf $n \log n$ reduzieren. Die Zahl $\log_b n$, der Logarithmus von n zur Basis b, ist diejenige Potenz der Basis, die n ergibt; so ist $\log_2 4 = 2$ wegen $2^2 = 4$, $\log_2 8 = 3$ wegen $2^3 = 8$ und $\log_{10} 100 = 2$ wegen $10^2 = 100$. Mit anderen Worten, $\log_b n$ stimmt in etwa mit der Anzahl der Stellen von n in der Basis b überein: $\log_{10} 1\,000 = 3$; $\log_{10} 374\,113 \approx 5{,}57$; $\log_{10} 1\,000\,000 = 6$.

Je größer n ist, desto größer ist auch der Geschwindigkeitsgewinn. Für $n = 2^{10} = 1024$ ist $n^2 = 1\,048\,576$ und $n \log_2 n = 1024 \cdot 10 = 10\,240$; beide Zahlen unterscheiden sich um einen Faktor 100. Für $n = 2^{20} = 1\,048\,576$ ist dagegen schon $n^2 = 1\,099\,511\,627\,776$, aber nur $n \log_2 n = 20\,971\,520$; hier unterscheiden sich die Ergebnisse bereits um den Faktor 50\,000. Mit der schnellen Fourier-Transformation und einem guten Computer kann man π in weniger als einer Stunde auf eine Milliarde Stellen genau berechnen; derselbe Computer ohne schnelle Fourier-Transformation würde hierfür 10 000 Jahre benötigen.

Die der schnellen Fourier-Transformation zugrundeliegende Idee geht auf Carl Friedrich Gauß zurück, der diese vermutlich im Jahre 1805, also noch zwei Jahre, bevor Fourier seine Denkschrift der Pariser Akademie der Wissenschaften vorgelegt hatte, formulierte; allerdings wurde die Arbeit erst nach Gauß' Tod publiziert. (Bezüglich der wissenschaftshistorischen Aspekte siehe [46].) Wiederentdeckt und als Computerprogramm verwendet wurde der Algorithmus 1965 durch James Cooley und John Tukey.

„So wie bei der schnellen Wavelet-Transformation und den meisten effizienten Algorithmen überhaupt handelt es sich dabei um ein ‚Teile-und-herrsche-Verfahren'" (Martin Vetterli, University of California, Berkeley). Eine (in [79] beschriebene) Möglichkeit, die FFT zu verstehen, beruht auf der raffinierten Faktorisierung einer speziellen Matrix. Wer jemals die Matrizenmultiplikation lernen mußte, ohne recht zu wissen warum, findet hier eine mögliche Antwort. (Manche Mathematiker und Ingenieure beschreiben die FFT auch als Aufspalten einer Einzelsumme in Doppelsummen; diesen eher traditionellen Zugang findet man z. B. in [29].)

9.1   Die langsame Fourier-Transformation

Zunächst berechnen wir einige Fourier-Koeffizienten ohne FFT, wobei wir zur Vereinfachung komplexe Zahlen verwenden wollen. c_k sei der Fourier-Koeffizient des Signals $f(x)$ zur Frequenz k; er besagt, mit welchem Gewicht die Frequenz k in dem Signal enthalten ist. Im Abschnitt „Die Fourier-Transformation" haben wir vereinbart, Frequenzen bei Fourier-Reihen mit k und bei Fourier-Transformationen mit ξ bzw. τ zu bezeichnen, wobei wir uns daran orientierten, daß k konventionsgemäß für ganzzahlige und ξ und τ für kontinuierliche Variable verwendet wird. Da die schnelle Fourier-Transformation eine diskrete Transformation ist, verwenden wir hier k. Wir betrachten ein Signal $f(x)$, das auf dem Intervall $0 \leq x \leq 1$ gegeben sei. Die Formel für die Fourier-Koeffizienten lautet dann

$$c_k = \int_0^1 f(x)\mathrm{e}^{2\pi \mathrm{i}kx}\mathrm{d}x. \tag{9.1}$$

Die hier stehende Integration ist durchaus nicht trivial. In einigen Fällen gibt es Formeln, die exakte Zahlenwerte liefern, häufiger jedoch ist man auf Näherungen angewiesen. Um diese herzuleiten, tastet man das Signal in regelmäßigen Abständen ab und berechnet den Mittelwert, indem man die beim Abtasten gewonnenen Werte mit dem zu der betreffenden Frequenz gehörigen Exponentialfaktor multipliziert, alle Produkte addiert und die Summe durch die Anzahl der Stützstellen dividiert. Wir beschränken uns hier willkürlich auf den Fall, daß die Anzahl der Frequenzen mit der der Stützstellen übereinstimmt; der Algorithmus funktioniert dann besonders gut.

Mathematisch formuliert bedeutet das: Die Signalperiode ist in 2^N Abschnitte zu unterteilen und das Signal bei den Punkten $j/2^N$ für $j = 0, 1, \ldots, 2^N-1$ abzutasten. Anschließend wird der Exponentialfaktor mit der Frequenz k in jedem Punkt $j/2^N$ mit dem gemessenen Signal multipliziert. Da die Anzahl der Frequenzen vereinbarungsgemäß mit der der Stützstellen übereinstimmt, läuft k ebenfalls von 0 bis $2^N - 1$. Nun werden die bei den verschiedenen Frequenzen berechneten Produkte addiert und das Ergebnis durch 2^N dividiert, d. h.

$$c_k = \frac{1}{2^N} \sum_{j=0}^{2^N-1} f\left(\frac{j}{2^N}\right) e^{2\pi i k \frac{j}{2^N}}, \quad k = 0, 1, \ldots, 2^N-1. \tag{9.2}$$

Wir betrachten ein einfaches Beispiel, etwa $N = 2$. In diesem Fall sind vier Koeffizienten c_k ($k = 0, 1, 2, 3$) zu berechnen. Wir benötigen vier Signal-Abtastpunkte, die (entsprechend $j/2^N$ für $j = 0, 1, 2, 3$) bei $0, 1/4, 1/2$ und $3/4$ liegen. Als Signal wählen wir die Funktion $f(x) = x^2$; die Funktionswerte $f(j/2^N)$ lauten dann $(j/4)^2$. Für jede Frequenz müssen wir über vier Terme summieren,

1. für $j = 0$ $(0)^2 e^{2\pi i k \frac{0}{4}} = 0,$
2. für $j = 1$ $(\frac{1}{4})^2 e^{2\pi i k \frac{1}{4}} = \frac{1}{16} e^{\pi i k \frac{1}{2}},$
3. für $j = 2$ $(\frac{2}{4})^2 e^{2\pi i k \frac{2}{4}} = \frac{1}{4} e^{\pi i k},$
4. für $j = 3$ $(\frac{3}{4})^2 e^{2\pi i k \frac{3}{4}} = \frac{9}{16} e^{3\pi i k \frac{1}{2}}.$

Nun wollen wir die Koeffizienten tatsächlich ausrechnen. Bei der Frequenz $k = 0$ steht im Exponenten eine Null, und da jede Zahl hoch null eins ergibt, lautet der Koeffizient c_0

$$c_0 = \frac{1}{4}\left(0 + \frac{1}{16} + \frac{1}{4} + \frac{9}{16}\right) = \frac{14}{64}.$$

Der Koeffizient für $k = 1$ ist nicht ganz so leicht zu berechnen. Wir verwenden die Formel $e^{\pi i/2} = i$ (eine direkte Konsequenz der im Kapitel *Die*

Fourier-Transformation auf S. 122 erwähnten Relation $e^{i\theta} = \cos\theta + i\sin\theta$)
und erhalten so

$$c_1 = \frac{1}{4}\left(0 + \frac{i}{16} - \frac{1}{4} - \frac{9i}{16}\right) = \frac{1}{4}\left(-\frac{1}{4} - \frac{i}{2}\right) = -\frac{1}{8}\left(i + \frac{1}{2}\right).$$

Die anderen Koeffizienten ergeben sich analog.

Fourier-Koeffizienten nach diesem Schema zu berechnen ist zwar prinzipiell nicht schwierig, im Detail aber recht mühsam. Außerdem dürfte es in der Praxis kaum ausreichen, vier Frequenzen an vier Punkten zu messen; realistischer sind schon $2^{10} = 1024$ Stützstellen. Für jede dieser 1024 Frequenzen hat man 1024 Produkte aufzusummieren, das heißt, eine einzige Transformation erfordert über eine Million Rechenschritte. Wer würde da nicht entmutigt aufgeben?

9.2   Eine kürzere Formulierung durch Matrizen

Wir wollen versuchen, das Verfahren mit Hilfe von Matrizen zu vereinfachen. Matrizen sind rechteckige Zahlenschemata; ihre Multiplikation ist zwar nicht besonders kompliziert, aber doch etwas gewöhnungsbedürftig. Zwei Matrizen A und B lassen sich nur dann multiplizieren, wenn die Anzahl der Spalten von A mit der der Zeilen von B übereinstimmt. Zur Reihenfolge: Es kann durchaus möglich sein, daß zwar AB, nicht aber BA gebildet werden kann. Doch selbst wenn A und B genausoviel Spalten und Zeilen haben, stimmen AB und BA im allgemeinen nicht überein.

Im untenstehenden Beispiel ergibt sich das erste Element der Produktmatrix AB (rechts unten), indem man nacheinander alle Elemente der ersten Zeile von A (links) mit den Elementen der ersten Spalte von B (rechts oben) multipliziert und die Ergebnisse aufsummiert: $(-1 \cdot 1) + (1 \cdot -1) + (0 \cdot 1)$. Die (auch als *Skalarprodukt* bezeichnete) Summe ist -2.

$$\begin{array}{cc} & \begin{bmatrix} B \end{bmatrix} \\ \begin{bmatrix} A \end{bmatrix} & \begin{bmatrix} AB \end{bmatrix} \end{array} \qquad \begin{array}{cc} & \begin{bmatrix} 1 & 0 & 1 \\ -1 & 2 & 1 \\ 1 & 1 & 0 \end{bmatrix} \\ \begin{bmatrix} -1 & 1 & 0 \\ 2 & 3 & 2 \end{bmatrix} & \begin{bmatrix} -2 & 2 & 0 \\ 1 & 8 & 5 \end{bmatrix} \end{array}$$

Danach kommt die erste Zeile von A und die zweite Spalte von B an die Reihe, $(-1 \cdot 0) + (1 \cdot 2) + (0 \cdot 1) = 2\ldots$ Unsere Schreibweise, B über

AB zu notieren, ist allgemein nicht üblich. Insbesondere bei großen Matrizen macht sie die Rechnung aber übersichtlicher: Das Skalarprodukt der *i*ten Zeile von *A* mit der *j*ten Spalte von *B* steht dann am Schnittpunkt der Zeile mit der Spalte.

Nun können wir dazu übergehen, (9.2) als Matrixgleichung zu formulieren (Abbildung 9.1). In die Matrix *A*, die wir nach Fourier mit F_{2^N} bezeichnen wollen, schreiben wir die Zahlen $e^{2\pi i k \frac{j}{2^N}}$, wobei *j* der horizontale und *k* der vertikale Laufindex ist. Die (da sie nur eine Spalte enthält, häufig auch als Vektor bezeichnete) Matrix *B* enthält die an den Punkten $j/2^N$ $(j = 0, 1, \dots, 2^N{-}1)$ genommenen Abtastwerte des Signals. Um die Koeffizienten $c_0, c_1, \dots, c_{2^N-1}$ zu erhalten, muß man das Produkt der beiden Matrizen dann nur noch durch 2^N dividieren.

$$
\begin{bmatrix} f(\frac{0}{2^N}) \\ f(\frac{1}{2^N}) \\ \dots \\ f(\frac{2^N-1}{2^N}) \end{bmatrix}
$$

$$
\begin{bmatrix} e^{2\pi i 0 \frac{0}{2^N}} & e^{2\pi i 0 \frac{1}{2^N}} & \dots & e^{2\pi i 0 \frac{2^N-1}{2^N}} \\ e^{2\pi i 1 \frac{0}{2^N}} & e^{2\pi i 1 \frac{1}{2^N}} & \dots & e^{2\pi i 1 \frac{2^N-1}{2^N}} \\ \dots & \dots & \dots & \dots \\ e^{2\pi i (2^N-1)\frac{0}{2^N}} & \dots & \dots & e^{2\pi i \frac{(2^N-1)(2^N-1)}{2^N}} \end{bmatrix}
\begin{bmatrix} 2^N c_0 \\ 2^N c_1 \\ \dots \\ 2^N c_{2^N-1} \end{bmatrix}
$$

Abb. 9.1: Zum Berechnen von Fourier-Koeffizienten über Matrizen. Die Matrix oben rechts enthält die durch Abtasten des Signals gewonnenen Stützstellen, die Matrix unten links die Exponentialfaktoren $e^{2\pi i k \frac{j}{2^N}}$. Die rechts unten stehende Produktmatrix enthält die Fourier-Koeffizienten, multipliziert mit 2^N.

9.3 Eine raffinierte Faktorisierung

Für sich genommen, nützt die eben durchgeführte Übung im Matrizenrechnen gar nichts. Die Matrix F_{2^N} hat 2^{2N} (für den recht realistischen Fall $N = 10$ also 2^{20}) Elemente, und um die Fourier-Koeffizienten zu berechnen, sind nach wie vor 2^{20}, d. h. mehr als eine Million Rechenschritte erforderlich. Der Trick bei der FFT besteht darin, die Matrix F_{2^N} in drei andere Matrizen zu zerlegen.

Die Grundidee besteht darin, die zu multiplizierenden Zahlen so umzustellen, daß man Wiederholungen der gleichen Rechenschritte vermeidet.

Ein Schulkind, dem man die Aufgabe stellt, $9\,996\,496 \cdot 8\,426\,735$ schriftlich zu multiplizieren, kann sich die Sache dadurch vereinfachen, daß es die zweite Zahl an erster Stelle schreibt, $8\,426\,735$ nur einmal mit 9 multipliziert und das Produkt mehrfach verwendet. Beim Berechnen der Fourier-Transformation durch Multiplizieren der $k$ten Frequenz mit dem $j$ten Abtastpunkt tritt das Produkt kj nämlich mehrfach auf. So ist zum Beispiel für $kj = 24$

$$kj = (1 \cdot 24) = (24 \cdot 1) = (2 \cdot 12) = (12 \cdot 2) = (3 \cdot 8) = \ldots$$

Auch Gauß stieß bei seinem Versuch, die Umlaufbahnen der Asteroiden zu bestimmen, auf solche Matrizen, und er versuchte, deren Übereinstimmung geschickt auszunutzen. Ausgehend von der Annahme, daß die Umlaufbahn als trigonometrische Summe geschrieben werden kann, sowie von der Kenntnis der Asteroidenbahnen zu gewissen Zeitpunkten, wollte er die dazwischenliegenden Positionen durch Interpolation bestimmen. Den Orbit hat man sich dabei als abgetastetes Signal vorzustellen. Gauß bestimmte, ausgehend von den Stützstellen die Reihenkoeffizienten, gewissermaßen die Fourier-Transformierte, um anschließend durch Umkehrung der Transformation das Polynom selbst zu berechnen. Die heutige Terminologie verwendete er damals freilich noch nicht. Durch den dabei entwickelten Algorithmus „reduzieren sich die ermüdenden Berechnungen ganz wesentlich", schrieb er in einer von ihm selbst nie publizierten Arbeit ([40], S. 307). (Der Gaußsche Aufsatz ist in Latein verfaßt; eine englische Übertragung findet sich in [41].)

Gauß schrieb seinen Algorithmus selbst nicht als Matrix-Faktorisierung (Matrizen finden sich erstmals in einer von Arthur Cayley veröffentlichten Arbeit 1858 [9]). Notiert man ihn aber in Matrixform, lautet er

$$[F_{2^N}] = \underbrace{\begin{bmatrix} I_{2^{N-1}} & D_{2^{N-1}} \\ I_{2^{N-1}} & -D_{2^{N-1}} \end{bmatrix}}_{[1]} \underbrace{\begin{bmatrix} F_{2^{N-1}} & 0 \\ 0 & F_{2^{N-1}} \end{bmatrix}}_{[2]} \underbrace{\begin{bmatrix} \text{Mischer} \end{bmatrix}}_{[3]}$$

Die Matrix [1], die erste dieser faktorisierten Matrizen, enthält vier Untermatrizen (I, D, I und $-D$.), die sämtlich nur schwach besetzt sind: Bis auf die Hauptdiagonale sind alle Elemente 0. In den mit I (= Identität) bezeichneten Untermatrizen sind alle Hauptdiagonalelemente 1. Zum Beispiel ist für

$N = 3$ und $\omega = e^{2\pi i/2^N}$

$$[I_{2^{N-1}}] = \begin{bmatrix} 1 & 0 & 0 & 0 \\ 0 & 1 & 0 & 0 \\ 0 & 0 & 1 & 0 \\ 0 & 0 & 0 & 1 \end{bmatrix} \quad \text{und} \quad [D_{2^{N-1}}] = \begin{bmatrix} \omega^0 & 0 & 0 & 0 \\ 0 & \omega^1 & 0 & 0 \\ 0 & 0 & \omega^2 & 0 \\ 0 & 0 & 0 & \omega^3 \end{bmatrix}.$$

Der zweite Matrixfaktor [2] ist halbleer und hat nur halb soviel nichtverschwindende Elemente wie die Ausgangsmatrix F_{2^N}. Die dritte Faktormatrix [3] wirkt als „Mischer". Abbildung 9.2 zeigt, wie die Mischermatrix die Elemente eines Vektors (d. h. die durch Abtasten des Signals gewonnenen Stützstellen) umordnen kann, ohne aber deren Werte zu ändern. Man denke etwa an das Mischen eines Kartenspiels. Genaugenommen handelt es sich eher um ein „Entmischen"; die Matrix nimmt jede zweite „Karte" – die geraden Vektorkomponenten – und „legt sie auf die obere Hälfte des Kartenstocks". Abbildung 9.2 zeigt eine 8×8-Mischermatrix, die die acht Abtastpunkte s_0 bis s_7 mischt. Hier haben wir die herkömmliche Darstellung der Matrizenmultiplikation verwendet.

$$\begin{bmatrix} 1 & 0 & 0 & 0 & 0 & 0 & 0 & 0 \\ 0 & 0 & 1 & 0 & 0 & 0 & 0 & 0 \\ 0 & 0 & 0 & 0 & 1 & 0 & 0 & 0 \\ 0 & 0 & 0 & 0 & 0 & 0 & 1 & 0 \\ 0 & 1 & 0 & 0 & 0 & 0 & 0 & 0 \\ 0 & 0 & 0 & 1 & 0 & 0 & 0 & 0 \\ 0 & 0 & 0 & 0 & 0 & 1 & 0 & 0 \\ 0 & 0 & 0 & 0 & 0 & 0 & 0 & 1 \end{bmatrix} \begin{bmatrix} s_0 \\ s_1 \\ s_2 \\ s_3 \\ s_4 \\ s_5 \\ s_6 \\ s_7 \end{bmatrix} = \begin{bmatrix} s_0 \\ s_2 \\ s_4 \\ s_0 \\ s_1 \\ s_3 \\ s_5 \\ s_7 \end{bmatrix}$$

Abb. 9.2: Ein Beispiel für den Mischvorgang. Die erste Matrix, die Mischermatrix, „entmischt" die Matrixelemente s_0 bis s_7 der zweiten Matrix, so daß die geraden Elemente (s_0, s_2 etc.) oben und die ungeraden (s_1, s_3 etc.) unten stehen.

Diese Faktorisierung reduziert den Rechenaufwand bei der Fourier-Transformation etwa um die Hälfte. Anstelle einer Million Rechenschritte haben wir jetzt eine halbe Million, $2 \cdot (512 \cdot 512)$ für die beiden Untermatrizen der Matrix [2] und $1\,000$ für die Matrix [1]. Das Mischen wird häufig nicht mitgezählt, sondern zum Verwaltungsaufwand gerechnet. Hält man sich vor Augen, daß der Verwaltungsaufwand für die Drittmittelforschung an Universitäten um die 40 Prozent liegt, scheint das keine sehr kluge Entscheidung zu sein. In jedem Fall sind mit der Aussage, man benötige zum Berechnen einer Fourier-Transformation mit der FFT $n \log n$ Rechenschritte, immer $cn \log n$ Rechenschritte gemeint, wobei die Konstante c von der konkreten Rechnung abhängt.

Aber warum an dieser Stelle abbrechen? Die beiden Untermatrizen der Matrix [2] lassen sich ja wieder auf die gleiche Weise faktorisieren, wobei neue Untermatrizen mit jeweils $2^{N-2} = 2^8 = 256$ Elementen entstehen, die selbst wieder faktorisierbar sind ... Die Anzahl der Rechenschritte nimmt dabei in 10 Schritten (wegen $N = 10$) schlagartig ab:

1. Von 1 Million auf $\frac{1}{2}$ Million $+ \approx 1000$,
2. ... auf $\frac{1}{4}$ Million $+ \approx 1000 + \approx 1000 = \frac{1}{4}$ Million $+ \approx 2000$,

...

10. ... auf $\frac{1}{1024}$ Million $+ \approx 10\,000 \approx 11\,000$.

Müßte man die Rechnung von Hand ausführen, wäre auch dies noch ziemlich viel; mit dem Aufkommen der Computer wurde die FFT aber zu einem mächtigen Hilfsmittel.

Kapitel 10

Die kontinuierliche Wavelet-Transformation

Bei der kontinuierlichen Wavelet-Transformation erzeugt man, ausgehend von einer Funktion ψ („psi"), in der Praxis von der Gestalt einer kleinen Welle, eine Schar von Wavelets $\psi(at + b)$ mit zwei reellen Zahlen a und b, wobei a die Funktion ψ dehnt oder staucht (Dilatation), während b sie verschiebt (Translation). Auch wenn manchmal der Begriff „kontinuierliche Wavelets" gebraucht wird, bezieht sich das Wort *kontinuierlich* nicht auf die Wavelets, sondern auf die Transformation.

Die kontinuierliche Wavelet-Transformation überführt ein Signal $f(t)$ in eine Funktion zweier Variabler (Skale und Zeit), die wir $c(a, b)$ nennen wollen,

$$c(a, b) = \int_{-\infty}^{\infty} f(t)\psi(at + b)\mathrm{d}t.$$

Theoretisch ist die Transformation unendlich redundant; trotzdem kann sie von Nutzen sein, um bestimmte Charakteristika des Signals zu erfassen. Außerdem ist die extreme Redundanz weit weniger problematisch, als es zunächst den Anschein haben könnte. Verschiedene Forscher haben Wege gefunden, auch redundanten Transformierten die wesentlichen Informationen zu entnehmen.

Bei einem dieser Verfahren wird die redundante Transformation auf ihr *Skelett* reduziert. Bruno Torrésani vom französischen Centre National de Recherche Scientifique, Universität Aix-Marseille II, charakterisiert dies so, daß bei bestimmten Signalen die gesamte signifikante Information in gewissen Kurven enthalten ist, die eine Art „Rückgrat" bilden. Im wesentlichen sind das diejenigen Punkte der Zeit-Frequenz-Ebene, in denen „die natürliche Frequenz des verschobenen und gestreckten Wavelets mit der lokalen Frequenz bzw. einer der lokalen Frequenzen in diesem Punkt übereinstimmt". Diese „Rückgrate" bilden das Skelett der Transformation.

Bei gemeinsamen Arbeiten mit Richard Kronland-Martinet in Marseille und Bernard Escudié in Lyon fand Torrésani Algorithmen, die die Redundanz der kontinuierlichen Wavelet-Transformation ausnutzen, um möglichst rasch das Skelett zu bestimmen (siehe [82], [22]).

Neben Richard Kronland-Martinet haben in Marseille verschiedene andere an diesem Verfahren gearbeitet, so z. B. Nathalie Delprat, Philippe Guilleman und Philippe Tchamitchian, der es auf die Musik anwandte, sowie Caroline Gonnet, die gemeinsam mit Torésani die Skelette von Bildern untersuchte [42]. Jean-Michel Innocent versucht im Rahmen des französisch-italienischen VIRGO-Projekts mit derartigen Algorithmen Gravitationswellen, wie sie zum Beispiel von kollabierenden Sternen ausgesandt werden, nachzuweisen. Diese von der Allgemeinen Relativitätstheorie vorausgesagten Gravitationswellen sind bisher noch nie beobachtet worden. „Das größte Problem besteht darin, das Signal von dem enormen Hintergrundrauschen zu trennen", stellt Torrésani fest, der sich auch mit Fragen der Skelette bei starkem Rauschen beschäftigt.

Das Skelettverfahren funktioniert gut bei Signalen mit geringer Bandbreite, zum Beispiel bestimmten Sprachaufzeichnungen. Bei solchen Signalen kann man jedem Signalpunkt eine wohldefinierte Frequenz (bzw. mehrere wohldefinierte Frequenzen) zuordnen. Bei Signalen, die Singularitäten aufweisen, an denen sich das Signal also wie bei Bildkonturen schlagartig ändert, ist das nicht mehr der Fall. Für derartige Signale entdeckten aber Stéphane Mallat und Wen Liang Hwang vom Courant Institute for Mathematical Sciences [59] eine alternative Möglichkeit, redundante Transformierte zu behandeln, indem sie die maximalen Wavelet-Koeffizienten, die sogenannten *Wavelet-Maxima*, berechneten (siehe S. 86). Darüber hinaus fanden Mallat und Sifen Zhong [61] auch einen Weg, Signale anhand ihrer Wavelet-Maxima zu rekonstruieren.

10.1 Diskrete Wavelet-Transformationen

Bei diskreten Wavelet-Transformationen werden die Wavelets lediglich um diskrete Zahlenwerte verschoben oder gestreckt. Beim Strecken verwendet man meist den (manchmal dyadisch genannten) Faktor 2, d. h. ausschließlich

Wavelets der Gestalt

$$\psi(2^k t + l)$$

mit ganzzahligen k und l.

Orthogonale Wavelets (vergleiche die Abschnitte *Orthogonalität und Skalarprodukt*, S. 159, sowie *Mehrfachauflösung*, S. 171) sind Spezialfälle solcher diskreter Wavelets. *A priori* sind sie wesentlich schwerer zu konstruieren, führen aber auf eine Darstellung, die keinerlei Redundanz enthält und in deren Rahmen sich schnelle Algorithmen auf ganz natürliche Weise ergeben.

Kapitel 11

Orthogonalität und Skalarprodukt

Demjenigen, der mit Konzepten wie Fourier-Analyse und Wavelets noch nicht so vertraut ist, könnten einige Feststellungen im Haupteil des Buches etwas fragwürdig erscheinen.

Dort hatten wir festgestellt, daß bei der Fourier-Transformation Signale bezüglich der Frequenz und bei der Wavelet-Transformation durch Vergleich mit Wavelets unterschiedlicher Größe bezüglich der Skale zerlegt werden. In beiden Fällen geschah dies durch Integration: Das Signal wird mit der Analysefunktion (Sinus/Kosinus bzw. Wavelets) multipliziert, und anschließend wird über das Produkt integriert.

Wer sagt aber, daß sich Signale durch das Berechnen solcher Integrale überhaupt zerlegen lassen? Bereits ein flüchtiger Blick in irgendein Buch über Signalverarbeitung oder Wavelets zeigt, daß die Mathematiker und Ingenieure sagen, daß sie Fourier- oder Wavelet-Koeffizienten über *Skalarprodukte* des Signals mit der Analysefunktion berechnen. (Um die Verwirrung komplett zu machen, wird das gleiche Produkt manchmal auch Punkt- oder inneres Produkt genannt.) Wie kommen sie eigentlich auf die Idee, Integrationen als Punkt-, Skalar- oder inneres Produkt zu bezeichnen?

Wir hatten auch schon von orthogonalen Wavelets gehört, die seinerzeit wesentlich schwerer zu konstruieren waren als die der kontinuierlichen Wavelet-Transformation. Dafür bieten sie den Vorteil (und die Nachteile) einer sehr knappen Darstellung und ermöglichen eine perfekte Rekonstruktion des Ausgangssignals. Ein Blick ins Wörterbuch sagt uns, daß „orthogonal" soviel wie „senkrecht aufeinanderstehend" bedeutet. Wie können aber

Wavelets senkrecht aufeinanderstehen? Und was haben rechte Winkel mit der Signalkodierung zu tun?

Auf genau diese Fragen soll dieses Kapitel eine Antwort geben. Dabei werden wir besser verstehen lernen, warum man sich besonders für orthogonale Transformationen interessiert. Kompaktheit ist aber nicht das einzige Ziel; bei genauer Betrachtung gibt es sogar einige nichtorthogonale diskrete Transformationen, die ebenso kompakt sind. Vielmehr erleichtern die geometrischen Eigenschaften orthogonaler Wavelets das Berechnen der Transformation: Nur bei ihnen ergibt sich nämlich jeder Koeffizient aus einem einzigen Skalarprodukt, und dessen Berechnung ist unabhängig von den anderen in die Transformation eingehenden Koeffizienten.

Um dies zu verstehen, wollen wir auf geometrische Vorstellungen zurückgreifen, die in zwei und drei Dimensionen unmittelbar einsichtig sind, zumindest wenn man davon ausgeht, daß die Vektoraddition und das Berechnen von Skalarprodukten bekannt sind. Die gleichen Grundvorstellungen lassen sich aber auch auf höherdimensionale Funktionenräume übertragen, wo sie naturgemäß weit weniger anschaulich, dafür aber um so mächtiger sind. In diesem Kontext stellt man sich eine einzelne Funktion oder ein Signal als Punkt in einem unendlich-dimensionalen Funktionenraum vor. Wen dies seltsam anmutet, der befindet sich durchaus in guter Gesellschaft. Zwar ist den heutigen Mathematikern diese Vorstellung in Fleisch und Blut übergegangen, doch frühere Mathematiker-Generationen taten sich sehr schwer damit. Heutzutage ist es ein wichtiger Meilenstein in der Ausbildung eines jungen Mathematikers, daß er lernt, Funktionen auf diese Weise – als Elemente eines *Funktionenraums* und nicht als irgendeine einzelne Formel – zu sehen.

11.1 Funktionen als Punkte eines unendlich-dimensionalen Raumes

Ein Punkt einer Geraden ist durch eine einzelne Zahl charakterisiert, ein Punkt der Ebene durch zwei (die beiden Koordinaten) und ein Punkt des dreidimensionalen Raumes schließlich durch drei. Um Funktionen definieren zu können, muß man die Gesamtheit ihrer Funktionswerte, also unendlich viele Zahlen, kennen. Somit läßt sich jede Funktion, insbesondere also ein Wavelet oder ein Signal, als Einzelpunkt eines unendlich-dimensionalen Raumes vorstellen.

Jeder Punkt eines n-dimensionalen Raumes kann durch seine Projektion auf n Achsen charakterisiert werden. In zwei oder drei Dimensionen läßt sich das sehr leicht veranschaulichen. In der Schule geht man dabei gewöhnlich von senkrecht aufeinanderstehenden (orthogonalen) Achsen aus. Zeichnet man eine beim Punkt $(3, 5)$ beginnende Gerade senkrecht zur x-Achse, wird sie diese im Punkt 3 schneiden. Man sagt dann, daß die Projektion des Punktes auf die x-Achse 3 ist. Ganz analog ergibt die Projektion auf die y-Achse 5.

Wenn wir im folgenden von Funktionen eines unendlich-dimensionalen Raumes sprechen, wollen wir uns des gleichen geometrischen Vokabulars bedienen. Gegeben ist ein bestimmtes Signal, das wir je nach seiner Herkunft (Musik, Bilder ...) oder beabsichtigten Weiterverarbeitung (Analyse, Kompression ...) mit Hilfe einer Fourier-Analyse, mit Wavelets oder auch unter Verwendung einer anderen Basis[1] zerlegen wollen.

Jede Basisfunktion legt eine Achsrichtung fest; eine Basis zu wählen ist also gleichbedeutend mit der Wahl eines Achsensystems. Ein Signal zu zerlegen wiederum bedeutet, es vermittels Projektion auf die unendlich vielen Basisachsen durch seine ebenfalls unendlich vielen Koordinaten darzustellen. Die (Wavelet-, Fourier-, etc.) Komponenten geben dann an, wo man bei der Projektion die Achsen schneidet. Eine Basis heißt *orthogonal*, wenn alle ihre Funktionen – und damit die Achsen, auf die das Signal zu projizieren ist – paarweise senkrecht aufeinanderstehen.

Natürlich setzt diese Sprechweise voraus, daß die Begriffe *Länge* und *Winkel* in höheren Dimensionen überhaupt einen Sinn haben, was von vornherein nicht selbstverständlich ist. Um diese geometrische Ausdrucksweise noch zu vertiefen, wollen wir einen *Punkt* mit dem vom Ursprung zu ihm hin zeigenden *Vektor* identifizieren. Doch selbst diese Terminologie vorausgesetzt, welche Bedeutung soll man der Länge eines 17dimensionalen Vektors oder dem Winkel zwischen zwei Vektoren in einem unendlich-dimensionalen Raum zumessen?

Erst das Skalarprodukt versetzt uns in die Lage, in solchen Räumen eine Geometrie zu definieren.

---

[1] Als *Basis* bezeichnet man eine Schar zur Analyse verwendeter Funktionen – also beispielsweise ein „Mutter"-Wavelet gemeinsam mit den durch Dehnen und Verschieben daraus abgeleiteten Funktionen – mit deren Hilfe sich beliebige Signale zerlegen lassen. Es gibt unendlich viele verschiedene Wavelet-Basen, von denen jede aus einem anderen Mutter-Wavelet hervorgeht.

11.2 Skalarprodukte

Das Skalarprodukt $\langle \vec{a}, \vec{b} \rangle$ zweier n-dimensionaler Vektoren $\vec{a}$ und $\vec{b}$ lautet

$$\langle \vec{a}, \vec{b} \rangle = \left\langle \begin{bmatrix} a_1 \\ a_2 \\ \vdots \\ a_n \end{bmatrix}, \begin{bmatrix} b_1 \\ b_2 \\ \vdots \\ b_n \end{bmatrix} \right\rangle = a_1 b_1 + a_2 b_2 + \ldots + a_n b_n. \tag{11.1}$$

Ist z.B. $\vec{a}$ der Punkt $(3, 6, 1)$ und $\vec{b}$ der Punkt $(2, 5, 3)$, erhält man das Skalarprodukt $\langle \vec{a}, \vec{b} \rangle = 6 + 30 + 3 = 39$. Wir möchten besonders drauf hinweisen, daß das Skalarprodukt, gelegentlich auch als *Punkt-* oder *inneres* Produkt bezeichnet, nicht etwa ein Vektor, sondern eine *Zahl* ist. Im Zusammenhang mit der Matrizenmultiplikation haben wir im Abschnitt *Die schnelle Fourier-Transformation* schon einmal vom Skalarprodukt Gebrauch gemacht.

Man kann sich unschwer vorstellen, wie die Definition des Skalarprodukts (11.1) auf höhere Dimensionen zu verallgemeinern ist – die Spalten werden länger, und auch die Berechnungen benötigen etwas mehr Zeit, prinzipiell bereitet das Ausrechnen von Skalarprodukten in 10 oder auch 100 Dimensionen aber keine Schwierigkeiten.

Längen und Winkel in höheren Dimensionen zu veranschaulichen ist dagegen schon schwieriger; insofern war unsere Forderung, daß unendlich viele Basisfunktionen senkrecht aufeinanderstehen sollen, reichlich vermessen. Im Verein mit zwei weiteren Formeln, denen wir uns nun zuwenden wollen, gestattet aber Gleichung (11.1), die bekannten geometrischen Vorstellungen auf höhere Dimensionen zu übertragen. In zwei und drei Dimensionen sind die Formeln (11.2) und (11.3) beweisbar, während sie in höheren Dimensionen Definitionen darstellen. Gleichung (11.2) besagt, daß die Länge eines Vektors die Quadratwurzel aus dessen Skalarprodukt mit sich selbst ist,

$$|\vec{a}| = \sqrt{\langle \vec{a}, \vec{a} \rangle}. \tag{11.2}$$

($|\vec{a}|$ bezeichnet die Länge des Vektors $\vec{a}$. In zwei und drei Dimensionen ist dies nichts anderes als eine Spielart des Satzes des Pythagoras: Der Vektor $\vec{a}$ mit den Koordinaten (x, y) bildet die Hypotenuse eines rechtwinkligen Dreiecks, dessen beide Katheten die Längen x und y haben. Nach Gleichung (11.1) ist also $\langle \vec{a}, \vec{a} \rangle = x^2 + y^2$.)

Die folgende Formel (11.3) definiert den Winkel θ zwischen zwei Vektoren $\vec{a}$ und $\vec{b}$:

$$\langle \vec{a}, \vec{b} \rangle = |\vec{a}||\vec{b}|\cos\theta. \tag{11.3}$$

(Wegen $\cos\theta \leq 1$ führt dies geradewegs auf die Schwarzsche Ungleichung $|\vec{v}|^2|\vec{w}|^2 \geq |\langle\vec{v},\vec{w}\rangle|^2$, die beim Beweis der Heisenbergschen Unschärferelation auf Seite 270 eine wichtige Rolle spielen wird. Wegen $\cos 90° = 0$ folgt weiter, daß das Skalarprodukt zweier zueinander senkrechter Vektoren verschwindet.)

In höheren Dimensionen müssen Begriffe wie Länge und Winkel, die in zwei Dimensionen völlig einsichtig sind, definiert werden. Da wir nicht in der Lage sind, uns siebzehn- oder gar unendlich-dimensionale Räume vorzustellen, müssen wir Analogien heranziehen. Gleichung (11.1), die sich leicht auf höhere Dimensionen verallgemeinern läßt, hilft, die zunächst kühn anmutende Idee zu akzeptieren, daß sich die aus niederen Dimensionen vertrauten Beziehungen willkürfrei auf höherdimensionale Räume übertragen lassen.

11.3 Skalarprodukte und Entwicklungskoeffizienten

Wir wollen nun zeigen, wie sich die Entwicklungskoeffizienten von *Orthonormaltransformationen* allein durch ein Skalarprodukt zweier Vektoren, des Signals und eines Basiselements, berechnen lassen. (*Orthonormalbasen* sind orthogonale Basen, deren Basiselemente sämtlich auf die Länge 1 normiert sind.) Die Rechnung gestaltet sich relativ einfach, da sie für jedes Basiselement für sich, unabhängig von den anderen Elementen, ausgeführt werden kann und jeder Koeffizient lediglich Informationen kodiert, die nicht noch einmal an anderer Stelle kodiert werden müssen.

Zunächt wollen wir ein einfaches Beispiel betrachten. In Abbildung 11.1 wird ein Signal (der Vektor $\vec{s}$) in zwei Dimensionen nach der von den beiden Elementen $\vec{w}_1$ und $\vec{w}_2$ gebildeten Orthonormalbasis zerlegt. Bei den Basisvektoren kann es sich um Wavelets, ebensogut aber auch um Elemente irgendeiner anderen Basis, die mit Wavelets nicht das geringste zu tun hat, handeln.[2] Wir projizieren das Signal auf die Achsen, deren Richtung durch

---

[2]Ein Beweis, daß die trigonometrischen Funktionen eine Orthonormalbasis bilden, findet sich im Anhang auf Seite 279.

die Basiselemente vorgegeben ist. Dabei entstehen zwei ebenfalls vom Ursprung ausgehende Vektoren $\vec{v}_1$ und $\vec{v}_2$, und es gilt $\vec{s} = \vec{v}_1 + \vec{v}_2$.

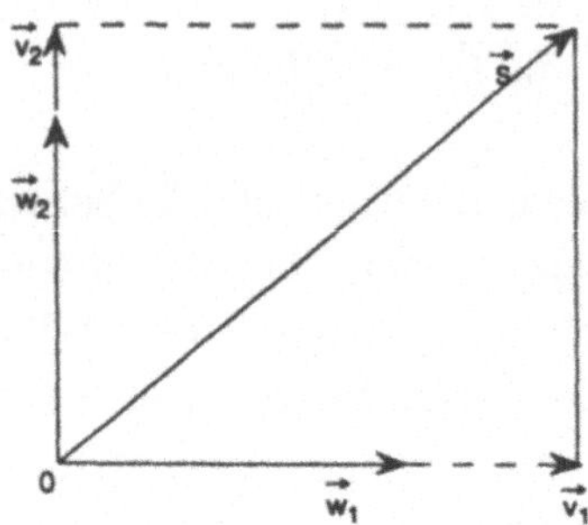

Abb. 11.1: Ein Signal (der Vektor $\vec{s}$) wird in zwei Dimensionen nach einer von den beiden Vektoren $\vec{w}_1$ und $\vec{w}_2$ aufgespannten Orthonormalbasis zerlegt. Projiziert man das Signal auf die in Richtung der Basiselemente zeigenden Achsen, erhält man zwei neue Vektoren $\vec{v}_1$ und $\vec{v}_2$, deren Summe das Signal ergibt, $\vec{s} = \vec{v}_1 + \vec{v}_2$.

Das Berechnen der Koeffizienten c_1 und c_2 läuft darauf hinaus, die Vektoren $\vec{v}_1$ und $\vec{v}_2$ durch die Basiselemente auszudrücken,

$$\vec{s} = \vec{v}_1 + \vec{v}_2 = c_1\vec{w}_1 + c_2\vec{w}_2. \tag{11.4}$$

Zur Erinnerung: Zwei Vektoren in der Ebene werden addiert, indem man ihre Koordinaten addiert. Die Summe der beiden x-Koordinaten ergibt die x-Koordinate und die Summe der beiden y-Komponenten die y-Komponente des Summenvektors. Der so erhaltene Summenvektor ist die Diagonale des von den beiden Ausgangsvektoren aufgespannten Parallelogramms, $\vec{a} + \vec{b} = \vec{c}$ (Abbildung 11.2). Eine analoge Relation gilt auch in drei und mehr Dimensionen.

Nunmehr läßt sich leicht zeigen, daß die Entwicklungskoeffizienten von Orthonormaltransformationen Skalarprodukte des Signals mit jeweils einem Basiselement, $c_1 = \langle \vec{w}_1, \vec{s} \rangle$, sind. Hierzu bilden wir auf beiden Seiten von Gleichung (11.4) das Skalarprodukt mit $\vec{w}_1$,

$$\langle \vec{s}, \vec{w}_1 \rangle = \langle (c_1\vec{w}_1 + c_2\vec{w}_2), \vec{w}_1 \rangle = c_1\langle \vec{w}_1, \vec{w}_1 \rangle + c_2\langle \vec{w}_2, \vec{w}_1 \rangle. \tag{11.5}$$

Da die Basis orthonormal ist, haben die Vektoren $\vec{w}_1$ und $\vec{w}_2$ die Länge 1; aus (11.2) folgt dann $\langle \vec{w}_1, \vec{w}_1 \rangle = 1$. Weiter ist das Skalarprodukt zweier orthogonaler Vektoren 0, so daß $\langle \vec{w}_2, \vec{w}_1 \rangle = 0$ ist, und damit wird Gleichung (11.5) zu

$$\langle \vec{s}, \vec{w}_1 \rangle = c_1.$$

Zwar besteht die Basis hier nur aus zwei Elementen; doch auch wenn es unendlich viele wären, würde das Skalarprodukt von $\vec{w}_1$ mit jedem der anderen Basisvektoren 0 und das von $\vec{w}_1$ mit sich selbst weiter 1 sein. Auch in diesem Fall bleibt es also bei $\langle \vec{s}, \vec{w}_1 \rangle = c_1$. Trotzdem wir die Problemstellung der Einfachheit halber in zwei Dimensionen betrachtet haben, haben wir also gleichzeitig die reale Situation eines Signals in einem n-dimensionalen Raum erfaßt.

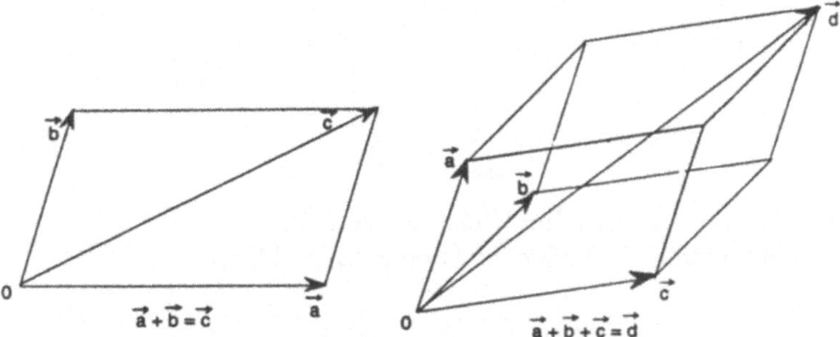

Abb. 11.2: Vektoren werden addiert, indem man ihre Koordinaten addiert, so daß ein neuer Vektor entsteht. In zwei Dimensionen ist der Summenvektor die Diagonale des von den beiden Ausgangsvektoren aufgespannten Parallelogramms, in drei Dimensionen die Diagonale des von den drei Ausgangsvektoren aufgespannten Parallelepipeds.

11.4   Und was wird aus den Integralen?

Wie wir eben gesehen haben, lassen sich die Koeffizienten von Orthonormaltransformationen jeweils mit Hilfe eines einzigen Skalarprodukts berechnen. Bereits zuvor hatten wir erwähnt, daß Wavelet-Koeffizienten durch Integration berechnet werden können. Beides ist richtig, weil Skalarprodukt und Integral im wesentlichen auf dasselbe hinauslaufen.

Wir wollen einen Fall betrachten, bei dem Skalarprodukt und Integral sogar exakt übereinstimmen, Funktionen $f(x)$, die im Intervall $0 \leq t \leq n$ definiert und – mit eventueller Ausnahme der ganzen Zahlen – konstant sind. Derartige Balkendiagramme finden häufig Verwendung, etwa bei Grafiken zur jährlichen Industrieproduktion u. a. Wir stellen uns also eine Funktion f vor, die die jährliche Stahlproduktion repräsentiert, sowie eine weitere Funktion g für den jährlichen mittleren Tonnenpreis (Abbildung 11.3). (Aus offensichtlichen Gründen haben wir es vorgezogen, die Maßeinheiten für Gewicht und Preis wegzulassen.) Das Integral

$$\int_0^6 f(t)g(t)\,\mathrm{d}t$$

ergibt den Gesamtwert des in diesen sechs Jahren produzierten Stahls.

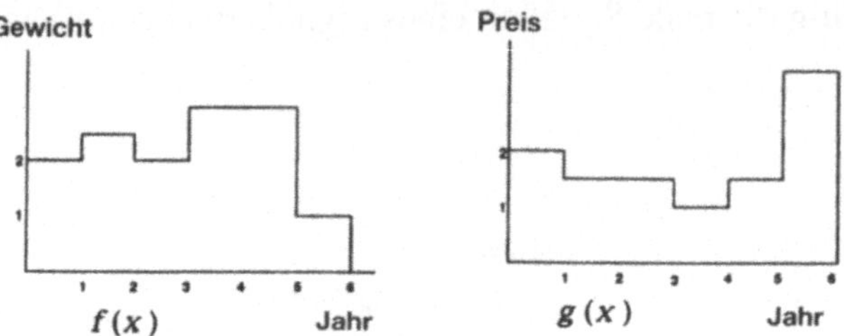

Abb. 11.3: Die links dargestellte Funktion f zeigt die Stahlproduktion über einen Zeitraum von 6 Jahren, die rechte Funktion g den Stahlpreis.

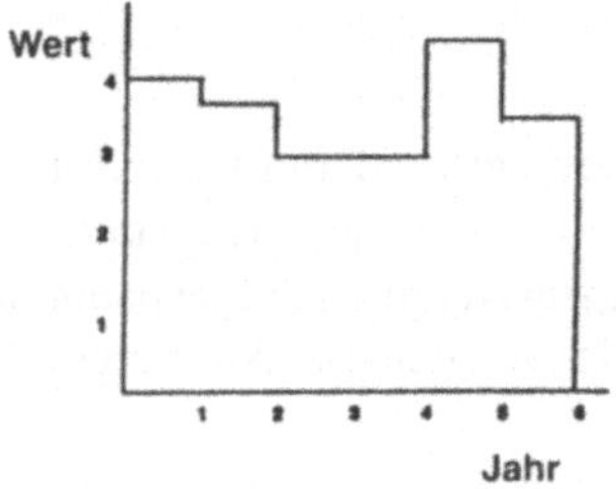

Abb. 11.4: Das Integral über das Produkt $f(t)g(t)$ ergibt den Gesamtwert des in diesen sechs Jahren produzierten Stahls.

Die gleiche Information enthält auch das Skalarprodukt

$$\langle \vec{f}, \vec{g} \rangle = \left\langle \begin{bmatrix} 2 \\ 2{,}5 \\ 2 \\ 3 \\ 3 \\ 1 \end{bmatrix}, \begin{bmatrix} 2 \\ 1{,}5 \\ 1{,}5 \\ 1 \\ 1{,}5 \\ 3{,}5 \end{bmatrix} \right\rangle = 4 + 3{,}75 + 3 + 3 + 4{,}5 + 3{,}5 = 21{,}75.$$

In diesem Fall sind Integral und Skalarprodukt also sogar identisch. Somit ist auch das Integral über ein Produkt zweier Funktionen äquivalent zum Skalarprodukt dieser Funktionen. Geometrisch kann man das Ergebnis als „Fläche unter der Kurve" interpretieren; bei der Rechnung selbst, letzten Endes einer Reihe von Multiplikationen und Additionen, tritt dieser Aspekt allerdings in den Hintergrund. Das Beispiel legt nahe, das Skalarprodukt über dem Raum der auf dem Intervall $[a, b]$ definierten Funktionen (genauer gesagt, dem Raum $L^2[a, b]$ quadratintegrabler Funktionen) durch

$$\langle f, g \rangle = \int_a^b f(t)g(t)\mathrm{d}t$$

zu definieren. Der Begriff der „Länge" einer Funktion – etwa eines Wavelets – hat also überhaupt nichts Anschauliches mehr. Die „Länge" einer Funktion ist die Quadratwurzel aus dem Integral über deren Quadrat. Hält man die „Länge" also konstant, muß die Funktion, wenn sie in der Höhe zunimmt, gleichzeitig schmaler werden.

11.5 Nichtorthogonale Basen

Um wirklich schätzen zu lernen, was es heißt, einen Wavelet-Koeffizienten durch ein einziges Skalarprodukt zu berechnen, wollen wir ein Signal nach einer Basis zerlegen, die zwar ebenfalls diskret, nicht aber orthogonal ist. In diesem Fall läßt sich die Ausgangsfunktion nicht mehr über die als Skalarprodukt des Signals mit den Basisfunktionen berechneten Koeffizienten rekonstruieren. Zwar gibt das Skalarprodukt des Signals $\vec{s}$ mit der Basisfunktion $\vec{w}_1$, wie Abbildung 11.5 zeigt, immer noch den Koeffizienten c_1, ebenso wie das Skalarprodukt von $\vec{s}$ mit $\vec{w}_2$ weiter den Koeffizienten c_2 liefert. Aber die Summe $c_1\vec{w}_1 + c_2\vec{w}_2$ ergibt einen Vektor $\vec{v}_1 + \vec{v}_2$, der *nicht* mehr mit dem Signalvektor $\vec{s}$ übereinstimmt.

Um dennoch das Signal rekonstruieren zu können, müssen wir zwei andere Vektoren $\vec{v}_1$ und $\vec{v}_2$ mit $\vec{v}_1 + \vec{v}_2 = \vec{s}$ suchen. Allerdings lassen sich die Koeffizienten, mit deren Hilfe wir $\vec{v}_1$ und $\vec{v}_2$ durch $\vec{w}_1$ und $\vec{w}_2$ ausdrücken, nicht mehr als einzelnes Skalarprodukt schreiben. Dazu zeichnen wir wie in Abbildung 11.6 die (nichtsenkrechte) Projektion von $\vec{s}$ auf $\vec{w}_2$ parallel zu $\vec{w}_1$. Beim Berechnen eines einzelnen Koeffizienten müssen dann alle Basisvektoren berücksichtigt werden. In zwei Dimensionen ist das kein wirkliches Problem: Um zwei Koeffizienten zu berechnen, muß man ein aus zwei Gleichungen bestehendes gekoppeltes lineares Gleichungssystem für zwei Variable lösen. In n Dimensionen dagegen hat man ein System von n gekoppelten linearen Gleichungen für n Variable, dessen Lösung etwa n^3 Rechenschritte erfordert.

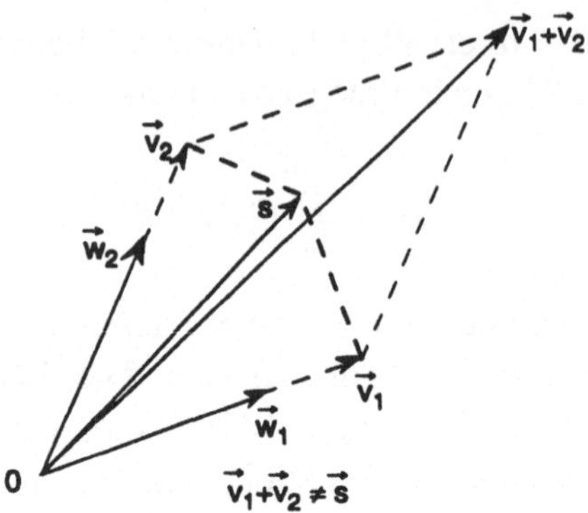

Abb. 11.5: Bei nichtorthogonalen Basen läßt sich das Ausgangssignal nicht mehr durch Berechnen der Skalarprodukte des Signals mit den Basisfunktionen rekonstruieren. Die beiden Basisfunktionen $\vec{w}_1$ und $\vec{w}_2$ sind nicht orthogonal. Wenn man das Signal $\vec{s}$ auf die Achsen projiziert, erhält man zwei neue Vektoren $\vec{v}_1$ und $\vec{v}_2$, deren Summe nicht mehr mit $\vec{s}$ übereinstimmt.

Die Tatsache, daß bei nichtorthogonalen Basen bei der Berechnung eines einzelnen Koeffizienten alle Basisvektoren ins Spiel kommen, macht sich auch störend bemerkbar, wenn man Quantisierungsfehler (grob gesagt, Rundungsfehler[3]) berechnen oder korrigieren will. Bei Orthogonalbasen kann man (über die Parsevalsche Gleichung) die „Energie" des Gesamtfehlers berechnen, indem man die Energien der einzelnen Koeffizienten addiert, ohne das Signal dazu rekonstruieren zu müssen. Darüber hinaus ist der Fehler jedes Koeffizienten unabhängig von denen der anderen. Bei nichtorthogonalen Basen muß man erst das Signal rekonstruieren, um den Fehler abschätzen zu können, und die Abschätzung der „Teilfehler" ist heikel: Sobald man nur einen der Koeffizienten verändert, tangiert dies auch alle anderen.

---

[3] Die Wahl des Wortes *Quantisierung* ist in diesem Zusammenhang nicht besonders glücklich, da der gleiche Begriff in der Quantenmechanik schon in ganz anderer Bedeutung gebraucht wird. (Zum Beispiel quantisiert man einen harmonischen Oszillator, indem man ein quantenmechanisches System daraus macht.) Bei der Signalverarbeitung dagegen heißt Quantisierung, Zahlen mit sehr vielen Dezimalstellen die aus einer vorgegebenen Menge nächstgelegene Zahl zuzuordnen. Handelt es sich dabei z. B. um die Menge der ganzen Zahlen oder der Zahlen mit zwei Nachkommastellen, bedeutet Quantisierung dasselbe wie Rundung. Ingrid Daubechies zufolge sind „die Quantisierungsniveaus, wie man die Zahlen dieser Menge auch nennt, bei den meisten Anwendungen allerdings nicht äquidistant. Um optimale Ergebnisse zu erzielen, muß man ziemlich viel Mühe und ein hohes Maß an Problemverständnis in die Wahl geeigneter Quantisierungsniveaus investieren."

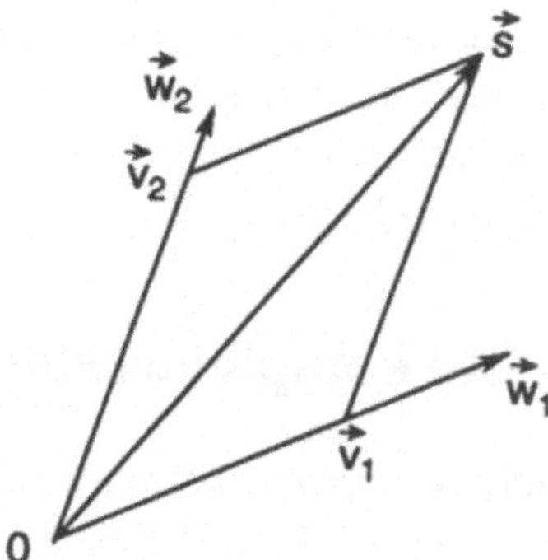

Abb. 11.6: Zur Rekonstruktion des Signals über eine nichtorthogonale Zerlegung; es ist $\vec{v}_1 + \vec{v}_2 = \vec{s}$. Will man die Projektion von $\vec{s}$ auf $\vec{w}_1$ einzeichnen, muß man diese parallel zu $\vec{w}_2$ legen. Beim Berechnen eines einzigen Koeffizienten sind alle Basisvektoren zu berücksichtigen. In höheren Dimensionen bringt dies einen beträchtlichen Aufwand und – schlimmer noch – große Probleme mit Quantisierungsfehlern mit sich: So hat man in n Dimensionen ein aus n Gleichungen bestehendes gekoppeltes lineares Gleichungssystem für n Variable zu lösen, was n^3 Rechenschritte erfordert.

11.6 Weiteres zur Redundanz

Der Redundanz-Begriff ist durchaus dazu angetan, etwas Verwirrung zu stiften. Grundsätzlich muß man dabei unterscheiden zwischen Orthonormal- und kontinuierlichen Transformationen; bei letzteren wird, wie Yves Meyer es einmal ausdrückte, „alles zehnmal gesagt". Bei Orthonormalbasen ist die in einem bestimmten Vektor kodierte Information nirgends anders noch einmal kodiert. Wird aus der Transformierten ein einzelner Vektor entfernt, führt dies unweigerlich zum Informationsverlust. Eine solch gedrängte Darstellung kann durchaus erstrebenswert sein; bei Informationen aber, die besonders wertvoll oder kostspielig sind, kann es riskant sein, auf Orthonormaltransformation zu vertrauen. Bei kontinuierlichen Transformationen kommt es Meyer zufolge dagegen „auf einen Druckfehler überhaupt nicht an. Handelt es sich allerdings um Fehler in einem kurzen Text, etwa einem chinesischen Gedicht, ist man verloren."

Andererseits sind Orthonormaltransformationen auch nur spezielle diskrete Transformationen, die sich alle nur durch den Kompaktheitsgrad unterscheiden. Es gibt diskrete, nichtorthogonale Transformationen, die genauso kompakt sind. Darüber hinaus können, wie wir auch bei der Diskussion des Verfahrens der optimalen Basis auf Seite 249 sehen werden, selbst bei Orthonormaltransformationen Redundanzen vorkommen, die ihre Ursache in statistischen Signalkorrelationen haben.

11.7 Skalarprodukte komplexwertiger Vektoren

Bei der Verwendung komplexwertiger Vektoren, etwa zum Beweis der Heisenbergschen Unschärferelation auf Seite 203, ist die Definition des Skalarprodukts leicht zu modifizieren. Sind die Koordinaten von $\vec{a}$ und $\vec{b}$ komplex, gilt

$$\langle \vec{a}, \vec{b} \rangle = \left\langle \begin{bmatrix} a_1 \\ a_2 \\ \vdots \\ a_n \end{bmatrix}, \begin{bmatrix} b_1 \\ b_2 \\ \vdots \\ b_n \end{bmatrix} \right\rangle = a_1\overline{b}_1 + a_2\overline{b}_2 + \ldots + a_n\overline{b}_n,$$

wobei $\overline{b}_n$ die zu b_n *komplex konjugierte Zahl* ist, die man erhält, indem man im Imaginärteil von b_n das Vorzeichen ändert.

Kapitel 12

Mehrfachauflösung

Stéphane Mallats Theorie der Mehrfachauflösung schlug eine Brücke von den orthogonalen Wavelets zu den bei der Signalverarbeitung verwendeten Filtern. Bei diesem Zugang treten die Wavelets gegenüber einer neuen Größe, der *Skalierungsfunktion*, etwas in den Hintergrund. Die Skalierungsfunktion erzeugt eine komplette Bildserie des Signals, bei der sich die Auflösung von Bild zu Bild um den Faktor zwei ändert. In einer Richtung betrachtet, approximieren aufeinanderfolgende Bilder das Signal mit immer höherer Genauigkeit, werden dem Signal also immer ähnlicher. In der anderen Richtung enthalten sie immer weniger Informationen, und schließlich geht der Informationsgehalt ganz gegen null.

Trotzdem spielen die Wavelets auch hier eine wichtige Rolle. Sie kodieren die Differenz zwischen der in zwei aufeinanderfolgenden Bildern enthaltenen Information, also die Details, die man zu einem bestimmten Bild hinzunehmen muß, um das Bild bei der doppelten Auflösung zu erhalten.

Verfahren, mit denen sich Bilder bei unterschiedlichen Auflösungen analysieren lassen, gehörten zu dem Zeitpunkt, als Mallat die Beziehung zu den Wavelets entdeckte, in der Bildverarbeitung durchaus schon zum Allgemeingut. Da Bilder meist Strukturen sehr unterschiedlicher Größe enthalten, gibt es bei der Analyse keine besonders ausgezeichnete, optimale Auflösung. Mallat schreibt: „Die Mehrfachauflösungs-Zerlegung gestattet eine skaleninvariante Interpretation des Bildes" ([58], S. 674), eine Abbildung also, die nicht von dem Abstand zwischen Bild und „Kamera" abhängt. Bei der Mehrfachauflösung fährt man scheinbar mit der Kamera erst ganz dicht an das Bild heran und erfaßt die Details, um sich anschließend wieder zu entfernen, so daß man einen Gesamteindruck bekommt.

Die verschiedenen bei der Bildverarbeitung gebräuchlichen Mehrfach-auflösungs-Zerlegungen (wie Haar-, kubische, Hauptsinus- und andere Zerlegungen) bedienten sich beim Übergang von einer Auflösung zur nächsten immer einer Skalierungsfunktion. Unabhängig hiervon hatte Meyer bei seinen Wavelet-Arbeiten ebenfalls begonnen, nach einer solchen Funktion zu suchen. Die von ihm konstruierten Wavelets bildeten eine Orthogonalbasis, wenn sich das „Mutter-Wavelet" gleichzeitig sowohl beliebig dehnen als auch stauchen ließ.

Meyer ging von der Existenz einer bestimmten Funktion als Ausgangspunkt für die Orthogonalzerlegung aus; diese Funktion sollte im Verein mit den durch Verschiebung aus ihr abgeleiteten Funktionen alle Informationen über die niedrigen Frequenzen enthalten, während die über die hohen Frequenzen den Wavelets vorbehalten bleiben sollten. Gemeinsam mit Pierre Gilles Lemarié, einem seiner Studenten (heute Lemarié-Rieusset), fand er nicht nur diese Funktion [55], sondern gleichzeitig eine weitere für die von Lemarié bevorzugten kubischen approximierenden Polynome. Lemarié nannte diese Skalierungsfunktionen *Niederfrequenz-Wunder* [54].

Mallat erinnert sich: „Ursprünglich wollte ich nach Parallelen zwischen Wavelets und der in der Bildverarbeitung bekannten Idee der Mehrfachauflösung suchen, und dies war auch der Grund, weshalb ich Verbindung zu Yves Meyer aufnahm. Meyer war auf seinem eigenen Weg auch nicht mehr weit von diesem Punkt entfernt, und so ging, als wir uns trafen, alles ziemlich rasch. Es läßt sich nur schwer sagen, wer von uns beiden nun genau was beigetragen hat; dies war das Ergebnis gemeinsamer Arbeit, wenn auch aus unterschiedlichen Blickwinkeln betrachtet."

12.1 Filter

Mathematiker klassifizieren nach sehr unterschiedlichen Gesichtspunkten. In der Signalverarbeitung ist es da schon einfacher: Dort kennt man lediglich zu analysierende Signale und die zu ihrer Analyse verwendeten Filter. Klassische Filter sind z. B. elektrische Stromkreise mit einem Eingang für das volle und einem Ausgang für das gefilterte Signal. Aber auch Funktionen (bzw. bei digitalen Signalen Zahlenfolgen) können als Filter wirken. Die Wirkung sowohl der elektrotechnischen als auch der abstrakten Filter läßt sich besser im Fourier-Raum verstehen: Die Fourier-Transformierten des Signals und des Filters werden miteinander multipliziert, wobei manche Frequenzen durchgelassen und andere blockiert werden.

Ist die Fourier-Transformierte des Filters wie in Abbildung 12.1 in der Umgebung des Nullpunkts nahezu eins und ansonsten überall null, werden die niedrigen Signalfrequenzen das Filter nahezu unbeschadet passieren. Hohe Frequenzen dagegen werden im wesentlichen eliminiert. Ein solches Tiefpaßfilter bewirkt im Ortsraum eine Glättung des Signals: kleine, hochfrequente Schwankungen verschwinden, während die große Tendenz erhalten bleibt. Drückt man am Verstärker den Rauschfilter-Knopf, wird ein Tiefpaßfilter aktiviert, das hochfrequentes Rauschen, gleichzeitig aber auch Obertöne eliminiert.

Mallat erkannte, daß sich die Filterkaskaden-Signalanalyse mit Wavelets verknüpfen läßt. Jede Auflösung besitzt ein charakteristisches Filterpaar: Ein mit der Skalierungsfunktion verknüpftes Tiefpaßfilter erfaßt den groben Signalverlauf, und ein mit dem Wavelet verknüpftes Hochpaßfilter läßt lediglich die hochfrequenten Schwankungen, die Details passieren. Beide Filter ergänzen einander: Immer dann, wenn eines blockiert, ist das andere durchlässig. Was „hohe" und was „tiefe" Frequenzen sind, ist natürlich relativ: Was bei einer hohen Auflösung vom Tiefpaßfilter als tiefe Frequenz kodiert wird, kann bei einer niedrigeren Auflösung vom Hochpaßfilter als hohe Frequenz kodiert werden.

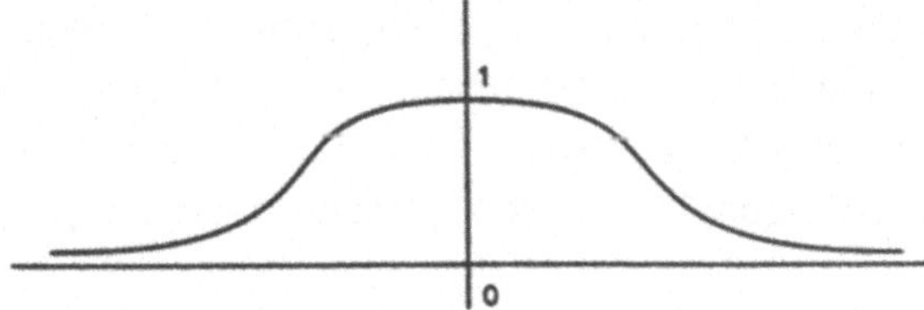

Abb. 12.1: Filter lassen sich am besten im Fourier-Raum verstehen, wo die Fourier-Transformierte des Signals mit der des Filters multipliziert wird. Das Bild zeigt die Fourier-Transformierte eines Tiefpaßfilters; in der Umgebung des Nullpunkts hat es den Wert 1 und ansonsten annähernd 0. Während die niedrigen Frequenzen die Multiplikation mit 1 nahezu unbeschadet überstehen, werden die hohen fast vollständig eliminiert. Im Ortsraum führt dies zu einer Glättung des Signals.

Ergänzt man das filtergestützte Mehrfachauflösungs-Schema durch orthogonale Wavelets, entsteht eine orthogonale Mehrfachauflösungs-Analyse, die zugleich schnell, vollständig und effizient ist. Gegenüber dem Burt-Adelsonschen Pyramidenverfahren, bei dem sich die Bildgröße verdoppelte, stimmt beim Mallatschen Mehrfachauflösungs-Schema die Anzahl der Koeffizienten mit der Anzahl der Originalbildpunkte überein. Die Bildverarbeitung profitierte hiervon insofern, als das im Zusammenhang mit den Wavelets eingeführte Regularitäts-Konzept den bereits zuvor verwendeten Algorithmen eine sichere mathematische Begründung gab.

Doch auch die Wavelets selbst zogen aus der Verbindung einen Nutzen: Das Berechnen der Wavelet-Koeffizienten beschränkt sich bei diesem Zugang lediglich auf eine Reihe einfacher Rechenoperationen mit kurzen Digitalfiltern. So entwickelte sich die Wavelet-Transformation (zum Algorithmus selbst vergleiche Seite 189; manche behaupten übrigens, der Begriff *schnelle Wavelet-Transformation* sei eine Tautologie) auf zahlreichen Anwendungsgebieten rasch zu einem ernstzunehmenden Konkurrenten der schnellen Fourier-Transformation. Darüber hinaus boten die gleichen Filter einen systematischen Zugang zur Konstruktion neuer orthogonaler Wavelets.

Bei dieser Herangehensweise ist die Skalierungsfunktion genausowenig der Vater der abgeleiteten Wavelets, wie das Grundwavelet selbst als Mutter auftritt; statt dessen werden beide durch die auch als Übertragungsfunktion bezeichnete Fourier-Transformation des Tiefpaßfilters generiert. Durch geeignete Wahl der Filterfunktion lassen sich problemangepaßte Wavelets mit spezifischen Eigenschaften erzeugen. Trigonometrische Polynome zum Beispiel führen auf Skalierungsfunktionen und (zumindest im eindimensionalen Fall) Wavelets mit kompaktem Träger. Die lange gesuchten und schließlich ganz unerwartet entdeckten orthogonalen Wavelets wurden auf diese Weise zu Mitgliedern einer Schar unendlich vieler Funktionen, die man heute so gut beherrscht, daß orthogonale Wavelets quasi auf Bestellung angepaßt werden können.

Obgleich Mallat selbst diesen Aspekt gar nicht im Auge hatte, läßt seine Theorie sogar eine geometrische Deutung der Wavelets zu. In dieser Sichtweise definiert die Übertragungsfunktion eine Kurve auf der Kugeloberfläche in einem vierdimensionalen Raum (genauer: eine parametrisierte Kurve auf der dreidimensionalen Oberfläche einer im Koordinatenursprung des komplexen zweidimensionalen Raumes ruhenden Kugel vom Radius 1). Jede Mehrfachauflösungs-Analyse entspricht genau einer solchen Kurve. Die Gesamtheit dieser Kurven verbindet die beiden auf der Kugeloberfläche gelegenen Punkte $(1, 0)$ und $(0, 1)$. Auf diese Weise lassen sich (man bedenke: wir befinden uns in einem vierdimensionalen Raum) zwischen beiden Punkten beliebige Kurven zeichnen, die jeweils eine Skalierungsfunktion mit Wavelet erzeugen. Mag manchem dieser Zugang zumindest bei eindimensionalen Wavelets noch als verzichtbarer Luxus erscheinen, wird er von anderen zumindest bei zwei- und dreidimensionalen Wavelets durchaus als nützlich angesehen. Bei zweidimensionalen Wavelets tritt an die Stelle der Kurve auf der dreidimensionalen Kugeloberfläche ein parametrisierter Torus auf einer siebendimensionalen (bei dreidimensionalen Wavelets gar fünfzehndimensionalen) Kugeloberfläche; allerdings stößt hier die Konstruktion der Wavelets mehr und mehr auf topologische Hindernisse.

Als Mallat Meyers Arbeit über orthogonale Wavelets zum ersten Mal las, konnte er diese vielfältigen Möglichkeiten noch nicht vorausahnen:

Intuitiv war ziemlich klar, daß es eine Beziehung zwischen den Meyerschen Wavelets und den in der Bildverarbeitung eingesetzten Pyramidenverfahren geben mußte. Ich versuchte, diese Beziehung genauer zu verstehen, um die mathematischen Erkenntnisse für die Bildverarbeitung nutzbar machen zu können. Ich hatte viel zuviel Respekt vor den Mathematikern, als daß ich geglaubt hätte, zu der mathematischen Seite des Problems selbst beitragen zu können. Außerdem hatte ich immer die deutliche Vorstellung, daß sich der Informationsfluß von der reinen Mathematik hin zu den Anwendungen und nicht umgekehrt vollzieht. Erst bei meinem Versuch, die Bildverarbeitung mit den Wavelets zu verknüpfen, entdeckte ich, daß auch die Bildverarbeitung zum mathematischen Verständnis der Wavelets beizutragen vermag.

12.2 Zur Definition der Mehrfachauflösung

Die Mehrfachauflösungs-Analyse läßt sich mit der Dezimalbruch-Näherung der Zahl 87/7 durch 12,4285714... vergleichen. Die geeignet gedehnte oder komprimierte Skalierungsfunktion erzeugt ein Abbild des Signals bei der vorgegebenen Auflösung, so wie man 87/7, je nach gewünschter Genauigkeit, gerundet durch 10, 12, 12,4 oder 12,42 approximieren kann. Die Wavelets kodieren dann die Differenz der in beiden Auflösungen enthaltenen Information. Der einzige Unterschied besteht darin, daß sich die Auflösungen bei Wavelets um den Faktor zwei, bei Dezimalbrüchen dagegen um den Faktor 10 unterscheiden. Zunächst wird die Differenz von 10 und 12 durch geeignete Wavelets als 2 kodiert, danach die von 12 und 12,4 durch kleinere Wavelets als 0,4 und schließlich die von 12,4 und 12,42 durch nochmals kleinere Wavelets als 0,02 usw.

Je feinere Details man erfaßt, desto besser wird die Näherung. Dehnt man dagegen die Skalierungsfunktion, so daß sie immer breiter wird, wird man schließlich überhaupt nichts mehr erkennen können. Dies ist etwa so, als wollte man versuchen, 87/7 durch Hunderter zu approximieren: Die Information besteht dann nur noch aus Details, $10+2+0,4+0,02+0,008+\ldots$, die in Wavelets kodiert werden müssen.

Unser Dezimalsystem kann beliebige Zahlen redundanzfrei und mit jeder gewünschten Genauigkeit approximieren. Eine Mehrfachauflösungs-Analyse vermag das gleiche für beliebige Signale zu leisten, wenn sie vier Bedingungen genügt. (Eine eingehendere, aber trotzdem noch elementare Diskussion enthält [80].) Diese vier Bedingungen lauten:

(1) *Die Skalierungsfunktion muß zu allen durch ganzzahlige Translation aus ihr hervorgegangenen Funktionen orthogonal sein.*

Unterwirft man die Skalierungsfunktion φ („phi") einer Translation um eine ganze Zahl, müssen die verschobenen Funktionen demnach sämtlich orthogonal zueinander sein, das heißt, das Skalarprodukt von φ mit sämtlichen solcherart verschobenen Funktionen muß verschwinden.

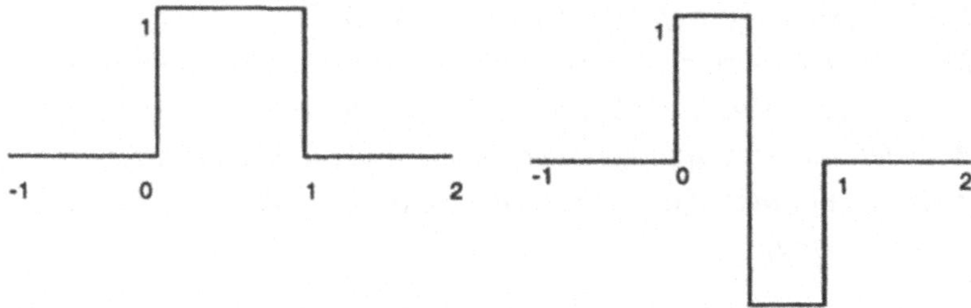

Abb. 12.2: Links die Haar-Skalierungsfunktion. Rechts die Haar-Funktion selbst, das erste und einfachste Wavelet, das eine orthogonale Wavelet-Schar erzeugt. Haar-Skalierungsfunktion und -Wavelet liefern ein schönes Beispiel zur Illustration der Mallat-Meyerschen Mehrfachauflösungstheorie.

Im Falle der zur Haar-Funktion (Abbildung 12.2) gehörenden Skalierungsfunktion ist leicht einzusehen, daß sie der Orthogonalitätsbedingung bezüglich ganzzahliger Verschiebungen genügt. Die 1910 entdeckte Haar-Funktion [44] war das erste Wavelet, bei dem man erkannte, daß es eine orthogonale Wavelet-Schar zu erzeugen vermag. Für die Bildverarbeitung wird es im allgemeinen als zu unstetig angesehen; bei mit Haar-Wavelets kodierten Bildern rufen diese Unstetigkeiten bestimmte Artefakte hervor.

Die zum Haar-Wavelet gehörende Skalierungsfunktion ist für $0 \leq x < 1$ gleich 1 und für alle anderen x-Werte 0. Wird sie um eine ganze Zahl verschoben, hat die verschobene Funktion überall dort, wo die Skalierungsfunktion den Wert 1 hat, den Wert 0, so daß das Skalarprodukt zwischen beiden verschwindet; somit sind sie tatsächlich orthogonal. Bei Funktionen mit einem Träger größer als 1 ist diese Bedingung schwerer zu erfüllen; wenn man sie um 1 verschiebt, werden sich beide Funktionen überlappen, und um Korrelationen zu vermeiden, muß man sicherstellen, daß sich positive und negative Terme in diesem Gebiet exakt wegheben.

(2) *Bei einer vorgegebenen Auflösung enthält das Signal alle Information über die niedrigeren Auflösungen.*

Zur präziseren Formulierung betrachten wir die Räume V_j ($\ldots, V_{-2}, V_{-1}, V_0, V_1, V_2, \ldots$) Der Raum V_0 soll definitionsgemäß von der Skalierungsfunktion selbst und allen durch ganzzahlige Translation aus ihr hervorgehenden Funktionen aufgespannt werden. Alle Information, die sich durch diese Funktionen ausdrücken läßt, ist in V_0 enthalten, und umgekehrt läßt sich auch alle Information, die in V_0 enthalten ist, durch diese Funktionen darstellen. Abbildung 12.3 zeigt ein Beispiel für eine zum Raum V_0 des Haar-Wavelets gehörige Funktion.

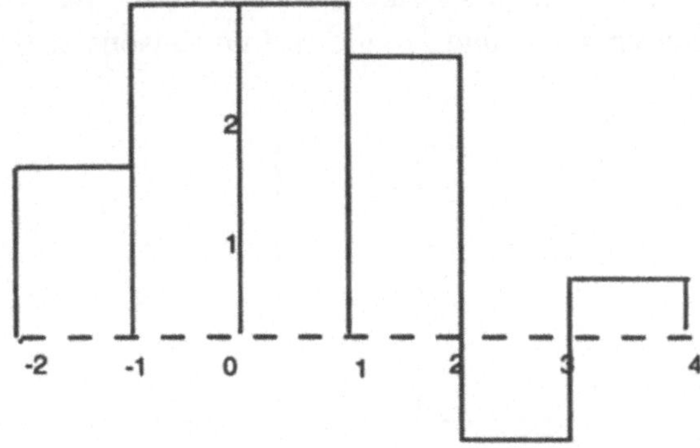

Abb. 12.3: Der Mehrfachauflösungs-Raum V_0 des Haar-Wavelets besteht aus der Haar-Skalierungsfunktion und der Gesamtheit der durch ganzzahlige Translation aus ihr hervorgehenden Funktionen. Das Bild zeigt eine in diesem Raum enthaltene Funktion. Bei all diesen Funktionen handelt es sich um Balkendiagramme, die – mit Ausnahme möglicher Unstetigkeiten bei den ganzen Zahlen – lokal konstant sind. Komprimiert man die Haar-Skalierungsfunktion um den Faktor 2^j, entsteht der Raum V_j. Der Raum V_1 zum Beispiel enthält lokal konstante Funktionen mit eventuellen Unstetigkeiten bei den ganzen und halben Zahlen. Der Raum V_0 ist ein Teilraum von V_1, V_1 wiederum ein Teilraum von V_2 usw.

Der Raum V_j besteht aus der Gesamtheit der in V_0 enthaltenen Funktionen, die jedoch um einen Faktor 2^j komprimiert wurden. Bei der Haar-Mehrfachauflösung ist V_1 der Raum der Balkendiagramme mit möglichen Unstetigkeiten bei $\ldots -3/2, -1, -1/2, 0, 1/2, 1, 3/2 \ldots$; er ergibt sich aus der um den Faktor zwei komprimierten und halbzahlig verschobenen Skalierungsfunktion.

Der Raum V_0 muß bei jeder Mehrfachauflösung in V_1 enthalten sein. Im Falle des Haar-Wavelets ist dies offensichtlich erfüllt: Jedes Balkendiagramm mit möglichen Unstetigkeiten bei den ganzen Zahlen ist in der Menge der Balkendiagramme mit eventuellen Unstetigkeiten bei den halben und ganzen Zahlen enthalten. Und wenn V_0 in V_1 enthalten ist, ist auch V_1 in V_2, V_2 in V_3 usw. enthalten. Einige Autoren wie I. Daubechies verwenden gerade die entgegengesetzte Bezeichnungsweise, bei der dann V_1 in V_0 enthalten ist; paßt man nicht auf, ist dies eine weitere Falle.

Das Beispiel der Haar-Zerlegung enthält aber noch eine Fußangel. Natürlich lassen sich beliebige Funktionen ganzzahlig verschieben und um den Faktor zwei komprimieren; es gibt aber überhaupt keinen Grund zu der Annahme, daß die von der Funktion selbst und den verschobenen Funktionen aufgespannten Funktionenräume V_j ineinander verschachtelt sein müssen. Um dies zu sehen, betrachten wir eine zur Haar-Skalierungsfunktion analoge Funktion, die zwischen $1/4$ und $3/4$ gleich 1 und ansonsten 0 ist (Abbildung 12.4).

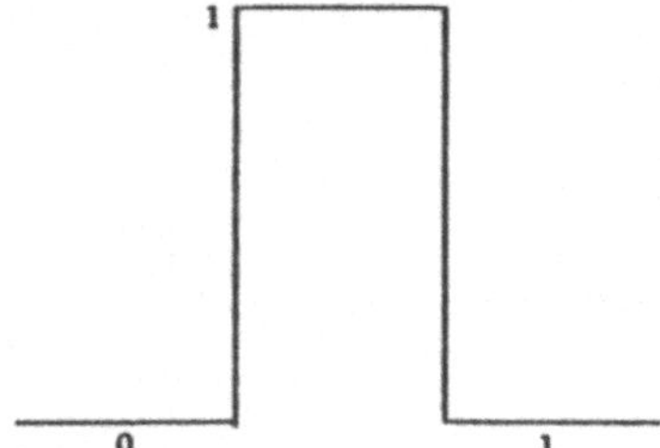

Abb. 12.4: Ein Analogon zur Haar-Skalierungsfunktion, mit dem sich im Unterschied zu dieser aber keine verschachtelten Funktionenräume V_j erzeugen lassen.

Wenn man diese Funktion ganzzahlig verschiebt, entsteht ein Funktionenraum V_0 separater Balkendiagramme. Ein Beispiel hierzu zeigt Abbildung 12.5. Komprimiert man diese Funktion um den Faktor 2, hat die neue Funktionen zwischen $1/8$ und $3/8$ den Wert 1 und sonst 0. Verschiebt man das Ergebnis nun noch um einen halbzahligen Wert, erhält man einen neuen, ebenfalls aus Balkendiagrammen bestehenden Funktionenraum V_1 (vergleiche das Beispiel in Abbildung 12.6). In diesem Fall ist der Raum V_0 aber nicht mehr in V_1 enthalten, so daß sich die neue Funktion nicht zur Konstruktion einer Mehrfachauflösung eignet.

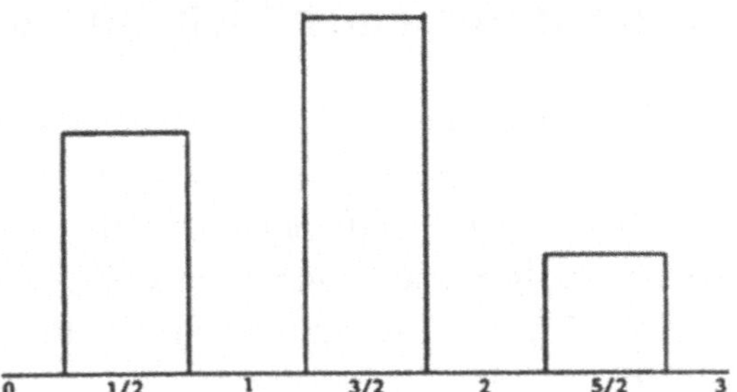

Abb. 12.5: Ein Beispiel für eine Funktion, die zu dem durch ganzzahlige Translation der Funktion aus Abbildung 12.4 gebildeten Raum V_0 gehört.

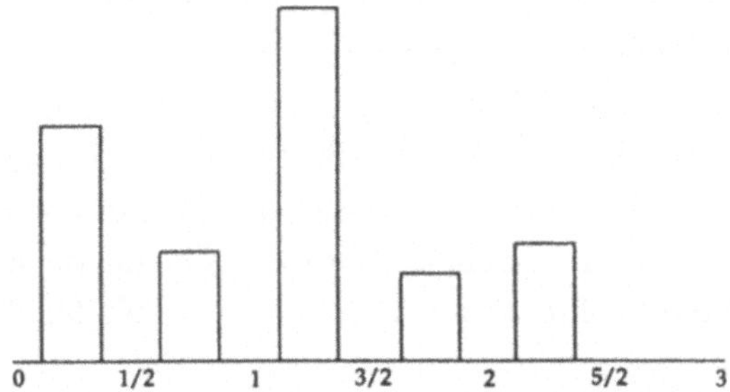

Abb. 12.6: Eine Funktion aus dem Raum V_1. Um sie zu konstruieren, wurde die Funktion aus Abbildung 12.4 um den Faktor 2 komprimiert und das Ergebnis um einen halbzahligen Wert verschoben. V_1 enthält den in Abbildung 12.5 gezeigten Raum V_0 *nicht*. Damit eignet sich die in Abbildung 12.4 gezeigte Funktion auch nicht zur Konstruktion einer Mehrfachauflösung: Ein „hochaufgelöstes" Signal-Bild würde nicht alle Information über das „niedrigaufgelöste" Bild enthalten.

(3) *Das einzige Objekt, das allen Räumen V_j gemein ist, ist die Funktion* 0.

Wenn man die Skalierungsfunktion genügend breit zieht, wird wie beim Versuch, 87/7 durch Hunderter zu approximieren, irgendwann einmal sämtliche Information aus dem Bild „ausgelaugt" sein,

$$\lim_{j \to -\infty} V_j = \bigcap V_j = 0.$$

(4) *Jedes Signal kann mit beliebiger Genauigkeit approximiert werden,*

$$\lim_{j \to \infty} V_j = L^2\mathbb{R}.$$

12.3   Zur Konstruktion einer Mehrfachauflösung

Wenn die obigen vier Bedingungen erfüllt sind, muß ein Wavelet existieren, das in Verbindung mit den auf die doppelte Länge gestreckten und ganzzahlig verschobenen Wavelets die Differenzinformation zwischen dem Signal bei zwei aufeinanderfolgenden Auflösungen kodieren kann. Mit anderen Worten, der Wavelet-Raum W_j ist orthogonal zum Raum V_j und repräsentiert gerade die Differenz zwischen V_j und V_{j+1},

$$W_j \oplus V_j = V_{j+1}.$$

A priori ist keineswegs sicher, ob überhaupt Funktionen existieren, die all diesen Bedingungen genügen. Insbesondere die beiden ersten sind – sieht man einmal von der Haar-Skalierungsfunktion ab – schwer zu erfüllen. Mallat entdeckte schließlich, daß sich Skalierungsfunktionen und die dazugehörigen Wavelets über die Fourier-Transformierten (Übertragungsfunktionen) nahezu beliebiger Filter konstruieren lassen. Dies führt unmittelbar auf eine unendliche Schar von Mehrfachauflösungs-Systemen, die jeweils durch eine spezifische Skalierungsfunktion und ein eigenes „Mutter-Wavelet" gekennzeichnet sind.

Im folgenden stellen wir das Vorgehen im Überblick dar; Details findet der Leser in [80] (oder auch [19], [58] oder [79]). Dabei wollen wir in umgekehrter Reihenfolge, ausgehend von der Skalierungsfunktion, eine geeignete Übertragungsfunktion suchen. Hierzu schreiben wir (unter Beachtung der Bedingung (12.2)) die Skalierungsfunktion als mit geeigneten Koeffizienten versehene Summe verschobener Skalierungsfunktionen der doppelten Auflösung[1]

$$\varphi(x) = \sum_{n=-\infty}^{\infty} a_n 2\varphi(2x - n).$$

---

[1]Wie in [80] ausführlich erörtert, besagt diese Formel, daß φ ein Fixpunkt der linearen Transformation

$$(S(f))(x) = \sum_{n=-\infty}^{\infty} 2a_n f(2x - n)$$

ist. Ausgehend davon, läßt sich φ durch Iterieren der Transformation S konstruieren. Das Vorgehen entspricht weitgehend dem beim Iterieren von Funktionensystemen. Wir wollen hier jedoch Mallats von den Filterkaskaden inspirierte Lösung über eine Fourier-Transformation und unendliche Produkte weiterverfolgen.

Den Faktor 2 haben wir vor φ angebracht, um das Integral über die neuen Funktionen wieder auf eins zu normieren. Nachdem wir sie um den Faktor 2 komprimiert haben, müssen sie doppelt so hoch sein wie die Ausgangsfunktionen.[2] Bei der Haar-Skalierungsfunktion ist

$$\varphi(x) = \frac{1}{2}(2\varphi(2x)) + \frac{1}{2}(2\varphi(2x - 1)).$$

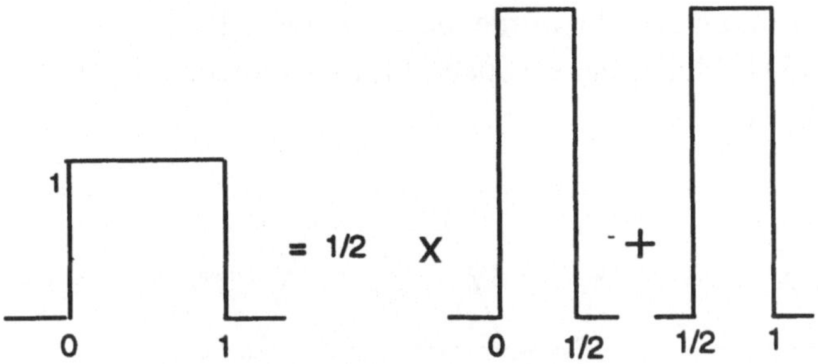

Abb. 12.7: Die Haar-Skalierungsfunktion, ausgedrückt durch halbzahlig verschobene Funktionen der nächsthöheren Auflösung.

Im Falle der Haar-Skalierungsfunktion ist also $a_0 = a_1 = 1/2$, und alle anderen a_n sind null.

Nun bilden wir eine Fourier-Reihe A mit den oben bestimmten a_n als Koeffizienten,

$$A(\xi) = \sum_{n=-\infty}^{\infty} a_n e^{2\pi i n \xi}, \tag{12.1}$$

wobei A den Bedingungen $A(0) = 1$ und

$$|A(\xi)|^2 + \left| A\left(\xi + \frac{1}{2}\right) \right|^2 = 1 \tag{12.2}$$

genügen soll.

Darüber hinaus stellen wir eine relativ schwache Regularitätsbedingung, indem wir fordern, daß die a_n „hinreichend schnell" gegen null gehen sollen. Die Funktion A ist periodisch mit der Periode 1. Sieht man einmal davon ab,

---

[2] Allgemein ist es üblich [19], die *Länge* der Funktionen, das heißt das Integral über das Quadrat, 1 zu halten. Dazu müßte man in der obigen Formel $a_n\sqrt{2}\varphi(2x - n)$ schreiben, was auf die Koeffizienten $a_0 = a_1 = 1/\sqrt{2}$ führen würde. Allerdings gestalten sich die Rechnungen mit dem hier verwendeten Faktor $1/2$ einfacher.

daß Mallat die Periode 2π verwendet, stimmt seine Formel 17b in ([58], S. 678) mit unserer vollständig überein.

Geometrisch besagt (12.2), daß die durch die beiden komplexen Komponenten $A(\xi)$ und $A(\xi + 1/2)$ beschriebene Kurve auf einer dreidimensionalen Kugeloberfläche vom Radius 1 verläuft. In der Bildverarbeitung ist (12.2) die Bedingung für ein Tiefpaßfilter, das mit dem Wortmonster *Conjugate Quadrature Filter (CQF)*[3] bezeichnet wird. (In diesem Zusammenhang zum ersten Mal untersucht wurde die Funktion A 1977 von D. Esteban und C. Galand [31]; Mallat hat sie später im Zusammenhang mit den Wavelets wiederentdeckt.)

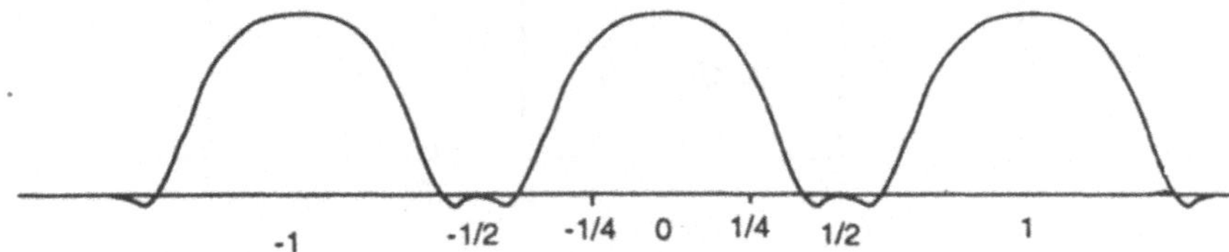

Abb. 12.8: Die zum Erzeugen von Skalierungsfunktionen und Wavelets verwendete Funktion A ist die Fourier-Transformierte eines Tiefpaßfilters a. Sie wurde erstmals von D. Esteban und C. Galand im Zusammenhang mit Conjugate Quadrature Filters betrachtet und später von Mallat im Zusammenhang mit den Wavelets wiederentdeckt.

Tatsächlich handelt es sich bei A um die Fourier-Transformierte eines aus der Folge $\ldots, a_{-1}, a_0, a_1 \ldots$ bestehenden Tiefpaß-Digitalfilters, das wir a nennen wollen. (Wer sich darüber wundert, daß A die Fourier-Transformierte von a ist, der schaue im Anhang, Seite 274, unter *Die Fourier-Transformierte einer periodischen Funktion* nach.)

Wir betrachten die Funktionswerte $A(0)$ und $A(1/2)$. Wegen $A(0) = 1$ führt (12.2) auf $A(1/2) = 0$. Der so erhaltene Graph (Abbildung 12.8) beschreibt (zumindest, wenn man den Mittelabschnitt betrachtet) die Fourier-Transformierte eines Tiefpaßfilters. Obgleich wir dies nicht genau nachweisen wollen, kann man zeigen, daß eine Skalierungsfunktion existiert, wenn A zwischen $-1/4$ und $1/4$ von null verschieden ist. Auch die Umkehrung trifft (zumindest annähernd) zu: Jede von einer Skalierungsfunktion erzeugte Funktion A ist im geeignet modifizierten (worauf wir hier nicht näher eingehen wollen) Intervall $\left[-\frac{1}{4}, \frac{1}{4}\right]$ von null verschieden.

---

[3] Wie auch sonst in der deutschsprachigen Literatur üblich, haben wir der Versuchung widerstanden, ein adäquates deutsches Wortmonster zu konstruieren (Anm. d. Übers.).

12.4 Die Haar-Mehrfachauflösung

Wir betrachten nun den Spezialfall der Haar-Funktion. Ausgehend von den zuvor berechneten Koeffizienten $a_0 = a_1 = 1/2$, lautet die Fourier-Reihe A_{H} (das „H" steht für „Haar"):

$$A_{\mathrm{H}}(\xi) = \frac{1}{2}\left(e^{0(2\pi i\xi)} + e^{1(2\pi i\xi)}\right) = \frac{1}{2}\left(1 + e^{2\pi i\xi}\right).$$

Unter Verwendung von $\cos\theta = (1/2)(e^{i\theta} + e^{-i\theta})$ wird hieraus

$$A_{\mathrm{H}}(\xi) = e^{\pi i\xi}\cos\pi\xi$$

und

$$A_{\mathrm{H}}\left(\xi + \frac{1}{2}\right) = e^{\pi i(\xi+1/2)}\cos\pi\left(\xi + \frac{1}{2}\right) = e^{\pi i\xi}(-i\sin\pi\xi)$$

(wobei wir im letzten Schritt von den Identitäten $\cos(\theta + \pi/2) = -\sin\theta$ und $e^{\pi i/2} = i$ Gebrauch gemacht haben).

Wie man sieht, ist die Bedingung (12.2) erfüllt,

$$\left(\underbrace{|e^{\pi i\xi}|}_{=1}\,|\cos\pi\xi|\right)^2 + \left(\underbrace{|e^{\pi i\xi}|}_{=1}\,|-i\sin\pi\xi|\right)^2 = 1.$$

12.5 Zur Konstruktion der Skalierungsfunktion

Praktisch ist man gerade an dem entgegengesetzten Weg interessiert. Filterfunktionen A zu finden, die den geforderten Bedingungen genügen, ist nicht schwer. Als Mallat die Beziehung zwischen Wavelets und Filtern entdeckte, lagen bereits eine umfangreiche mathematische Literatur über solche Filter sowie numerische Verfahren zu deren Konstruktion vor. Doch selbst wenn die Fourier-Koeffizienten von A mit denen der Skalierungsfunktion, geschrieben als eine Summe verschobener Funktionen der doppelten Auflösung, übereinstimmen, wissen wir noch nicht, wie die Skalierungsfunktion tatsächlich aussieht.

Mallat fand schließlich eine Formel, mit der man, ausgehend von der Funktion A, direkt zur Fourier-Transformierten der Skalierungsfunktion $\hat{\varphi}$

gelangen konnte,

$$\hat{\varphi}(\xi) = \prod_{j=1}^{\infty} A\left(\frac{\xi}{2^j}\right).\tag{12.3}$$

Diese (auch in ([58], S. 678, Gl. 18) und ([80], S. 548, Gl. 5.10) zitierte) Darstellung enthält ein unendliches Produkt. Um $\hat{\varphi}$ für beliebige ξ zu berechnen, muß man die Funktionswerte von A bei allen $\xi/2^j$, $j = 1, \ldots, \infty$ multiplizieren. Im Ortsraum entspricht das einer Folge von Faltungen des Tiefpaßfilters mit sich selbst bei verschiedenen Skalen. Zunächst mag das unendliche Produkt etwas abschrecken; man sollte das Unendlich darin aber nicht zu wörtlich nehmen: Da das Produkt sehr rasch gegen seinen Grenzwert konvergiert, reichen die ersten 6 Terme zur Konstruktion der Fourier-Transformierten der Skalierungsfunktion meist schon aus.

Um die Skalierungsfunktion zu erhalten, ist dann nur noch eine inverse Fourier-Transformation nötig. Wenn dabei nur endlich viele nichtverschwindende Koeffizienten vorkommen, ergibt sich eine Skalierungsfunktion mit kompaktem Träger. Dies trifft sowohl auf die Haar-Skalierungsfunktion als auch auf die Daubechies-Wavelets zu.

12.6 Wie man Wavelets erzeugt

Wo sind bei alledem eigentlich die Wavelets geblieben? Geometrisch gesehen, erhält man sie dadurch, daß man eine zweite Kurve auf der dreidimensionalen Kugeloberfläche konstruiert. Jeder Punkt der ersten (zu A gehörigen) Kurve ist ein Vektor; die entsprechende Kurve für die Wavelets bildet man dann so, daß deren Vektoren orthogonal (senkrecht) auf denen der A-Kurve stehen. Auf die gleiche Weise, wie A mit der ersten Kurve verknüpft ist, beschreibt die neue Kurve eine zweite Funktion D (so genannt, weil Wavelets Differenzen kodieren), wobei wir $D(\xi)$ als erste und $D(\xi + 1/2)$ als zweite Koordinate dieser Kurve deuten.

Da es mehr als eine Kurve gibt, die senkrecht auf der ersten steht, kann die gleiche Funktion A mehr als nur ein Wavelet erzeugen. Eine davon zeichnet sich allerdings durch eine besonders hübsche Eigenschaft aus: Es gibt eine Vorschrift, der ersten Kurve eine zweite so zuzuordnen, daß bei reeller Skalierungsfunktion auch die der zweiten Kurve entsprechenden Wavelets reell werden. Hat die Skalierungsfunktion darüber hinaus noch einen kompakten Träger, erzeugt diese ausgezeichnete Kurve auch ein Wavelet mit kompaktem Träger, was im allgemeinen nicht der Fall ist. (Auf zwei und mehr Dimensionen läßt sich diese Regel leider nicht verallgemeinern.)

Das Wavelet ψ ergibt sich schließlich aus D und A zu

$$\hat{\psi}(\xi) = D\left(\frac{\xi}{2}\right) \prod_{j=2}^{\infty} A\left(\frac{\xi}{2^j}\right). \tag{12.4}$$

Wem der geometrische Zugang nicht zusagt, der kann sich D als Fourier-Transformierte eines Hochpaßfilters vorstellen. Die Bedingung $|D(\xi)|^2 + |D(\xi + 1/2)|^2 = 1$, die sichert, daß die zu D gehörige Kurve auf einer dreidimensionalen Kugeloberfläche liegt, besagt dasselbe wie (12.2) für die Funktion $A(\xi)$. Die Kurven D und A müssen deshalb die gleiche Form haben. Da aber beide Kurven orthogonal zueinander sind, muß überall dort, wo $A(\xi) = 1$ ist, $D(\xi) = 0$ sein und umgekehrt. Folglich beschreibt der Graph von $D(\xi)$ die Fourier-Transformierte eines Hochpaßfilters (Abbildung 12.9).

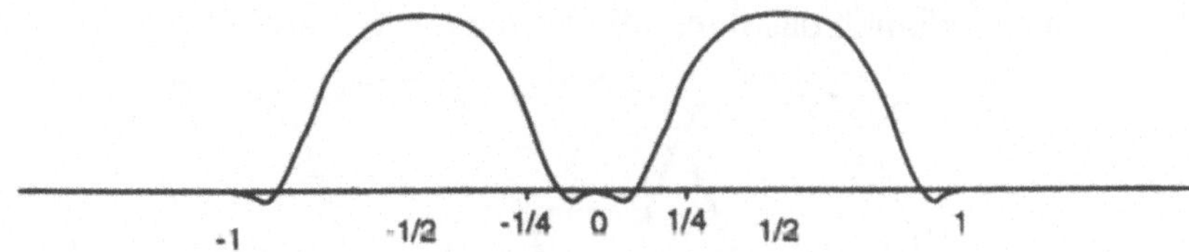

Abb. 12.9: Der Graph der Funktion D beschreibt ein Hochpaßfilter. Unter Verwendung von Gleichung (12.4) lassen sich aus den Funktionen A und D orthogonale Wavelets konstruieren.

Gegen diese Interpretation ließe sich einwenden, daß, da sowohl A als auch D periodisch sind, die Fourier-Transformierten der „Hochpaß-" und „Tiefpaß-"Filter sich periodisch wiederholen, wodurch diese Begriffe aber jeden Sinn verlieren. Allerdings liegen die Frequenzen von Digitalfiltern (und um ein solches handelt es sich auch beim abgetasteten Signal) nicht auf einer von minus nach plus unendlich verlaufenden Geraden, sondern auf einem Kreis, so daß auch die Fourier-Transformierte des abgetasteten Signals periodisch ist. Um die Fourier-Koeffizienten eines p-periodischen abgetasteten Signals zu berechnen, multipliziert man die beim Abtasten erhaltenen Signalwerte mit dem der jeweiligen Frequenz entsprechenden komplexen Exponentialfaktor, addiert sie und multipliziert das Ergebnis mit der Abtastperiode p (vergleiche (9.2)). Man sieht dann, daß der Fourier-Koeffizient der

Frequenz $\tau + 1/p$ mit dem der Frequenz τ übereinstimmt,

$$p \sum_{n=-\infty}^{\infty} f(np)e^{2\pi i(\tau+1/p)np} = p \sum_{n=-\infty}^{\infty} f(np)e^{2\pi i\tau np} \underbrace{e^{2\pi in}}_{=1}.$$

Damit stimmen aber auch die Koeffizienten von $\hat{f}$ bei $\tau, (\tau + 1/p), (\tau + 2/p)\ldots$ überein. Im Kapitel *Die Fourier-Transformierte einer periodischen Funktion*, Seite 274, wird die gleiche Frage unter einem anderen Gesichtspunkt betrachtet. Dort führen wir den Nachweis, daß die periodische Funktion A die Fourier-Transformierte der Folge der a_n ist mit Hilfe von Distributionen; natürlich kann es sich bei den a_n insbesondere auch um ein abgetastetes Signal handeln.

Die Begriffe „hohe" und „tiefe" Frequenz behalten bei Signalen beschränkter Bandbreite, die mit der durch das Shannonsche Sampling-Theorem bestimmten Rate abgetastet werden, ihre herkömmliche Bedeutung. Wird ein Signal mit einer Bandbreite von 10 000 Hz beispielsweise 20 000 mal pro Sekunde abgetastet, wählen wir unsere Einheiten so, daß die 1 auf der τ-Koordinate (Abszisse) in Bild 12.10 gerade 20 000 Hz entspricht, und betrachten lediglich das Intervall zwischen $-1/2$ und $1/2$.

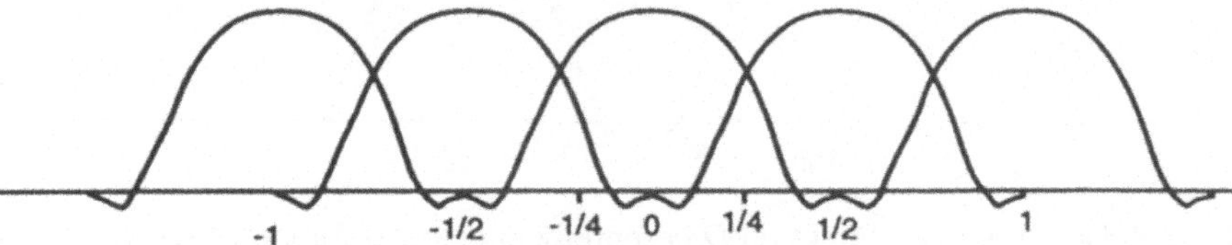

Abb. 12.10: Die Funktionen A und D – die Fourier-Transformierten der Tief- bzw. Hochpaßfilter – alternieren. Da sich die auf einem Kreis gelegenen Frequenzen von Digitalfiltern ebenfalls periodisch wiederholen, betrachtet man lediglich das Gebiet zwischen $-1/2$ und $1/2$.

12.7 Die Skalierungsfunktion als Vater

Da der mit dem Wavelet verknüpfte Funktionenraum W im Raum V der doppelt so hoch auflösenden Funktionen enthalten ist, $V_0 \oplus W_0 = V_1$, kann man das Wavelet auch unmittelbar aus der Skalierungsfunktion entnehmen, was die Bezeichnung „Vaterfunktion" rechtfertigt:

$$\psi(t) = 2 \sum_{n=-\infty}^{\infty} d_n\varphi(2t - n). \tag{12.5}$$

Im Falle der Haar-Skalierungsfunktion wissen wir, daß

$$\psi(t) = \varphi(2t) - \varphi(2t - 1) = \begin{cases} 1, & 0 \leq t < 1/2, \\ -2, & 1/2 \leq t < 1, \\ 0, & \text{sonst} \end{cases}$$

und folglich $d_0 = 1/2, d_1 = -1/2$ gilt; alle anderen d_n sind null. Daß sich die Wavelets so leicht aus der Skalierungsfunktion konstruieren lassen, liegt an dem direkten und einfachen Zusammenhang der Koeffizienten a_n und d_n der Reihen A und D. Strang schreibt ([79], S. 294): „Es ist äußerst bemerkenswert, daß die d_n mit den a_n in umgekehrter Reihenfolge und mit entgegengesetztem Vorzeichen genau übereinstimmen." Bei der Haar-Skalierungsfunktion ist $d_0 = a_0$ und $d_1 = -a_1$; man beachte, daß Strang die Koeffizienten etwas anders bezeichnet als wir. Hält man sich allerdings vor Augen, wie sehr sich die Graphen ähneln, oder nimmt man die Tatsache, daß sich die Funktionen A und D aus zwei zueinander orthogonalen Kurven auf der dreidimensionalen Kugeloberfläche konstruieren lassen, kommt dieser Zusammenhang doch nicht ganz so überraschend.

12.8 Wavelet-Transformierte ohne Wavelets?

Eine verblüffende Folge der Mehrfachauflösung besteht darin, daß sich Signale transformieren lassen, ohne überhaupt auf Wavelets oder Skalierungsfunktionen zurückzugreifen. Wie wir gesehen haben, sind diese Funktionen nicht explizit, sondern als Grenzwert von Iterationen gegeben. Um Wavelet-Transformierte zu berechnen, bedarf es also lediglich geeigneter Filter. Anstatt das Skalarprodukt der Skalierungsfunktion (oder des Wavelets) mit dem Signal auszuwerten, *faltet* man dann Signal und Filter (siehe *Die schnelle Wavelet-Transformation*, Seite 189).

„Es ist schon erstaunlich, mit Funktionen zu rechnen, die man überhaupt nicht kennt", schreibt hierzu Strang ([79], S. 295). Wenn aber „komplizierte Funktionen von einer einfachen Regel herrühren, weiß man aus Erfahrung, was zu tun ist: Man sollte bei der einfachen Regel bleiben."

Anmerkung: Die hier und in [80] verwendete Funktion A und die Koeffizienten a_n entsprechen der Funktion H und den h_n in [58]; in [79] werden die gleichen Koeffizienten mit c_n bezeichnet. In [54] heißt die Funktion A (bzw. H) wieder m_0 ... Darüber hinaus wird nicht immer die gleiche Normierung vorausgesetzt. Bei unserem Haar-Tiefpaßfilter ist $a_0 = a_1 = 1/2$, während [19] auf $1/\sqrt{2}$ und [79] auf 1 normiert.

Kapitel 13

Die schnelle Wavelet-Transformation

Die Mehrfachauflösungs-Theorie stellt ein einfaches und zugleich schnelles Verfahren bereit, Signale nach Skalen-Komponenten zu zerlegen. Abbildung 13.1 zeigt, wie dem Signal auf diese Weise, ausgehend von dem kleinsten Detail bis hin zu immer größeren Strukturen, Schritt für Schritt seine gesamte Information entzogen wird. Dabei werden die „Details" nacheinander in Wavelet-Koeffizienten kodiert, um danach das Signal mit der halben Auflösung zu betrachten.

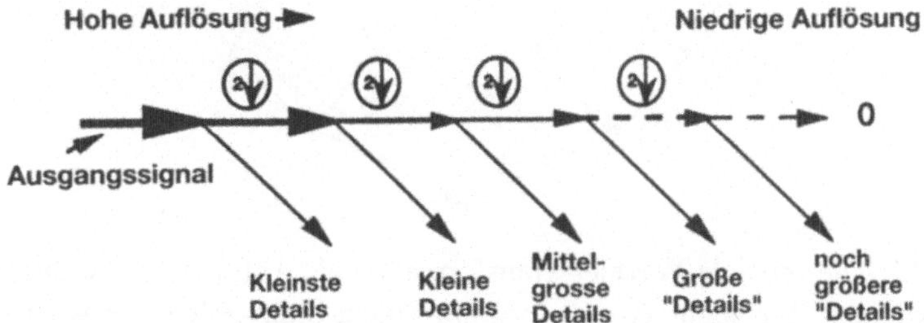

Abb. 13.1: Die schnelle Wavelet-Transformation arbeitet sich von hohen zu niedrigen Auflösungen vor. Bei jeder Auflösung wird das Signal sowohl mit den Wavelets als auch mit der Skalierungsfunktion analysiert. Während die Skalierungsfunktion die Funktion mit der halben Auflösung abbildet, indem sie nur jeden zweiten Wert des durch Abtasten gewonnenen Signals verwendet, kodieren die Wavelets die Details. Der Prozeß wird so lange fortgeführt, bis nichts (oder zumindest so gut wie nichts) mehr vom Signal übrig ist.

Im Wavelet-Kalkül wird das Signal bei der halben Auflösung durch Strecken der Skalierungsfunktion abgebildet. In der Terminologie der Signalverarbeitung heißt es, daß das Signal ein Tiefpaßfilter durchläuft, und man spricht von „Sub-Sampling". In der Signalverarbeitung sagt man auch, daß das Signal um den Faktor 2 „dezimiert", d. h. jeder zweite Wert entzogen wird – ungeachtet dessen, daß dies etymologischer Unsinn ist.

Da bei jedem Schritt nur halb soviel Signalinformation wie zuvor verbleibt, dauert es gar nicht lange, bis sich das Signal in Luft (oder sagen wir fast in Luft) aufgelöst hat. Der Trick besteht darin, bei den Übergängen keine Information verlorengehen zu lassen: In den Wavelets ist genau so viel Information kodiert, wie dem Signal beim „Dezimieren" entnommen wird. Wir können auch umkehren und auf dem gleichen Weg zum Ausgangspunkt zurückkehren. Fügt man dem bei einer bestimmten Auflösung gewonnenen Abbild die in den Wavelets der gleichen Auflösung kodierte Information hinzu, wird man das Abbild bei der doppelt so hohen Auflösung erhalten und beim weiteren Fortschreiten schließlich beim Ausgangssignal enden.

Man kann sich das Vorgehen auch als Abfolge von Additionen und Subtraktionen veranschaulichen. In Abbildung 13.2 wird zum Beispiel von einem Signal mit 32 Stützstellen ausgegangen.

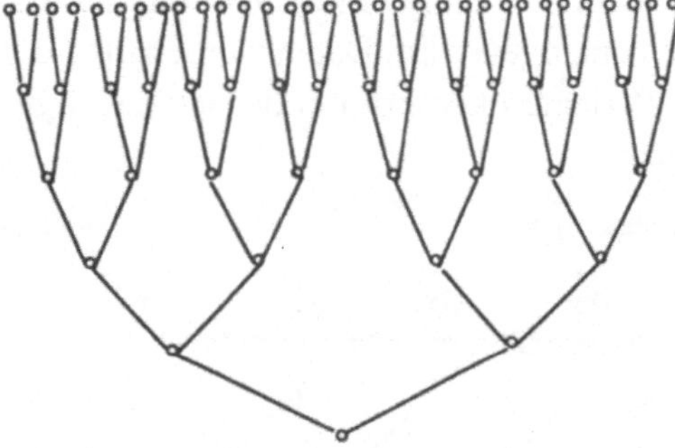

Abb. 13.2: Die schnelle Wavelet-Transformation als Abfolge von Additionen und Subtraktionen. Wir beginnen oben mit 32 Signal-Stützstellen, die wir paarweise zusammenfassen. Die über die Wavelets berechneten Differenzen werden in den Wavelet-Koeffizienten gespeichert. Mit Hilfe der Skalierungsfunktion bilden wir den Mittelwert jedes Wertepaars. Dies führt auf 16 Stützstellen, die ein Abbild des Signals bei der halben Auflösung vermitteln und beim nächsten Schritt als Eingangsgrößen dienen.

Die Stützstellen werden paarweise zusammengefaßt, um von jedem Paar den Durchschnitt und die Differenz zu berechnen. Im ersten Schritt erhält man so 16 Differenzen (die Wavelet-Koeffizienten) und 16 Durchschnitte (die Koeffizienten der Skalierungsfunktion). Nun wiederholt man das Vorgehen, ausgehend von den 16 Durchschnitten, die paarweise zusammenfaßt und aus denen nunmehr 8 Koeffizienten und 8 Durchschnitte berechnet werden usw.

Ingrid Daubechies stellt fest: „Was die Transformation wirklich schnell macht, ist die Tatsache, daß in jeden Rechenschritt nur eine kleine Anzahl von Punkten eingeht." Auf der dritten Ebene unserer Pyramide etwa stellte jeder der vier aus zwei Punkten gebildeten Durchschnitte schon den Durchschnitt von acht Punkten dar. Dies führt auf eine lineare Transformation: Unser Beispielsignal besteht aus $n = 32$ Punkten, so daß insgesamt $62 \approx 2n$ Additionen und Subtraktionen auszuführen sind. Bei der klassischen Fourier-Transformation sind n^2 Rechenschritte gegenüber $n \log n$ bei der FFT erforderlich. Wir werden noch sehen, daß die Geschwindigkeit der schnellen Wavelet-Transformation (FWT, nach dem englischen „Fast Wavelet Transformation") von dem verwendeten Wavelet abhängt; die Anzahl der Rechenschritte wächst aber stets linear mit der Größe des zu transformierenden Signals. Die schnelle Wavelet-Transformation eines aus n Punkten bestehenden Signals erfordert stets $2cn$ Rechenschritte, wobei die Konstante c vom konkret verwendeten Wavelet (notwendigerweise mit kompaktem Träger) abhängt.

Die Transformation ist knapp und effizient: Ein Signal mit 32 Stützstellen führt auf 32 Koeffizienten, davon 31 Wavelet-Koeffizienten und den Mittelwert des Signals als Koeffizienten der letzten Skalierungsfunktion. An sich wird das Signal bei der schnellen Wavelet-Transformation jedoch nicht komprimiert. Wenn es komprimiert werden soll, muß man sich die Tatsache zunutze machen, daß bei den meisten Signalen ein herausgegriffener Wert mit benachbarten Funktionswerten mit hoher Wahrscheinlichkeit entweder ganz übereinstimmt oder doch nahezu identisch ist. Dies führt dann jeweils auf verschwindende oder zumindest doch sehr kleine Differenzen bzw. Wavelet-Koeffizienten.

13.1 Die Haar-Wavelet-Transformation

Sehr schön sieht man die Abfolge der Additionen und Subtraktionen am Beispiel der Haar-Skalierungsfunktion und des Haar-Wavelets (Abbildung 13.4).

Die gestrichelten Linien in Abbildung 13.4 machen deutlich, wie ein Signal durch die Haar-Skalierungsfunktion und die durch Translation aus ihr hervorgehenden Funktionen approximiert wird. Für jedes der vier Intervalle (zwischen 0 und 1, 1 und 2, 2 und 3 sowie 3 und 4) liefert der Skalierungs-funktions-Koeffizient den entsprechenden Mittelwert.

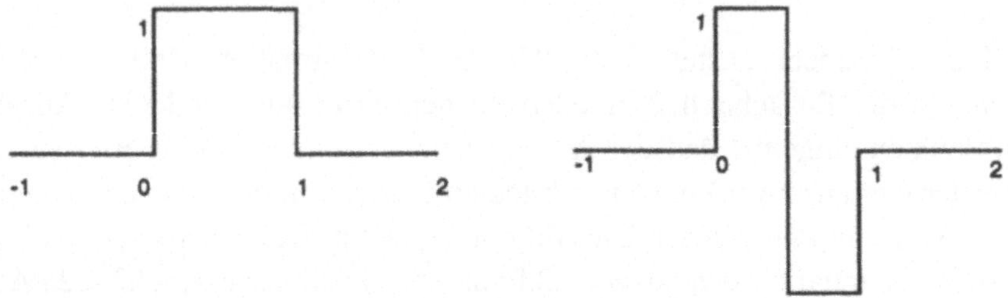

Abb. 13.3: Die Haar-Skalierungsfunktion (links) und das Haar-Wavelet (rechts) als einfaches Beispiel für die schnelle Wavelet-Transformation.

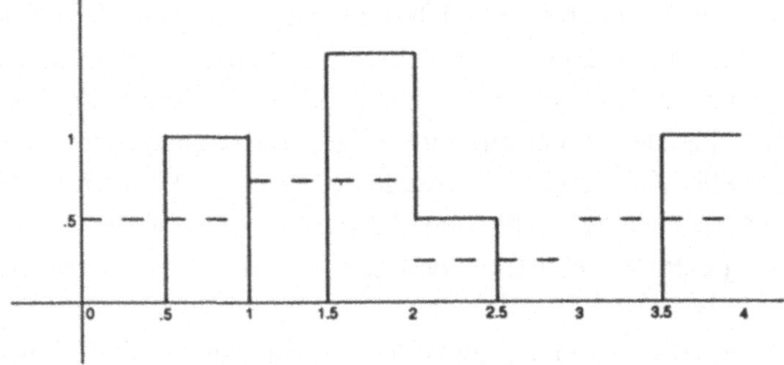

Abb. 13.4: Ein Signal und dessen Approximation durch die (gestrichelt gezeichnete) Haar-Skalierungsfunktion. Der Durchschnitt für das Intervall $[0, 1)$ ist 0,5.

Die Koeffizienten der Skalierungsfunktion ergeben sich aus dem Integral über das Produkt von Skalierungsfunktion und Signal. Da die Skalierungsfunktion zwischen 0 und 1 gleich 1 ist, stimmt das Produkt in diesem Intervall mit dem Signal selbst überein; für das Intervall $[0, 1)$ ist das Integral also 0,5. Verschiebt man die Skalierungsfunktion um 1, ergibt das Integral über das Skalierungsfunktions-Signal-Produkt 0,75 usw. Jeder Skalierungsfunktions-Koeffizient enthält den Signalmittelwert über ein bestimmtes Intervall.

Die Wavelets kodieren die Differenzen (genaugenommen die halben Differenzen) zweier benachbarter Signalwerte. Zwischen 0 und 0,5 hat das Wavelet den Wert 1 und zwischen 0,5 und 1 den Wert -1. Das Wavelet-Signal-Produkt in der unteren Hälfte des Intervalls $[0, 1)$ ist 0, während es in der oberen Hälfte -1 beträgt. Damit ist das Integral (der Wavelet-Koeffizient) $-0,5$, d. h. gleich der halben Differenz zwischen dem Signal in den Intervallen $[0, 0,5)$ und $[0,5, 1)$.

13.2 Faltungen

Die Wavelet-Transformation kann auch geometrisch gedeutet werden: Die Skalierungsfunktion glättet das Signal, und die Wavelets enthalten die Differenzen. In der Praxis erfordert die Transformation eine Reihe einfacher Rechenschritte, die *Faltung* des Signals mit zwei digitalen Filtern. (Lesern, die mit Faltungen bereits vertraut sind, empfehle ich, gleich zum nächsten Abschnitt *Faltungen und Wavelet-Transformation* überzugehen.)

Auch Faltungen lassen sich geometrisch interpretieren; wir wollen uns hier aber auf den rechentechnischen Aspekt konzentrieren, der auch bei computergestützten Wavelet-Transformationen zur Anwendung kommt. Unter diesem Gesichtspunkt sind Faltungen auch nichts anderes als die Algorithmen, die man in der Grundschule beim schriftlichen Multiplizieren lernt. Die Interpretation allerdings ist eine andere. Anstatt zum Beispiel zu sagen, daß man 426 mit 32 multipliziert, um 13 632 zu erhalten, heißt es nun, daß $[4, 2, 6]$ bei Faltung mit $[3, 2]$ die Folge $[1, 3, 6, 3, 2]$ ergibt.

Für die Faltung der Folgen a und b schreiben wir $(a \star b)$. Der $k$te Term der Folge $a \star b$ ergibt sich zu

$$(a \star b)_k = \sum_{j=-\infty}^{\infty} a_j b_{k-j}. \tag{13.1}$$

Für zwei Folgen a_j und b_j, die nur für $j \geq 0$ von null verschieden sind, ist

$$(a \star b)_k = \sum_{j=0}^{k} a_j b_{k-j}.$$

So lautet die zweite Komponente von $(a \star b)$

$$(a \star b)_2 = \sum_{j=0}^{2} a_j b_{2-j} = (a_0 b_2 + a_1 b_1 + a_2 b_0).$$

Um den Zusammenhang mit der Multiplikation deutlich zu machen, wollen wir die Folge wie bei Zahlen üblich „rückwärts notieren" (eine Angewohnheit, die wir von den Arabern übernommen haben, die ebenfalls von rechts nach links lesen):

$$a_N, \dots, a_2, a_1, a_0 = \dots + 100 a_2 + 10 a_1 + a_0,$$
$$b_M, \dots, b_2, b_1, b_0 = \dots + 100 b_2 + 10 b_1 + b_0.$$

Die Faltung $(a \star b)_2$ wird also auf die gleiche Weise berechnet wie die Hunderterstelle des Zahlenprodukts $(a_N \ldots a_2 a_1 a_0)(b_M \ldots b_2 b_1 b_0)$. Der Term $a_0 b_2$ entspricht dem Produkt des Hunderters von b mit dem Einer von a und $a_1 b_1$ dem Produkt der Zehner von b und a usw. Der einzige Unterschied besteht darin, daß bei der Faltung „Überträge" erst am Schluß, beim Addieren aller Terme, vorgenommen werden.

13.3 Faltung und Wavelet-Transformation

Um ein Signal in Wavelets zu transformieren, muß man die Stützstellen mit den Zahlenfolgen $\ldots, a_0, a_1, a_2, \ldots$ (dem Tiefpaßfilter der Skalierungsfunktion) und $\ldots, d_0, d_1, d_2, \ldots$ (dem Hochpaßfilter des Wavelets) falten. Die a_n und d_n heißen *Filterkoeffizienten*, was allerdings mißverständlich ist: Sie *sind* das Filter.

Betrachten wir nun unser Beispiel der Haar-Funktion unter dem Gesichtspunkt der Faltung[1]. Das Tiefpaßfilter der Haar-Skalierungsfunktion besteht aus den beiden Zahlen $a_{-1} = a_0 = 0{,}5$. Im Abschnitt *Mehrfachauflösung* hatten wir diese Koeffizienten a_0 und a_1 genannt, was hier aber auf Schwierigkeiten stieße. Wir gehen von Gleichung (13.1) aus, wobei wir a mit dem Filter und b mit den acht in Abbildung 13.4 gezeigten Signal-Stützstellen identifizieren ($b_0 = 0$ im Intervall $[0, 0{,}5)$, $b_1 = 1$ im Intervall $b = [0.5, 1)$ usw.) Dies führt auf vier Skalierungsfunktions-Koeffizienten,

$$(a \star b)_0 = a_{-1}b_1 + a_0 b_0 = 0{,}5(1 + 0) = 0{,}5,$$
$$(a \star b)_2 = a_{-1}b_3 + a_0 b_2 = 0{,}5(1{,}5 + 0) = 0{,}75,$$
$$(a \star b)_4 = a_{-1}b_5 + a_0 b_4 = 0{,}5(0 + 0{,}5) = 0{,}25,$$
$$(a \star b)_6 = a_{-1}b_7 + a_0 b_6 = 0{,}5(0 + 1) = 0{,}5.$$

Man sieht, daß dies gerade der Mittelwertbildung benachbarter Stützstellen entspricht. Die acht Signal-Stützstellen führen auf vier Skalierungsfunktions-Koeffizienten; das Signal wird also geglättet.

Das Hochpaßfilter des Haar-Wavelets hat die Werte $d_{-1} = -0{,}5$ und $d_0 = 0{,}5$, so daß der erste Wavelet-Koeffizient

$$(d \star b)_0 = d_{-1}b_1 + d_0 b_0 = -0{,}5(1) + 0{,}5(0) = -0{,}5$$

---

[1]Eine Begründung, warum die Faltung des Signals mit dem Hoch- und Tiefpaßfilter auf eine Wavelet-Transformation führt, findet sich z. B. in ([19], S. 156).

und der zweite

$$(d \star b)_2 = d_{-1}b_3 + d_0 b_2 = -0{,}5(1{,}5) + 0{,}5(0) = -0{,}75$$

lautet. In Abbildung 13.5 sind die Signalstützstellen und die (als erste berechneten) Koeffizienten der niedrigsten Auflösung zusammengestellt.

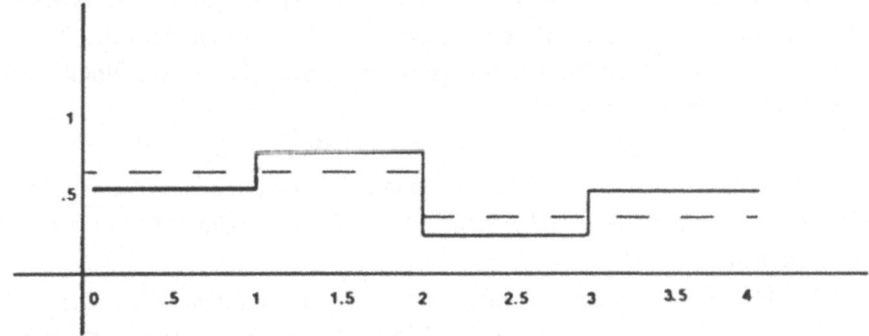

Abb. 13.5: Durch Addition der bei der niedrigsten Auflösung berechneten Wavelet- und Skalierungsfunktions-Koeffizienten erhält man wieder das Ausgangssignal. Das Bild zeigt (a) die x-Achse, (b) die Signal-Stützstellen nach Abbildung 13.4, (c) die Skalierungsfunktions-Koeffizienten in der Näherung der niedrigsten Auflösung nach Abbildung 13.4 sowie (d) die entsprechenden Wavelet-Koeffizienten.

Abb. 13.6: Bei der nächsten Auflösung dient das geglättete Signal aus den Abbildungen 13.4 und 13.5 als neuer Ausgangspunkt. Durchgezogene Linien bezeichnen den Verlauf des geglätteten Signals, Strichlinien die Näherung durch die gestreckte Skalierungsfunktion.

Man sieht, daß die Wavelet-Koeffizienten gerade die Information enthalten, die man zur Skalierungsfunktion hinzunehmen muß, um das Ausgangssignal zu erhalten,

$$-0{,}5 + 0{,}5 = 0, \quad \text{das Signal bei } 3{,}5,$$
$$0{,}25 + 0{,}25 = 0{,}5, \quad \text{das Signal bei } 2{,}5,$$
$$-0{,}75 + 0{,}75 = 0, \quad \text{das Signal bei } 1{,}5 \text{ usw.}$$

Dies ist auch allgemein so: Die Wavelet-Koeffizienten enthalten bei jeder
Auflösung die Information, die man zur Skalierungsfunktion hinzufügen
muß, um das Signal bei der nächsthöheren Auflösung zu erhalten.

Bei der nächsten Auflösung (Abbildung 13.6) beginnen wir mit dem zuvor berechneten geglätteten Signal (den vier Koeffizienten der Skalierungsfunktion) und glätten es weiter, wobei wir die um den Faktor zwei gestreckte
Skalierungsfunktion und entsprechend gestreckte Wavelets zur Kodierung
der Differenzen verwenden.

13.4   Kompliziertere Wavelets

Die Komplexität der Rechnung wächst mit der Anzahl nichtverschwindender Filterkoeffizienten, der sogenannten *Taps*, linear an. Wird ein Signal mit
einem Filter gefaltet, das nur zwei nichtverschwindende Werte, a_0 und a_1,
hat, entspricht das der Multiplikation mit einer zweistelligen Zahl; $a \star b$ kann
also nicht mehr als zwei nichtverschwindende Terme haben. So erhält man
zum Beispiel $a_0 b_3 + a_1 b_2$ für $k = 3$, und $a_0 b_3 + a_1 b_2$ für $k = 4$ usw. Bei
der Haar-Wavelet-Transformierten ist dies gerade der Fall: Um die Transformierte eines durch n Stützstellen gegebenen Signals zu berechnen, sind
$2(2n)$ Rechenschritte erforderlich.

Bei Filtern mit drei nichtverschwindenden Werten, a_0, a_1 und a_2 hat jedes Produkt $(a \star b)$ drei nichtverschwindende Terme (so z.B. $a_0 b_4 + a_1 b_3 +$
$a_2 b_2$ für $k = 4$). In diesem Fall erfordert eine Wavelet-Transformation $2(3n)$
Rechenschritte.

Wavelets mit kompaktem Träger entsprechen grundsätzlich Filtern mit
endlich vielen Taps. Je komplexer das Wavelet ist (je mehr nichtverschwindende Momente es beispielsweise hat), desto mehr Taps wird das entsprechende Filter besitzen; gleichzeitig wächst auch der Träger des Wavelets, und um so größer wird der Aufwand beim Berechnen der Wavelet-
Koeffizienten. Andererseits stellt Ingrid Daubechies fest: „Je mehr nichtverschwindende Momente das Wavelet besitzt, desto besser lassen sich glatte
Funktionen in jeder Generation durch die lokalen Mittelwerte modellieren,
und um so kleiner werden gleichzeitig die Wavelet-Koeffizienten. Damit
wird aber die Näherung, etwa die Hälfte der Koeffizienten (die kleinsten)
wegzulassen, immer besser. Mit anderen Worten: Man erhält die gleiche
Qualität mit wesentlich weniger Koeffizienten." Ob dies zu einer Einbuße
bei der Geschwindigkeit führt, hängt von der konkreten Anwendung ab.

13.5 FFT oder FWT – welche ist schneller?

Auf den ersten Blick scheint die schnelle Wavelet-Transformation (FWT) noch schneller als die schnelle Fourier-Transformation (FFT) zu sein: cn Rechenschritte gegenüber $n\log n$ bei der FFT. Für sehr große n ist $n\log n$ stets groß gegen cn.

Allerdings bemerkt Olivier Rioul (Ecole Nationale Supérieure des Télécommunications, Paris), man könne „kaum ernsthaft die Wavelet-Transformation mit der FFT eines ganzen Bildes oder Signals vergleichen. Um etwa ein Bild zu kodieren, zerlegt man es in kleine Blöcke von 8×8 Pixeln und wendet auf jeden dieser Blöcke die FFT oder gar die noch bessere DCT (Diskrete Kosinus-Transformation) an. Der Vergleich mit der FWT ist also wesentlich komplizierter, insbesondere unter dem Gesichtspunkt, daß die Wavelet-Transformation etwas schwieriger zu implementieren ist."

Kapitel 14

Der Burt-Adelsonsche Pyramiden-Algorithmus

Die Zusammenarbeit zwischen Peter Burt und Edward Adelson geht auf eine Zeit zurück, da beide als Postdoktoranden in Manhattan lebten, Adelson Mitarbeiter an der New York University war und Burt zwischen New York und der University of Maryland pendelte. Adelson erinnert sich: „Wir waren damals beide von den gerade aufkommenden Ideen zur Multiskalenanalyse, etwa von David Marr vom MIT, fasziniert, und so entwickelten wir unabhängig voneinander ein iteratives Multiskalen-Zerlegungsverfahren. Zu Beginn erforderten diese Arbeiten nicht mehr als Intuition und die Beherrschung der Grundrechenarten." Burt führte das Pyramidenverfahren zur maschinengestützten Mustererkennung ein; in einer gemeinsamen Veröffentlichung prägten er und Adelson die Begriffe der „Gaußschen" und „Laplaceschen" Pyramide und zeigten, wie sich diese zur Bildkomprimierung verwenden lassen [1].

Die wohl bekannteste Arbeit von Burt und Adelson zum Pyramiden-Algorithmus erschien 1983 [14]. Einer der Gutachter schrieb damals: „Ich kann mir kaum vorstellen, daß dieser Algorithmus jemals wieder angewendet werden wird." Später, im Jahre 1986, gelang es Adelson in Zusammenarbeit mit Eero Simoncelli (damals Sommerstudent an den RCA Laboratorien, heute am MIT), auch orthogonale Pyramiden zu konstruieren [2]. „Erst später wurde uns bewußt, daß wir damit die Conjugate Quadrature Filter zum zweiten Mal erfunden hatten." Im Jahre 1989 erhielten Adelson und Simoncelli ein Patent für die Anwendung zur Bilddaten-Komprimierung. Adelson merkt dazu an: „Das Patent hält derzeit die GE, die die RCA inzwischen übernommen hat. Es ist durchaus möglich, daß davon ein Großteil der derzeit verwendeten Wavelet-basierten Bildkodierungsverfahren betroffen ist. Allerdings bin ich nicht sicher, ob der GE dies bekannt ist." Allerdings wurde auch schon die Frage laut, in welchem Umfang das Patent angesichts dessen, daß die 1977 durch D. Esteban und C. Galand eingeführten Conjugate Quadrature Filter schon seit längerem bekannt waren, überhaupt auf solche Kodierungsverfahren anwendbar ist.

Kapitel 15

Multiwavelets

Ingrid Daubechies gelang es als erster, unter Verwendung von Iterationsverfahren orthogonale Wavelets mit kompaktem Träger zu konstruieren: Daubechies-Wavelets lassen sich nicht analytisch beschreiben. Zwar konnten kürzlich andere orthogonale Wavelets mit kompaktem Träger konstruieren, die sich durch explizite Funktionen beschreiben lassen; dies erfordert aber die Einführung mindestens einer weiteren Skalierungsfunktion.

Eine solche, ausgehend von mehreren Skalierungsfunktionen und Wavelets konstruierte Mehrfachauflösungs-Analyse unterliegt nicht den Beschränkungen der Daubechies-Wavelets. So lassen sich in diesem Rahmen beispielsweise symmetrische orthogonale Wavelets mit kompaktem Träger konstruieren. (Bei Anwendungen in der Bildkodierung sind derartige Symmetrien gelegentlich von Vorteil, siehe Seite 238. Das einzige symmetrische Daubechies-Wavelet ist das unstetige Haar-Wavelet.) George Donovan und Jeffrey S. Geronimo vom Georgia Institute of Technology sowie Douglas P. Hardin von der Vanderbilt University stellen hierzu fest: „Das Ziel besteht darin, über Multiwavelets Wavelets mit unterschiedlichem Regularitätsgrad und kurzem Träger zu konstruieren, die symmetrisch und gleichzeitig orthogonal sind" [26].

Geronimo schildert ein Beispiel: „Unter Verwendung zweier Skalierungsfunktionen lassen sich symmetrische Lösungen erzeugen. Mit Hilfe dreier Skalierungsfunktionen kann man stückweise lineare Wavelets konstruieren, die sich durch geschlossene Formeln beschreiben lassen. Ja, wir sind sogar in der Lage, Wavelets zu konstruieren, die stückweise linear und gleichzeitig symmetrisch oder antisymmetrisch sind; allerdings benötigen wir hierfür vier Skalierungsfunktionen."

Geronimo und seine Kollegen fanden zwei Verfahren, mit denen sich solche Multiwavelets erzeugen lassen. Das erste führt auf „fraktale" Wavelets. Es geht von einem Wavelet aus, das wie die „Hutfunktion" ($1 - |x|$ für $-1 \leq x \leq 1$ und 0 überall sonst) eine nichtorthogonale Mehrfachauflösungs-Analyse erzeugt. Zu diesem Wavelet addiert man punktweise eine *fraktale Interpolationsfunktion*, die so gewählt wird, daß beide Funktionen, wenn man den Abschnitt $[-1, 0]$ der Summenfunktion (Hut plus fraktale Interpolationsfunktion) nach $[0, 1]$ verschiebt, orthogonal zueinander sind. (Eine Erörterung fraktaler Interpolationsfunktionen findet sich in [7].)

Bei diesem Verfahren ergeben sich zwei symmetrische, orthogonale, stetige Skalierungsfunktionen mit kompaktem Träger. Mit ihrer Hilfe kann man zwei Wavelets, ein symmetrisches und ein antisymmetrisches, konstruieren. Während die Mallat-Meyersche Mehrfachauflösungsanalyse von nur einem „Mutter"-Wavelet ausgeht, dessen gegeneinander verschobene und gedehnte Funktionen sämtlich orthogonal zueinander sind, hat man es jetzt mit zwei „Mutter"-Wavelets zu tun, bei denen sämtliche verschobenen und gedehnten Funktionen orthogonal zueinander sind. (Nähere Untersuchungen hierzu enthält die Arbeit [28] von P. R. Massopust, Sam Houston State University). Inzwischen erstrecken sich die Arbeiten über fraktale Wavelets auch auf den zweidimensionalen Fall.

Das zweite Verfahren führt auf stückweise polynomiale Wavelets [26, 27]. Die so konstruierten Wavelets sind zumindest stetig, und es ist sogar gelungen, Wavelets zu konstruieren, die einmal stetig differenzierbar sind. *Stückweise polynomiale Funktionen* sind Funktionen, deren Graphen aus aneinandergesetzten Polynom-Stücken bestehen. Stückweise polynomiale Funktionen ersten Grades bestehen aus Geraden, stückweise polynomiale Funktionen zweiten Grades aus aneinandergesetzten Parabelbögen. Die stückweise polynomialen Wavelets zählten zu den ersten orthogonalen Wavelets überhaupt; allerdings hatten diese sogenannten Battle-Lemarié-Spline-Funktionen keinen kompakten Träger.

Welchen Preis hat man nun dafür zu zahlen? Geronimo stellt fest: „Zunächst würde man sicher denken, daß die größere Anzahl an Skalierungsfunktionen auch den Rechenaufwand in die Höhe treibt." Andererseits unterliegen Multiwavelets demselben Zerlegungs- und Rekonstruktionsalgorithmus wie Einzelwavelets, und der kurze Träger der Skalierungsfunktion könnte sie sogar rechentechnisch effizienter machen. „Das Gebiet ist noch sehr jung, und soweit mir bekannt ist, gibt es bisher kaum Vergleiche von Multi- und Einzelwavelets hinsichtlich des Rechenaufwands."

Kapitel 16

Heisenbergsche Unschärferelation und Zeit-Frequenz-Zerlegungen

Gelegentlich wird behauptet, wir könnten Signale nicht gleichzeitig bezüglich der Zeit und der Frequenz lokalisieren. Diese Formulierung kann zu Mißverständnissen führen, ist es doch keinesfalls so, daß nur *wir* nicht in der Lage sind, Signale bezüglich der Zeit und der Frequenz zu analysieren; vielmehr ist *das Signal selbst* nicht gleichzeitig in der Zeit und in der Frequenz lokalisiert. Die Heisenbergsche Unschärferelation beschränkt also nicht unsere Kenntnis der Realität, sondern beschreibt die Realität selbst. Je kurzlebiger eine Funktion ist, desto breiter ist das Frequenzband ihrer Fourier-Transformierten; je schmaler dagegen das Frequenzband ist, desto größer ist die zeitliche Ausdehnung der Funktion.

Im einzelnen lautet die Heisenbergsche Unschärferelation folgendermaßen (ein Beweis findet sich im Anhang auf S. 270): Für jede Funktion $f(t)$ (t reell) mit

$$\int_{-\infty}^{\infty} |f(t)|^2 \, \mathrm{d}t = 1 \tag{16.1}$$

beträgt das Produkt der Schwankungen von t und τ (der unabhängigen Variable von $\hat{f}$) um die Mittelwerte t_m und τ_m stets mindestens $1/16\pi^2$,

$$\underbrace{\left(\int_{-\infty}^{\infty}(t-t_m)^2|f(t)|^2\,\mathrm{d}t\right)}_{\text{Schwankung von }t}\underbrace{\left(\int_{-\infty}^{\infty}(\tau-\tau_m)^2|\hat{f}(\tau)|^2\,\mathrm{d}\tau\right)}_{\text{Schwankung von }\tau} \geq \frac{1}{16\pi^2}. \quad (16.2)$$

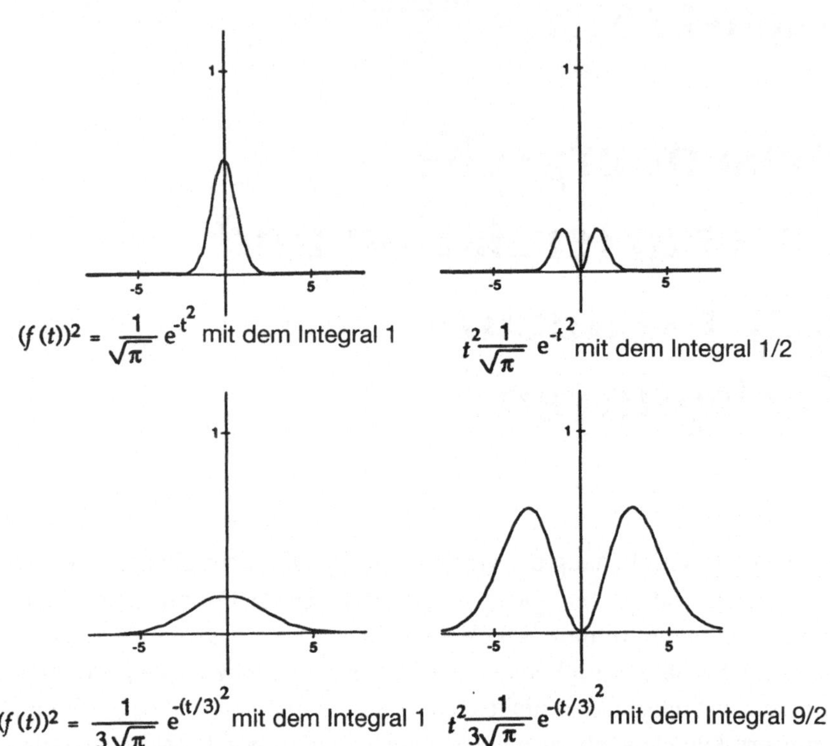

$(f(t))^2 = \dfrac{1}{\sqrt{\pi}}\,e^{-t^2}$ mit dem Integral 1 $t^2\dfrac{1}{\sqrt{\pi}}\,e^{-t^2}$ mit dem Integral 1/2

$(f(t))^2 = \dfrac{1}{3\sqrt{\pi}}\,e^{-(t/3)^2}$ mit dem Integral 1 $t^2\dfrac{1}{3\sqrt{\pi}}\,e^{-(t/3)^2}$ mit dem Integral 9/2

Abb. 16.1: Links zwei Funktionen, rechts die gleichen Funktionen nach Multiplikation mit t^2 (d. h. $(t-t_m)^2$ bei $t_m = 0$). Die Multiplikation verleiht Funktionswerten bei großen t ein größeres Gewicht und dämpft solche für kleine t. Das rechts stehende Integral mißt jeweils die *t-Schwankung* der links daneben stehenden Funktion. Die Funktion oben links ist zeitlich eng lokalisiert und hat eine geringe Schwankung, die Funktion unten links erstreckt sich demgegenüber über einen größeren Zeitraum und unterliegt deshalb einer größeren Schwankung.

Der genaue Wert auf der rechten Seite hängt von der zur Fourier-Transformation verwendeten Formel ab, siehe Seite 265. Die Normierung (16.1) ist insofern plausibel, als das Integral in der Quantenmechanik ein Maß für die Wahrscheinlichkeit ist und die Wahrscheinlichkeit 1 ein Ereignis beschreibt, das mit Sicherheit eintrifft.

Die *Schwankungen* geben an, in welchem Umfang die Variablen t und τ von den Mittelwerten t_m und τ_m abweichen. (Der Schwankungsbegriff wird im Kapitel *Wahrscheinlichkeit, Heisenberg und die Quantenmechanik* auf Seite 209 näher erläutert.) Je enger f in einem schmalen Zeitfenster lokalisiert ist, desto geringer sind die Schwankungen von t; erstreckt sich das Signal dagegen über größere Zeiträume, wird auch die Schwankung größer. Indem $|f(t)|^2$ mit $(t - t_m)^2$ multipliziert wird, erhalten die bei großen $|t - t_m|$, das heißt Zeiten t weitab vom Mittelwert, gelegenen Funktionswerte $|f(t)|^2$ gegenüber denen für kleine $t - t_m$ ein größeres Gewicht.

Einige Beispiele sollen dies illustrieren. Abbildung 16.1 zeigt links zwei Funktionen und deren Integrale sowie rechts die gleichen Funktionen nach Multiplikation mit t^2 (d. h. $(t - t_m)^2$ bei $t_m = 0$).

Das zweite Integral in (16.2) ist ein Maß für den Frequenzbereich der Fourier-Transformierten von f. Je geringer die Schwankung von τ ist, desto schmaler ist das Frequenzband von $\hat{f}$.

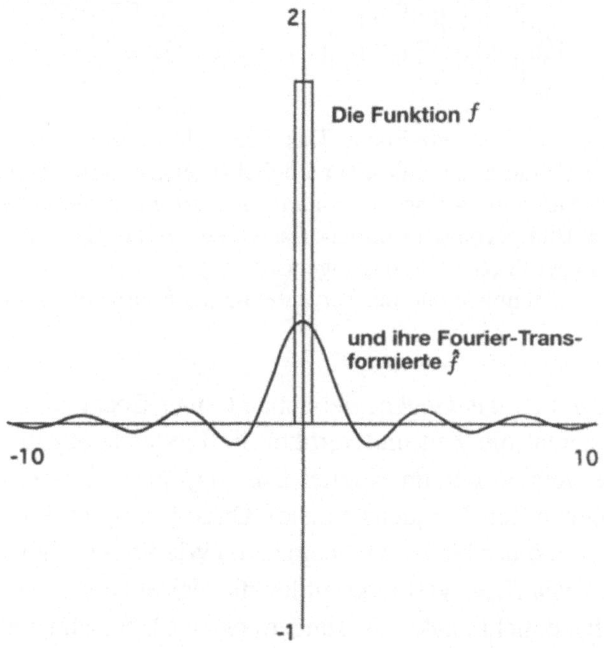

Abb. 16.2: Eine Funktion und ihre Fourier-Transformierte können nicht gleichzeitig eng lokalisiert sein.

Wir betrachten nun eine Funktion $|f(t)|^2$, deren Graph zeitlich eng lokalisiert ist. Da wir das Integral über die Funktion auf 1 normiert hatten (Bedingung (16.1)), hat die Funktion einen ausgeprägten Peak; die Fourier-

Transformierte eines solchen Peaks ist, wie Abbildung 16.2 zeigt, zeitlich weit ausgedehnt.

16.1 Zeit-Frequenz-Darstellungen

Welches Verfahren man zur gleichzeitigen Zeit- und Frequenz-Zerlegung eines Signals auch wählt, man hat stets mit Schwierigkeiten zu rechnen. Ist man an einer genauen Aussage über den Zeitverlauf interessiert, muß man ein breites Frequenzspektrum in Kauf nehmen; möchte man eine genaue Aussage über die Frequenz, wird das Zeitsignal „verschmiert".

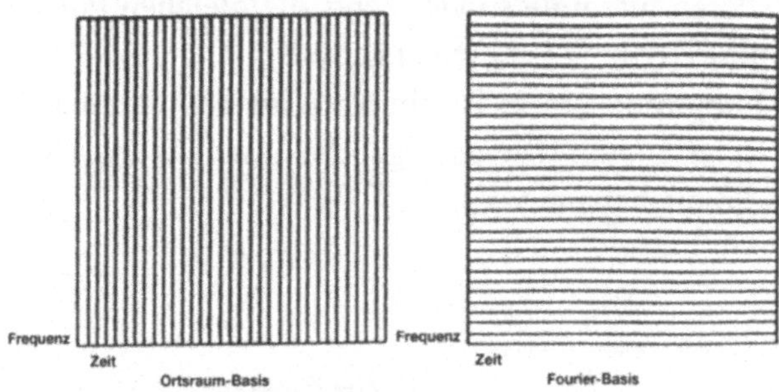

Abb. 16.3: Die Zeit-Frequenz-Ebene. Das linke Bild zeigt die Zerlegung nach der Standard- oder „Dirac-Basis", die einer möglichst genauen zeitlichen Lokalisierung entspricht. Die Heisenberg-Kästchen entarten hier zu engen vertikalen Streifen. Bei der im rechten Bild gezeigten Fourier-„Basis" werden aus den Kästchen horizontale Streifen. In der Praxis führt das abgetastete Signalintervall bei Verwendung der Standardbasis auf schmale und bei Verwendung der Fourier-Basis auf breite Kästchen.

Man kann sich das Gegenspiel anhand einer Ebene veranschaulichen, auf der horizontal die Zeit und vertikal die Frequenz abgetragen ist (eine vereinfachte Version der im Kapitel *Das Verfahren der optimalen Basis*, S. 249 erwähnten Zeit-Frequenz-Ebene). Diese Ebene wird mit Rechtecken der Länge Δt und der Höhe $\Delta \tau$ überdeckt. (Wie im Abschnitt *Das Verfahren der optimalen Basis* vermerkt, füllen die Heisenberg-Kästchen die Zeit-Frequenz-Ebene nicht exakt aus, sondern es gibt Überschneidungen.) „Δt" bezeichnet das Zeitfenster, die Standardabweichung der Zeit. Die Standardabweichung ist die Quadratwurzel aus der in Gleichung (16.2) eingehenden t- Schwankung. „$\Delta \tau$" bezeichnet den Frequenzbereich, die Standardabweichung der Frequenz bzw. Quadratwurzel der τ-Schwankung aus Gleichung (16.2). Victor Wickerhauser nennt diese Rechtecke *Heisenberg-Zellen* oder *Heisenberg-Kästchen.*

Die Heisenbergsche Unschärferelation besagt, daß jede Zelle bzw. jedes Kästchen eine Fläche von mindestens $1/4\pi$ haben muß. Je nach gewählter Basis werden die Zellen aber unterschiedliche Form und Lage haben. Wickerhauser schreibt dazu: „Nimmt man als Beispiel die ‚Dirac-Basis‘, in der die Ereignisse zeitlich genau fixiert sind, wird die Ebene mit den höchsten und gleichzeitig schmalsten Rechtecken ausgefüllt." Die Fourier-Basis dagegen legt bei zeitlich sehr ausgedehnten Ereignissen die Frequenzen so genau wie möglich fest, so daß die Heisenberg-Kästchen zwar (der genauen Frequenzinformation entsprechend) sehr flach, dafür aber extrem breit werden (Abbildung 16.3)[1].

Bei der gefensterten Fourier-Analyse hängt die Form der Heisenberg-Kästchen, wie Abbildung 16.4 zeigt, von der Fenstergröße ab. Schmale Fenster lösen kurze Zeitintervalle auf Kosten der Frequenzgenauigkeit auf. Breite Fenster erfassen den Zeitverlauf nur ungenau, machen dafür aber genaue Aussagen über die Frequenz. In beiden Fällen sind die Fenster bei gegebener Zerlegung für hohe Frequenzen genauso breit wie für niedrige.

Bei der Verwendung von Wavelets werden niedrige Frequenzen mit breiten Fenstern und höhere mit immer schmaler werdenden analysiert (Abbildung 16.5). Wie von der Heisenbergschen Unschärferelation gefordert, müssen die Heisenberg-Kästchen der schmalen Wavelets höher sein; die Zeit wird hier also zugunsten der Frequenz privilegiert.

„Eine derartige Analyse wird am besten funktionieren, wenn die hochfrequenten Signalkomponenten von kurzer, die niederfrequenten dagegen von langer Dauer sind, wie das bei den in der Praxis auftretenden Signalen tatsächlich häufig der Fall ist." (Olivier Rioul, Ecole Nationale Supérieure des Télécommunications, Paris, und Martin Vetterli, University of California, Berkeley, ([74] S. 18)).

---

[1]Genaugenommen sind dies keine echten Basen; da die Dirac-„Funktionen" der Standardbasis keine echten Funktionen sind, können sie keine Basis bilden. Die Bezeichnung „Fourier-Basis" ist für den Spezialfall der Fourier-Reihen gerechtfertigt, da die Funktionen $\sin 2\pi kt$ und $\cos 2\pi kt$ Elemente des Raums der quadratintegrablen Funktionen $L^2[0, 1]$ sind. Im allgemeinen Fall der Fourier-Transformierten ist er jedoch ebenfalls nicht korrekt, da die „Basisfunktionen" $e^{2\pi i\tau t}$ nicht quadratintegrabel, d. h. nicht Elemente von $L^2(\mathbb{R})$ sind.

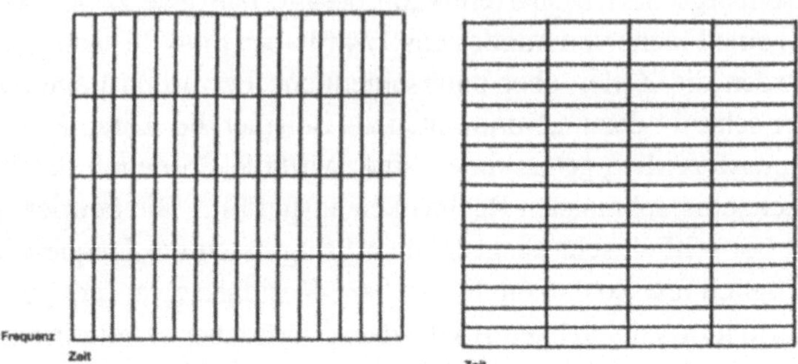

Abb. 16.4: Eine idealisierte Zeit-Frequenz-Ebene, zerlegt mit der gefensterten Fourier-Analyse. Links: Ein schmales Fenster, das mehr Informationen über den Zeitverlauf, aber weniger über die Frequenz liefert. Rechts: Ein breites Fenster, das mehr Informationen über die Frequenz, aber weniger über den Zeitverlauf liefert.

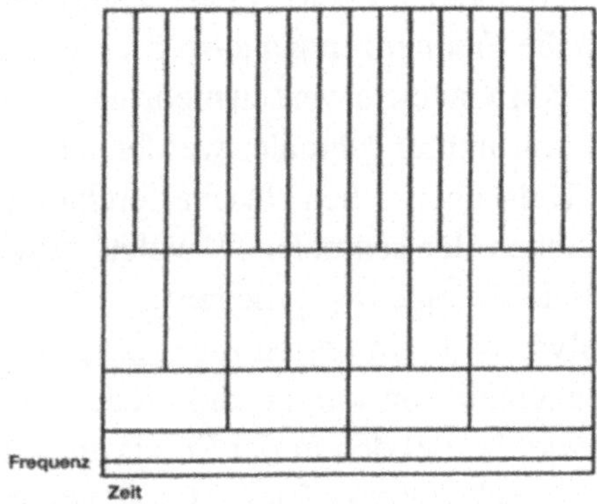

Abb. 16.5: Eine idealisierte Zeit-Frequenz-Zerlegung mit Wavelets. Die Fensterbreite ist variabel. Die zur Analyse tiefer Frequenzen verwendeten breiten Fenster sind genau bezüglich der Frequenz, aber unscharf in der Zeit. Die schmalen, zur Analyse hoher Frequenzen verwendeten Fenster dagegen legen die Zeit genau fest, jedoch auf Kosten der Frequenz.

Kapitel 17

Wahrscheinlichkeit, Heisenbergsche Unschärferelation und Quantenmechanik

„ . . . Unmögliches kann man nicht glauben."
„Ich wage zu behaupten, du hast es nur zu wenig geübt", sagte die Königin.
„Als ich in deinem Alter war, hab ich täglich eine halbe Stunde lang zu glauben versucht.
Und manchmal hab ich's geschafft, noch vor dem Frühstück mindestens sechs
unmögliche Dinge zu glauben."
Lewis Carroll, *Alice im Spiegelland*

Eigentlich ist es gar nicht so schwer, sich klarzumachen, daß Signale nicht gleichzeitig in der Zeit und in der Frequenz „lokalisiert" sein können. Von der Frequenz in einem bestimmten Zeitpunkt zu sprechen ist sinnwidrig: Frequenzen benötigen stets eine gewisse Zeit, um oszillieren zu können. Viel schwerer ist es schon, sich vorzustellen, daß Elementarteilchen nicht gleichzeitig an einem bestimmten Ort sein und einen bestimmten Impuls haben können. Zunächst könnte man zu der Auffassung neigen, daß die Heisenbergsche Unschärferelation lediglich eine Grenze dessen beschreibt, was wir (infolge mangelnder Intelligenz oder Hilfsmittel) *wissen* können. Das ist aber nicht der Fall. Genau wie bei der Signalverarbeitung beschreibt auch die Heisenbergsche Unschärferelation nur die Realität: Elementarteilchen können tatsächlich nicht gleichzeitig an einem bestimmten Ort sein und einen bestimmten Impuls haben.

Ja, wir haben nicht einmal das Recht, überhaupt vom Ort eines Elementarteilchens zu sprechen. Die einzig sinnvolle Fragestellung lautet: Wie hoch ist die Wahrscheinlichkeit, daß sich ein Teilchen in einem gegebenen Gebiet aufhält? Damit müssen wir uns bei der Diskussion der Heisenbergschen Unschärferelation und der Quantenmechanik der Sprache der Wahrscheinlichkeitstheorie bedienen. Erst nachdem der russische Mathematiker Andrei Kolmogorov in der 30er Jahren dieses Jahrhunderts entdeckt hatte, daß Wahrscheinlichkeits- und Maßtheorie auf ein und dasselbe hinauslaufen, wurde erstere ein integraler Bestandteil der Mathematik. Dies ermöglichte es schließlich auch, verschiedenen zuvor mehr intuitiv eingeführten Begriffen eine genau definierte Bedeutung zu geben.

17.1   Die Sprache der Wahrscheinlichkeiten

Ein *Wahrscheinlichkeitsraum* X ist eine Menge (typischerweise experimentell gewonnener) Daten, versehen mit einer Funktion P, die eine Teilmenge von X mißt. Wir würfeln mit zwei Würfeln. Da jeder der Würfel sechs mit 1 bis 6 Augen versehene Seiten hat, würden wir (in der Sprache der Mengenlehre) sagen, daß die Menge X aus 36 Elementen besteht bzw. (in der Sprache der Wahrscheinlichkeitstheorie), daß das Experiment 36 mögliche *Elementarereignisse* hat. Sind die Würfel nicht gezinkt, hat jedes Elementarereignis (Element von X) eine Wahrscheinlichkeit von 1/36. Die Teilmenge „die Summe der Augen ist 5" hat eine Wahrscheinlichkeit von $4/36 = 1/9$. Ereignisse können also aus mehreren Elementarereignissen bestehen. Gleichbedeutend kann man sagen, daß die Funktion P der Teilmenge $\{(1,4)(2,3)(3,2)(4,1)\}$ das *Maß* $1/9$ verleiht.

Eine *Zufallsvariable* ist eine Funktion $X \to \mathbb{R}$ (also eine Funktion, die jedem Elementarereignis eine reelle Zahl zuordnet). Man kann sich darunter etwa eine bei jeder Versuchsdurchführung erneut gemessene Größe vorstellen, zum Beispiel die mit zwei Würfeln gewürfelte Summe. Leider ist die Bezeichnung *Zufallsvariable* unglücklich gewählt. Sie geht auf Zeiten zurück, da die formale Fassung der Wahrscheinlichkeitstheorie noch ausstand, und führt oft zu Verständnisschwierigkeiten, da sich der Funktionsbegriff mit dem Zufallsbegriff nur schwer in Einklang bringen läßt. Wir wollen deshalb besser die Bezeichnung *Zufallsfunktion* verwenden. In der Quantenmechanik sind in unserem Zusammenhang zwei solcher Zufallsfunktionen von Bedeutung, eine, die den Ort eines Teilchens beschreibt, und eine weitere für dessen Impuls.

Die wichtigste Formel der Wahrscheinlichkeitstheorie überhaupt ist die für den *Mittelwert* oder, wie man auch sagt, *Erwartungswert* einer Zufallsfunktion, $M(f)$. Im Falle unserer Würfel ist der Mittelwert der Augensumme

$$2\frac{1}{36} + 3\frac{2}{36} + 4\frac{3}{36} + 5\frac{4}{36} + 6\frac{5}{36} + 7\frac{6}{36}$$
$$+ 8\frac{5}{36} + 9\frac{4}{36} + 10\frac{3}{36} + 11\frac{2}{36} + 12\frac{1}{36} = 7.$$

Der erste Term steht für die einzige Möglichkeit, als Summe eine 2 zu würfeln, der zweite Term für die beiden Möglichkeiten, insgesamt 3 zu erhalten etc.

Die *Standardabweichung* einer Zufallsfunktion f ist ein Maß dafür, wie stark deren Funktionswerte vom Mittelwert abweichen. Ein Maß, das sofort ins Auge springt, ist die *mittlere absolute Abweichung* $M|f - M(f)|$, die mittlere Distanz zwischen f und dem Mittelwert. Leider ist diese Größe rechentechnisch nicht ganz einfach zu handhaben; dagegen ist die zunächst etwas ungewöhnlich aussehende *Standardabweichung* $\sigma(f)$ („Sigma von f")

$$\sigma(f) = \sqrt{M(f - M(f))^2}$$

bei praktischen Rechnungen wesentlich unproblematischer. Warum eine solche Formel? Die mittlere Abweichung vom Mittelwert selbst, $f - M(f)$, ist offensichtlich null, da sich die negativen Werte gegen die positiven wegheben. Um etwas Positives zu erhalten, wird bei der mittleren absoluten Abweichung der Absolutbetrag von $f - M(f)$ gebildet, der bei der Standardabweichung noch quadriert wird.

Der als *Varianz* von f bezeichnete Mittelwert der Quadrate der Abweichungen

$$\mathrm{Var}(f) = M((f - M(f))^2)$$

selbst kann auch nicht als mittlere Abweichung dienen, da er nicht die richtige Maßeinheit hat. Mißt man z. B. die Größe von Kindern eines bestimmten Alters in Zentimetern, hat die Varianz im Unterschied zur Zufallsfunktion selbst, die die Dimension einer Länge hat, die Dimension cm^2. Die Standardabweichung als Quadratwurzel aus der Varianz dagegen hat die richtige Maßeinheit.

In dem obigen Beispiel ergibt sich für die Varianz der Augensumme T zweier Würfel

$$\text{Var}(T) = \frac{1}{36}(2-7)^2 + \frac{2}{36}(3-7)^2 + \ldots + \frac{6}{36}(7-7)^2 + \ldots$$
$$+ \frac{2}{36}(11-7)^2 + \frac{1}{36}(12-7)^2 = 5{,}833\ldots$$

Die Standardabweichung beträgt in diesem Beispiel also $\sqrt{5{,}833\ldots} \approx 2{,}415\ldots$ gegenüber einer mittleren absoluten Abweichung von $\approx 1{,}94\ldots$ Bei der Standardabweichung erhalten Werte fernab vom Mittelwert gegenüber solchen in der Nähe des Mittelwertes ein größeres Gewicht, während die mittlere absolute Abweichung alle Abweichungen gleichberechtigt behandelt.

17.2   Die Wahrscheinlichkeit als Integral

Solange der Wahrscheinlichkeitsraum diskret ist, kann man alle Fragen anhand der Wahrscheinlichkeiten der Elementarereignisse erörtern. Die Elementarereignisse sind dann abzählbar (im Falle des Würfels sogar endlich), und obgleich es auch hier sinnvoll ist, sich der Sprache der Maßtheorie zu bedienen, ist dies nicht zwingend erforderlich. Die meisten ernsthaften Fragestellungen der Wahrscheinlichkeitstheorie – und hierzu zählen insbesondere zahlreiche Problemstellungen der Quantenmechanik – erfordern aber die Verwendung von Wahrscheinlichkeitsräumen, die nicht nur unendlich, sondern sogar *kontinuierlich* sind. In diesem Fall kann man die Wahrscheinlichkeiten von Ereignissen nicht mehr auf die Wahrscheinlichkeiten von Elementarereignissen zurückführen, sondern muß zwingend auf Formulierungen der Maßtheorie zurückgreifen.

Typisch hierfür ist folgende Situation: Gegeben sei eine Funktion μ („mü") mit nichtnegativen Funktionswerten, die über der x-Achse zwischen $-\infty$ und ∞ die Fläche 1 einschließt (Abbildung 17.1).

Die Funktion μ ist eine Wahrscheinlichkeitsdichte. Die reellen Zahlen zwischen $-\infty$ und ∞ bezeichnen die Gesamtheit der theoretisch möglichen Meßergebnisse eines Experiments, während das im Bild schraffiert gezeichnete Integral

$$P[a,b] = \int_a^b \mu(x)\,\mathrm{d}x$$

die Wahrscheinlichkeit dafür charakterisiert, daß der Meßwert zwischen a und b liegt. Natürlich muß das Integral

$$P[-\infty, \infty] = \int_{-\infty}^{\infty} \mu(x)\, \mathrm{d}x = 1 \tag{17.1}$$

sein als Maß dafür, überhaupt einen Meßwert zu erhalten.

Man mache sich klar, daß die Wahrscheinlichkeit, genau den Wert a zu erhalten, null ist: Genau im Punkt a ist die „Fläche" unter der Funktion null. Es mag verrückt aussehen, daß eine unendliche Summe von Nullen 1 ergibt. Im Grunde ist das aber nicht anders als bei einer Geraden, die auch eine bestimmte Länge hat, obgleich die Einzelpunkte, aus denen sie besteht, ebenfalls die Länge null haben. Demnach ist es ausgeschlossen, einen kontinuierlichen Wahrscheinlichkeitsraum anhand der Wahrscheinlichkeiten von Einzelereignissen zu verstehen; statt dessen muß man die (endlichen oder unendlichen) Summen durch Integrale ersetzen.

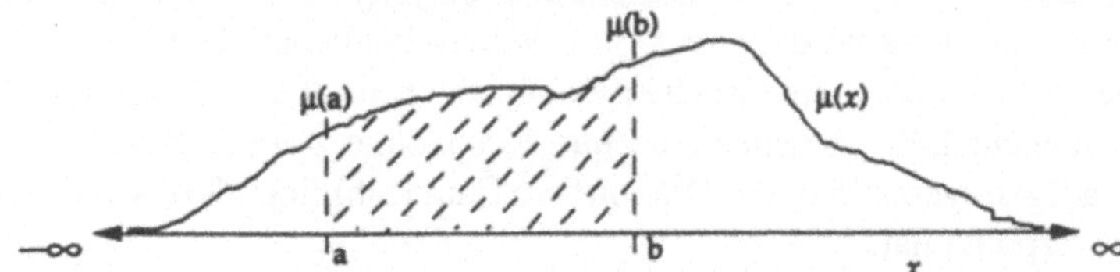

Abb. 17.1: Bei kontinuierlichen Wahrscheinlichkeitsräumen kann man die Wahrscheinlichkeiten von Ereignissen nicht mehr durch Elementarereignisse charakterisieren, sondern muß zur Verwendung von Integralen übergehen. Die Funktion μ ist eine Wahrscheinlichkeitsdichte. Die zwischen $-\infty$ und ∞ gelegenen reellen Zahlen stehen für die theoretisch möglichen Meßergebnisse eines Experiments. Das (schraffiert gezeichnete) Integral $\int_a^b \mu(x)\, \mathrm{d}x$ ist ein Maß für die Wahrscheinlichkeit, daß der Meßwert zwischen a und b liegt.

Bei kontinuierlichen Wahrscheinlichkeitsräumen ergibt sich der Mittelwert einer Zufallsfunktion f zu

$$M(f) = \int_{-\infty}^{\infty} f(x)\mu(x)\, \mathrm{d}x. \tag{17.2}$$

Insbesondere kann man den Mittelwert im Spezialfall $f(x) = x$ als Schwerpunkt eines Balkens der Dichte $\mu(x)$ interpretieren. Auf dieses Bild werden wir auch bei unseren Betrachtungen zur Quantenmechanik zurückgreifen. Zur Erläuterung wollen wir vorübergehend noch einmal einen diskreten Wahrscheinlichkeitsraum betrachten.

Zehn Studenten legen eine Prüfung ab. Einer erhält 95 Punkte, vier bekommen 90, zwei 85, zwei 80 und einer 70 (Abbildung 17.2). Jeder möglichen Punktzahl wird ein Gewicht $\mu(x)$ zugeordnet. Das Gewicht für 95 Punkte ist $1/10$, da einer der 10 Studenten 95 Punkte erzielte, die 90 Punkte bekommen ein Gewicht von $4/10$ usw. Um die mittlere Punktzahl zu errechnen, muß man jede Punktzahl mit dem Gewicht $\mu(x)$ multiplizieren und die Ergebnisse addieren.

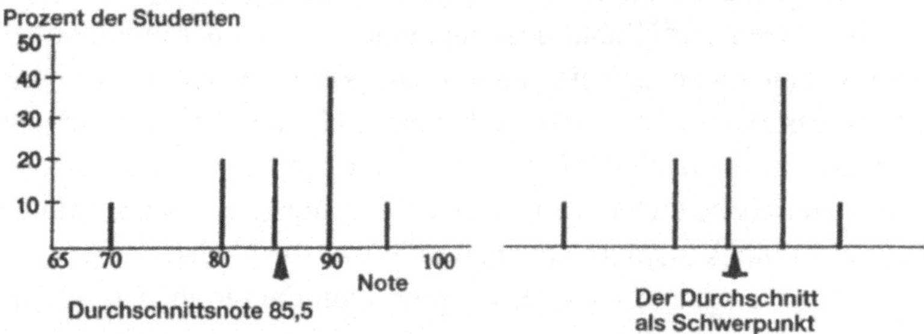

Abb. 17.2: Den Mittelwert einer Zufallsfunktion $f(x) = x$ kann man sich als Schwerpunkt eines Balkens der Dichte $\mu(x)$ veranschaulichen. In unserem Beispiel werden die von 10 Studenten erreichten Punktzahlen x mit dem Bruchteil $\mu(x)$ der Studenten gewichtet, die die entsprechende Punktzahl erzielten; dies sind die über der Achse aufgetragenen Säulen. Die mittlere Punktzahl liegt dort, wo der Balken seinen Schwerpunkt hat.

Im kontinuierlichen Fall geht man genauso vor. Anstatt aber die Folge der Zahlen

$$95\left(\frac{1}{10}\right) + 90\left(\frac{4}{10}\right) + 85\left(\frac{2}{10}\right) + 80\left(\frac{2}{10}\right) + 70\left(\frac{1}{10}\right) = 85{,}5$$

zu addieren, wird hier die entsprechende kontinuierliche Summe, d. h. das Integral

$$M(x) = \int_{-\infty}^{\infty} x\mu(x)\,\mathrm{d}x \tag{17.3}$$

berechnet. Damit wird auch klar, warum das Integral über $\mu(x)$ nach Formel (17.1) gleich 1 sein soll: Auf unseren Fall der Prüfungsergebnisse bezogen, bedeutet das, daß die Summe aller $\mu(x)$ wieder 1 ergeben muß,

$$\frac{1}{10} + \frac{4}{10} + \frac{2}{10} + \frac{2}{10} + \frac{1}{10} = 1.$$

17.3 Die Quantenmechanik

Das von der Quantenmechanik vermittelte Bild der Realität widerspricht in vielem unserer Alltagserfahrung. In der klassischen Mechanik sind Ort und Impuls Funktionen des Systemzustands. Man werfe einen Tennisball in einen leeren Raum: Der Ball und der Raum bilden dann ein System, wobei der Ball in jedem Zustand des Systems einen definierten Ort und Impuls besitzt. Beide Größen lassen sich messen und mit Hilfe der bekannten Gesetze auch voraussagen. In der Quantenmechanik wird der Zustand eines Systems durch die Wellenfunktion $\psi(x)$ charakterisiert, deren Entwicklung durch die Schrödinger-Gleichung bestimmt ist. Es dürfte einsehbar sein, daß das hier für die Wellenfunktion verwendete ψ nichts mit dem Wavelet-ψ zu tun hat. Wenn es auch so scheint, als ob diese vollständig deterministische Gleichung die von Laplace erhoffte Formel wäre, die „alle Bewegungen, von den größten Körpern des Universums bis hin zum kleinsten Atom, umfaßt", so ist sie doch nicht in der Lage, „die Zukunft wie die Vergangenheit" vor uns offenzulegen.

Den Ort oder den Impuls eines Teilchens können wir messen (aber stets nur einen von beiden, da bei der Ortsmessung der Impuls geändert wird und umgekehrt). Ausgehend von der Schrödinger-Gleichung, die ja nur Wahrscheinlichkeiten liefert, kann man die beiden Größen aber nicht voraussagen. Man halte sich dies einmal vor Augen: Eine Funktion, die eine vollständige Beschreibung der Elementarteilchen geben soll, kann nicht einmal sagen, wo sie sich gerade aufhalten! Dazu kommt, daß der Heisenbergschen Unschärferelation zufolge Elementarteilchen selbst unter Berücksichtigung des Wahrscheinlichkeitsaspekts *überhaupt keinen* genauen Ort und Impuls *haben*. Im folgenden wollen wir diesen komplizierten Sachverhalt noch etwas tiefer beleuchten und dabei insbesondere die Rolle der Heisenbergschen Unschärferelation herausstellen. Um die Sache etwas zu vereinfachen, beschränken wir uns auf ein eindimensionales Beispiel, ein Teilchen auf einer Geraden mit der (reellen) Koordinate x.

Wie schon gesagt, wird der Zustand dieses Systems durch die Wellenfunktion $\psi(x)$ beschrieben, die das System in jedem beliebigen Zeitpunkt vollständig charakterisiert. Erschwerend wirkt sich vor allem aus, daß diese Funktion eine Phase besitzt. Die Funktion $|\psi(x)|^2$ läßt sich dagegen in der üblichen Weise interpretieren, indem man $|\psi(x)|^2$ als „Aufenthalts-Wahrscheinlichkeitsdichte" deutet. Sie tritt in den Gleichungen (17.1)–(17.3) an die Stelle von $\mu(x)$, d. h. $\mu_\psi = |\psi(x)|^2$.

Die Variable x ist die Zufallsfunktion für den Ort des Teilchens. (Zur Erinnerung: Wir arbeiten in einer Dimension.) Die Wahrscheinlichkeit dafür, daß sich das Teilchen irgendwo auf der Geraden aufhält, ist

$$P[-\infty, \infty] = \int_{-\infty}^{\infty} |\psi(x)|^2 \, dx = 1.$$

Wie man sieht, ist $\psi(x)$ *quadratintegrabel*: Das Integral über das Quadrat des absoluten Betrages ist endlich. Die Wellenfunktion gehört damit zum Funktionenraum $L^2(\mathbb{R})$, den wir im Kapitel *Eine Reise durch die Funktionenräume*, S. 221, noch näher kennenlernen werden. Zu diesem Funktionenraum zählen auch sehr bizarre und unanschauliche Funktionen; will man eine mathematische Theorie der Quantenmechanik konstruieren, kommt man aber nicht umhin, dies zu akzeptieren. Da das Integral 1 ist, ist jeder Zustand unseres Systems ein *normiertes* Element von $L^2(\mathbb{R})$.

Die Wahrscheinlichkeit, daß sich das Teilchen zwischen a und b aufhält, ist durch das Integral

$$\int_a^b |\psi(x)|^2 \, dx \tag{17.4}$$

gegeben.

Die Zufallsfunktion für den Impuls ist $h\xi$, wobei die Konstante $h = 6{,}624 \cdot 10^{-27}$ g cm^2/s (Gramm mal Quadratzentimeter pro Sekunde) das Plancksche Wirkungsquantum ist. Neben der Tatsache, daß h zur korrekten Beschreibung der physikalischen Realität erforderlich ist, sichert dies auch die richtigen Maßeinheiten. Die Wellenzahl (oder räumliche Frequenz) ξ wird in Einheiten von 1/cm gemessen. Der Impuls hat die Maßeinheit Masse mal Geschwindigkeit, die man gerade erhält, wenn man ξ mit dem Planckschen Wirkungsquantum multipliziert,

$$\frac{\text{g cm}^2}{\text{s}} \cdot \frac{1}{\text{cm}} = \frac{\text{g cm}}{\text{s}}.$$

Die Wahrscheinlichkeit dafür, das Teilchen an einem Ort zwischen $h\alpha$ und $h\beta$ zu finden, beträgt

$$\int_\alpha^\beta |\hat{\psi}(\xi)|^2 \, d\xi. \tag{17.5}$$

Das Maß für die Orts-Wahrscheinlichkeit im Ortsraum ist somit $|\psi(x)|^2$, während $|\hat{\psi}(\xi)|^2$ das Maß für die Impuls-Wahrscheinlichkeit im Fourier-Raum ist.

Den Mittelwert der Funktion x (den „mittleren Ort" des Teilchens), den wir x_m nennen wollen, erhält man durch Integration über das Produkt von x und der Wahrscheinlichkeitsdichte $|\psi(x)|^2$,

$$x_m = \int_{-\infty}^{\infty} x|\psi(x)|^2 \, \mathrm{d}x.$$

Diese Formel entspricht der obigen Gleichung (17.3). Die eben durchgeführte Berechnung des mittleren Orts unseres Teilchens ist damit weitgehend äquivalent zum zuvor diskutierten diskreten Beispiel, bei dem wir den Durchschnitt bei der Prüfung ermittelt hatten.

Die Varianz von x ist

$$\mathrm{Var}(x, \mu_\psi) = \int_{-\infty}^{\infty} (x - x_m)^2|\psi(x)|^2 \, \mathrm{d}x.$$

Analog ergibt sich der Mittelwert des Impulses, den wir $h\xi_m$ nennen wollen, zu

$$h\xi_m = \int_{-\infty}^{\infty} h\xi|\hat{\psi}(\xi)|^2 \, \mathrm{d}\xi,$$

und die zugehörige Varianz ist

$$\mathrm{Var}(h\xi, \mu_\psi) = \int_{-\infty}^{\infty} (h\xi - h\xi_m)^2|\hat{\psi}(\xi)| \, \mathrm{d}\xi.$$

17.4 Die Unschärferelation

Nun sind wir so weit, daß wir auf die Heisenbergsche Unschärferelation zurückkommen können, die wir im Kapitel *Heisenbergsche Unschärferelation und Zeit-Frequenz-Zerlegungen* folgendermaßen formuliert hatten:

$$\underbrace{\left(\int_{-\infty}^{\infty} (t - t_m)^2|f(t)|^2 \, \mathrm{d}t\right)}_{\text{Schwankung von } t} \underbrace{\left(\int_{-\infty}^{\infty} (\tau - \tau_m)^2|\hat{f}(\tau)|^2 \, \mathrm{d}\tau\right)}_{\text{Schwankung von } \tau} \geq \left(\frac{1}{4\pi}\right)^2.$$

$$(17.6)$$

Im folgenden wollen wir die Gleichung unter Verwendung der entsprechenden quantenmechanischen Größen aufschreiben,

$$\underbrace{\left(\int_{-\infty}^{\infty}(x-x_m)^2|\psi(x)|^2\,\mathrm{d}x\right)}_{\text{Ortsschwankung}}\underbrace{\left(\int_{-\infty}^{\infty}(h\xi-h\xi_m)^2|\hat{\psi}(\xi)|^2\,\mathrm{d}\xi\right)}_{\text{Impulsschwankung}}\geq\left(\frac{h}{4\pi}\right)^2.$$

$$(17.7)$$

Man sollte sich noch einmal das Bild einer Funktion und der dazugehörigen Fourier-Transformation vor Augen halten: Je schmaler man die Funktion macht, desto breiter wird die Transformierte und umgekehrt. Von dieser Warte aus wird man auch eher geneigt sein, die Unschärferelation, so seltsam sie zunächst auch erscheinen mag, nicht als unverzeihlichen Bruch in der Naturerkenntnis, sondern als Beschreibung der physikalischen Realität zu empfinden.

17.5 Quantenmechanik im Ortsraum

Physiker möchten mit Größen wie Ort oder Impuls arbeiten, ohne stets in eine andere Darstellung wechseln zu müssen. Ist es möglich, Informationen über den Impuls zu erhalten, ohne erst in den Fourier-Raum wechseln zu müssen? Auch hierauf gibt die Quantenmechanik eine Antwort: Die *Observablen* Ort und Impuls sind *Operatoren* im Raum $L^2(\mathbb{R})$.

Was ist damit gemeint? In der klassischen Mechanik läßt sich der Ort oder Impuls eines Balls beobachten, ja sogar mit Sicherheit voraussagen. In der Quantenmechanik hat der Begriff der „Observablen" eine spezifische Bedeutung. Zwar kann man den Ort oder den Impuls eines Teilchen messen (immer unter Berücksichtigung dessen, daß die Messung den Zustand des Systems verändert), will man aber genau wissen, wo sich das Teilchen zu einem bestimmten Zeitpunkt aufhält, versagt die Theorie. Was wir „Ortsobservable" (unergründlicherweise meist mit Q bezeichnet) oder „Impulsobservable" (ebenso unergründlicherweise P genannt) nennen, sind *keine* Zustandsfunktionen; es sind lediglich Vorschriften, mit deren Hilfe man die Wahrscheinlichkeit berechnen kann, daß sich das Teilchen innerhalb eines vorgegebenen Ortsintervalls aufhält oder daß sein Impuls zwischen zwei vorgegebenen Impulswerten liegt. Die Vorschriften selbst sind Operatoren.

So wie Funktionen über eine Vorschrift bestimmten Punkten andere Punkte zuordnen, ordnen Operatoren Funktionen andere Funktionen zu. Der

Ortsoperator hat im Ortsraum eine relativ einfache Form. Theorie und Experiment stimmen darin überein, daß dieser Operator, den wir (abweichend von der üblichen Bezeichnung Q) O_{Ort} nennen wollen, die Wellenfunktion mit der Funktion x multipliziert,

$$(O_{Ort}(\psi))\,(x) = x\psi(x).$$

Der Ortsmittelwert ergibt sich aus dem Skalarprodukt

$$\langle \psi, O_{Ort}\psi(x)\rangle \;=\; \langle \psi, x\psi(x)\rangle = \int_{-\infty}^{\infty} x|\psi(x)|^2\,dx.$$

Der Impulsoperator (den wir ebenfalls abweichend von der Konvention nicht P, sondern O_{Imp} nennen wollen) sieht demgegenüber im Ortsraum schon komplizierter aus,

$$\bigl(O_{Imp}(\psi)\bigr)\,(x) = -i\hbar\frac{d\psi}{dx},$$

wobei $\hbar$ („h-quer") $h/2\pi$ ist. In der Quantenmechanik wird der Spin von Elementarteilchen in Einheiten von $\hbar$ gemessen; er kann lediglich die Werte $\hbar/2, \hbar, 3\hbar/2, \ldots$ annehmen. Von dieser Tatsache, daß Drehimpulse in der Quantenmechanik stets nur Vielfache von $\hbar/2$ sein können, rührt auch der Name „Quantenmechanik" her.

Der Impulsmittelwert ist das Skalarprodukt

$$\langle \psi, O_{Imp}\psi(x)\rangle = \langle \psi, -i\hbar\frac{d\psi}{dx}\rangle.$$

Warum bestehen wir nun so auf dem „Operator"-Begriff, anstatt diese Vorschriften einfach wie zuvor als Zufallsfunktionen anzusehen? Man mag dies vielleicht für Haarspalterei halten, aber der Grund ist folgender: Wenn O_{Ort} und O_{Imp} Zufallsfunktionen wären, würden sie nicht von der Unschärferelation erfaßt. Es gäbe dann stets Systemzustände, in denen das Teilchen gleichzeitig in einem beliebig kleinen Ortsintervall und einem beliebig schmalen Impulsbereich sein könnte (obgleich diese Zustände wahrscheinlichkeitstheoretisch formuliert werden müßten).

Der grundlegende Unterschied zwischen Quantenmechanik und klassischer Mechanik besteht gerade darin, daß sich Operatoren nicht wie klassische Funktionen behandeln lassen: Die Multiplikation von Operatoren ist nicht kommutativ. (Aus diesem Grund verwendete Heisenberg auch Matrizen, deren Multiplikation ebenfalls nichtkommutativ ist.) Diese Nichtkommutativität ist ein anderer – mathematisch äquivalenter – Ausdruck der (auch ohne Rückgriff auf den Fourier-Raum zu beweisenden) Unschärferelation.

Besteht man auf einer kommutativen Multiplikation, muß man sich von den Operatoren trennen und die Wahrscheinlichkeiten durch Zufallsfunktionen ausdrücken. Dies ist, wie wir gesehen hatten, durchaus möglich, aber nur um den Preis, daß man den Ort nur im Ortsraum und den Impuls nur im Impulsraum beschreibt. Das *Spektraltheorem* besagt, daß jeder quantenmechanische Operator, so kompliziert er auch sein mag, eine besonders einfache Darstellung besitzt, bei der nur die Wellenfunktion mit einer reellen Funktion multipliziert wird. Da die Amplitude $|\psi(x)|^2$ der Wellenfunktion eine Wahrscheinlichkeitsdichte beschreibt, folgt hieraus, daß jeder quantenmechanische Operator als Zufallsfunktion dargestellt werden kann. Beim Ortsoperator ist dies die Darstellung im Ortsraum, beim Impulsoperator die im Fourier-Raum.

Demzufolge wird es im Ortsraum immer Systemzustände extrem hoher Wahrscheinlichkeit – bis hin zu 1 – geben, in denen sich das Teilchen in einem beliebig schmalen Ortsintervall aufhält. Ebenso gibt es im Fourier-Raum Zustände, in denen die Wahrscheinlichkeit extrem groß – sogar 1 – ist, daß der Impuls des Teilchens in einem beliebig schmalen Impulsbereich liegt. Die Unschärferelation besagt aber, daß diese beiden Zustände nicht übereinstimmen können.

Kapitel 18

Eine Reise durch die Funktionenräume – Wavelets und reine Mathematik

Die Mathematiker sagen, daß ihnen die Wavelets Zugang zu verschiedenen *Funktionenräumen* verschaffen. Um eine Vorstellung zu bekommen, was damit gemeint ist, wollen wir zunächst Rückschau halten auf das im Laufe der Zeit immer allgemeiner gewordene Funktionsverständnis der Mathematiker.

„Seit der Entwicklung der Infinitesimalrechnung bis zum Beginn des 19. Jahrhunderts bildeten Funktionen die grundlegende Metapher der Mathematiker, Funktionen allerdings, die in jedem Punkt einen definierten Wert haben mußten" (Robert Strichartz, Cornell University). Bis zu Fourier hatten sich die Mathematiker auf Funktionen beschränkt, die als Potenzreihen (Summen von $x, x^2, x^3 \dots$) dargestellt werden können. Allerdings erfaßt man mit diesen analytischen Funktionen nur einen geringen Bruchteil aller möglichen Funktionen; die Mathematiker beschränkten sich damit auf das Studium einiger weniger Kulturpflanzen am Rande eines Waldes, in dessen Tiefe unvorstellbar wilde und seltsame Arten verborgen waren.

Fouriers Erkenntnis, daß sich sogar unstetige Funktionen als Summe von Kosinus- und Sinustermen schreiben lassen, veranlaßte die Mathematiker schließlich, das sichere Terrain des Waldrands zu verlassen und sich in den Wald hineinzuwagen. Dort entdeckten sie bizarre Funktionen wie etwa die folgende, von Weierstraß (1815–1897) „seinen verblüfften und oft auch unwilligen Zeitgenossen" ([67], S.12) vorgeführte. Diese Funktion ist überall stetig und dennoch nirgends differenzierbar, sie fluktuiert fortwährend und hat einen fraktalen Graphen, bei dem jeder Teilgraph „die gleiche Komplexität aufweist wie der volle Graph":

$$f(x) = \frac{1}{2}\cos 3x + \frac{1}{4}\cos 9x + \frac{1}{8}\cos 27x + \frac{1}{16}\cos 81x + \ldots$$

„Mit Grauen und Schrecken wende ich mich von der beklagenswerten Geißel dieser stetigen Funktionen ohne Ableitungen ab ... " schrieb 1893 Charles Hermite an seinen Freund, den Geometer Thomas Stieltjes ([47], S. 318). In der Folge sollte es jedoch für all jene, die den achtbaren Funktionen ihrer Väter nachtrauerten, noch viel schlimmer kommen. Die von Lebesgue (1875–1941) eingeführte allgemeine Integraldefinition, die Konstruktion von Funktionenräumen (Stefan Banach, Felix Hausdorff, ...) und die Theorie der Distributionen (Laurent Schwartz, Israël Gelfand) führten zu einem tiefgreifenden Wandel des Funktionsbegriffs.

18.1 Das Lebesgue-Integral

„Lebesgue gelangte zu der Erkenntnis, daß die Forderung, eine Funktion müsse in jedem Punkt definiert sein, eine viel zu einschneidende Beschränkung darstellt", erklärt Strichartz. Lebesgue konnte zeigen, daß man Integrale von „Funktionen" bilden kann, die dieser Bedingung nicht genügen. Auf der Grundlage einer solcherart verallgemeinerten Definition sahen sich die Mathematiker schließlich gezwungen, selbst exotische und extravagante Bildungen wie die Reihe

$$f(x) = \cos 2\pi 10x + \frac{1}{2}\cos 2\pi 10^2 x + \frac{1}{3}\cos 2\pi 10^3 x + \frac{1}{4}\cos 2\pi 10^4 x + \ldots \tag{18.1}$$

als Funktion anzusehen. Diese Funktion schwankt unablässig zwischen plus und minus unendlich. Für alle x mit einer endlichen Anzahl von Dezimalstellen sowie für x mit unendlich vielen Dezimalstellen, die ab einer bestimmten Stelle eine Kombination der Ziffern 8, 9, 0 und 1 aufweisen, ist der Funktionswert unendlich. Für alle x, die ab einer bestimmten Dezimalstelle nur noch bestimmte Kombinationen der Ziffern 3, 4, 5 und 6 enthalten, ergibt sich minus unendlich. Doch für fast alle willkürlich gewählten x konvergiert die Reihe gegen einen endlichen Grenzwert. Obgleich also unheimlich viele Zahlen – darunter alle, die ein Computer bearbeiten kann – unendlich ergeben, wird eine „zufällig" ausgewählte Zahl nie auf unendlich führen. Wahrscheinlichkeitstheoretisch gesehen haben die – etwa mit einem Zufallsgenerator erzeugten – Zahlen, die plus oder minus unendlich ergeben, die Wahrscheinlichkeit null. Strichartz betont: „Obgleich diese Funktion völlig unanschaulich ist, kommt man bei der Konstruktion einer vernünftigen mathematischen Theorie der Quantenmechanik nicht umhin, auch auf solche Funktionen Rücksicht zu nehmen."

Dies ist ein eindrucksvoller Beleg dafür, wie wichtig es sein kann, die Dinge unter einem anderen Gesichtspunkt zu betrachten: Während die Funktion $f(x)$ die unangenehme Eigenschaft hat, über einer dichten Punktmenge unendlich zu ergeben, erhält man im Fourier-Raum eine völlig harmlose Folge von Koeffizienten, von denen die meisten verschwinden und die restlichen wohlgeordnet sind,

$$0, 0, 0, 0, 0, 0, 0, 0, 0, 1, [89 \text{ Nullen}], \frac{1}{2}, [899 \text{ Nullen}], \frac{1}{3}, \ldots$$

Um solche Funktionen behandeln zu können, führte Lebesgue einen verallgemeinerten Integralbegriff ein. (Ein Vergleich mit dem Riemannschen Integral findet der Leser auf Seite 260 im Anhang.) Mit Hilfe des Lebesgue-Integrals gelang es sogar, der mit der obigen Funktion konstruierten Bildung

$$\int_0^1 |f(x)|^2 \, dx,$$

die sich nur schwer als Fläche unter einer Kurve deuten läßt, eine Bedeutung zu geben, und Lebesgue konnte zeigen, daß für dieses Integral der Satz des Pythagoras gilt: Das Längenquadrat der Funktion ist gleich der Summe der Quadrate der orthogonalen Vektoren, die in der Summe die Funktion ergeben. Angewandt auf die Funktion (18.1), bedeutet das

$$\int_0^1 |f(x)|^2 \, dx = \int_0^1 |\cos(2\pi 10x)|^2 \, dx$$
$$+ \int_0^1 \left| \frac{1}{2} \cos(2\pi 10^2 x) \right|^2 \, dx + \int_0^1 \left| \frac{1}{3} \cos(2\pi 10^3 x) \right|^2 \, dx + \ldots$$

(Wir greifen hier auf die im Kapitel *Orthogonalität und Skalarprodukt*, S. 159 eingeführten Begriffsbildungen zurück: Die Funktion wird dabei als Vektor eines unendlich-dimensionalen Raumes betrachtet, nach der Fourier-Basis zerlegt und als Summe unendlich vieler, mit geeigneten Koeffizienten multiplizierter Kosinus dargestellt. Die Kosinus sind ebenfalls Vektoren. Die

Summe der Längenquadrate der Terme auf der rechten Seite ist gleich dem Integral über das Quadrat der Funktion.)

Für jede der rechts stehenden Funktionen ergibt das Integral über das Kosinusquadrat $1/2$, so daß man die hübsche Formel

$$\int_0^1 |f(x)|^2 \, dx = \frac{1}{2}\left(1 + \frac{1}{2^2} + \frac{1}{3^2} + \frac{1}{4^2} + \dots\right) = \frac{\pi^2}{12}$$

erhält. Solche Funktionen, bei denen das Integral über das Quadrat einen endlichen Wert annimmt, heißen *quadratintegrabel*.

Bereits im 18. Jahrhundert hatte Leonhard Euler die Vermutung ausgesprochen, daß die Summe $(1 + 1/2^2 + 1/3^2 + 1/4^2 + \dots)$ gleich $\pi^2/6$ ist; es bedurfte aber jahrelanger, harter Arbeit, bis er den Beweis erbringen konnte. Die Schar aller dieser Funktionen mit unterschiedlichen Exponenten wird zusammenfassend *Zeta-Funktion* (ζ-Funktion),

$$\zeta(s) = \sum_{n=1}^{\infty} \frac{1}{n^s},$$

genannt. Zwar konnte Euler $\zeta(s)$ für beliebige gerade s berechnen, jedoch war niemand in der Lage, über $\zeta(3)$ eine andere Aussage zu machen als die, daß die Summe endlich ist. Erst 1978 nahmen die Mathematiker völlig überrascht zur Kenntnis, daß Roger Apéry, ein völlig unbekannter Mathematiker von der Universität Cean, beweisen konnte, daß $\zeta(3)$ irrational ist. Anfangs wurde der Beweis mit Skepsis, ja mit „blankem Unglauben" aufgenommen; bald schon sah man ihn aber als „wunderbar und wesentlich" an und lud Apéry zu einem Vortrag auf dem Internationalen Mathematikerkongreß in Helsinki ein. „Am überraschendsten ... war die Tatsache, daß Apérys Beweis nicht einen einzigen Aspekt enthielt, der den Mathematikern nicht auch schon 200 Jahre zuvor bekannt gewesen wäre", berichtet Alfred van der Poorten [85].

18.2　Distributionen

Im 20. Jahrhundert gab man sich auch mit diesen bizarren Funktionen nicht mehr zufrieden, und die Mathematiker fügten ihrem Arsenal eine neue Waffe, die *Distributionen*. hinzu. Obgleich sie sich ziemlich schwer damit taten, diese Objekte auf eine exakte Grundlage zu stellen, haben Distributionen physikalisch eine sehr intuitive Bedeutung. Mit ihrer Hilfe können nämlich selbst sehr komplizierte Sachverhalte auf relativ elementare Weise formuliert werden. Man werfe einen Gummiball an eine Wand; wenn der Ball auf die Wand trifft, wird er kurz zusammengedrückt, um anschließend wieder seine ursprüngliche Form anzunehmen. Die Funktion für den Zeitverlauf dieses Vorgangs ist außerordentlich kompliziert, wird aber meistens auch gar nicht benötigt. Was man lediglich braucht, ist die mittlere Kraft, als ob der Ball innerhalb eines unendlich kurzen Moments von der Wand einen unendlich hohen Impuls erhielte. Dieser Mittelwert kann als Distribution geschrieben werden.

Einer der ersten, der Distributionen – damals noch unter einem anderen Namen – verwendete, war der Engländer Oliver Heaviside, der über den Widerstand seiner Zeitgenossen sehr bestürzt war. Einer von ihnen brachte dies so zum Ausdruck: „Es gab so etwas wie eine Tradition, daß ein Mitglied der Royal Society in den Proceedings nahezu alles drucken konnte, was er wollte, ohne daß die Gutachter etwas einzuwenden hätten; nachdem aber Heaviside zwei Arbeiten über seine symbolischen Verfahren publiziert hatte, hatten wir das Gefühl, einen Schlußstrich ziehen zu müssen, und dies taten wir denn auch" ([51], S. 371). Schließlich sahen sich die Mathematiker aber doch gezwungen, diese Ideen zu akzeptieren, und die Schwartz-Gelfandsche Distributionstheorie stellte die gesamte Theorie der partiellen Differentialgleichungen auf eine neue Grundlage.

18.3 Funktionenräume

Eine Funktion (oder Distribution) kann man sich als Punkt oder Vektor eines unendlich-dimensionalen Funktionenraumes vorstellen (siehe das Kapitel *Orthogonalität und Skalarprodukt*, S. 159). Diese Vorstellung brachte die Mathematiker dazu, nicht mehr nur in der Kategorie einzelner Funktionen, sondern ganzer Funktionenklassen, die auf Grund bestimmter charakteristischer Eigenschaften zum gleichen *Funktionenraum* zählen, zu denken.

Ein besonders wichtiger Funktionenraum ist der Raum der quadratintegrablen Funktionen L^2 (wobei das L an Lebesgue erinnern soll). Die Mathematiker lieben ihn vor allem deshalb, weil in ihm die Analogien zum gewöhnlichen Raum besonders gut funktionieren. Auch Mathematiker sind nicht mit der Gabe des Hellsehens ausgestattet, um sich unendlich-dimensionale oder wenigstens vier- oder fünfdimensionale Räume vorstellen zu können. Um in solchen Räumen arbeiten zu können, bedarf es begründeter Analogien zum gewöhnlichen Raum.

Im Kontext der Signalverarbeitung ist L^2 der Raum der Funktionen mit endlicher Energie. Darüber hinaus ist dies derselbe Raum, in dem auch die Quantenmechanik formuliert wird. In der Quantenmechanik wird der Zustand eines Systems durch einen Vektor aus L^2 repräsentiert; Energie und Impuls sind Operatoren in L^2. *Operatoren* wirken auf Funktionen so wie Funktionen auf Punkte: Sie ordnen gewissen Funktionen andere Funktionen zu. Die Theorie der Funktionenräume wurde etwa zeitgleich mit der Quantenmechanik entwickelt, und einige Mathematiker wie John von Neumann oder Hermann Weyl arbeiteten sogar parallel auf beiden Gebieten.

Wenn man weiß, welchem Funktionenraum eine Funktion angehört, kennt man auch ihre Eigenschaften. Daneben gibt es aber auch allgemeinere Fragestellungen: Erhält ein Operator die Regularität? Gehört die Funktion, die bei Anwendung eines Operators auf eine Funktion entsteht, dem gleichen Funktionenraum an wie die Ausgangsfunktion? Es ist nur natürlich, daß man versucht, zur Beantwortung solch komplizierter Fragen die Fourier-Koeffizienten der Funktionen zu Rate zu ziehen. Doch die gleichen Eigenschaften der Fourier-Analyse, die sich schon bei der Behandlung kurzzeitiger oder nichtstationärer Signale als Hindernis erwiesen hatten, führen hier erneut zu Problemen.

Nicht alle lokalen Eigenschaften von Funktionen lassen sich aus der Fourier-Transformierten ablesen. Lokale Änderungen der Funktion betreffen sämtliche Koeffizienten, und jeder Koeffizient enthält Informationen über die Gesamtfunktion. Häufig ist der Zusammenhang zwischen den Fourier-Koeffizienten einer Funktion und dem Funktionenraum, dem sie angehört, sehr diffizil. „Schon bei einer ganz trivialen Abänderung der Koeffizienten kann man aus dem Funktionenraum fallen, von dem man ausging."

Wie die Beispielfunktion (18.1) gezeigt hat, kann eine ganz normale Fourier-Reihe zu bizarren Funktionen im Ortsraum führen. Wer hätte angesichts des harmlosen Dr. Jekyll vermutet, daß sich dahinter Mr. Hyde verbirgt? Die von uns betrachtete Funktion war sehr sorgsam konstruiert, so daß wir über ihr Verhalten im Ortsraum gewisse Aussagen machen konnten. Würden wir die Fourier-Koeffizienten auch nur geringfügig abändern, wären wir nicht mehr in der Lage, überhaupt noch etwas über die Funktion auszusagen.

„Fourier-Analyseverfahren wurden für äußerst diffizile und sehr technische Begründungen herangezogen", sagt Strichartz. „Wavelets dagegen versetzen uns in die Lage, diese Begründungen stark zu vereinfachen, verständlicher und konsistenter zu formulieren. Dies ist vor allem für Anwendungen auf dem Gebiet der Differentialgleichungen, der mathematischen Physik, der angewandten Mathematik ... von Bedeutung."

Erwartungsgemäß vermitteln Wavelet-Koeffizienten ein wesentlich getreueres Abbild der lokalen Eigenschaften von Funktionen. „Stéphane Jaffard konnte verschiedene, sehr exakte Aussagen über den Zusammenhang zwischen lokaler Glattheit und Wavelet-Koeffizienten beweisen" (Strichartz). Von besonderer Bedeutung für die reine Mathematik ist die Tatsache, daß sich mit Hilfe von Wavelet-Koeffizienten auch globalere Eigenschaften von Funktionen – wie zum Beispiel der Regularitätsgrad – erfassen lassen, um so festzustellen, welchem Funktionenraum eine bestimmte Funktion angehört. Durch bloßes Ändern der Wavelet-Koeffizienten kann man, wie Meyer ([67], S. 14) es ausdrückt, eine Rundreise durch die Funktionenräume unternehmen:

Die unablässigen und kaum vorstellbaren Fluktuationen der Schwartzschen Distributionen klingen ab, sobald man nach und nach bestimmte Koeffizienten ändert, und aus den Distributionen werden ganz gewöhnliche Funktionen, die immer glatter werden. Kehrt man dagegen um, kommt die ganze Struktur mit ihren hochaufragenden Gipfeln und gähnenden Abgründen sofort wieder zum Vorschein ... und wir finden uns erneut bei den wildesten Distributionen wieder.

Diese „Reisen durch die Funktionenräume" werden beherrscht von der mathematischen Theorie der Interpolation zwischen Funktionenräumen. A. P. Calderón, ein Pionier auf diesem Gebiet, erfand die Wavelet-Zerlegung (unter Verwendung einer völlig anderen Sprache), um zwischen bestimmten Funktionenräumen interpolieren zu können.

Kapitel 19

Wavelets und Sehen: ein anderer Zugang

„Forscher, die sich mit Wavelets beschäftigen, neigen zu der Auffassung, daß Modelle nicht zur Sache gehören. Unserer Auffassung nach bieten sie die beste Möglichkeit überhaupt, Probleme zu studieren", meint David Field von der Cornell University. „Es muß einen Grund dafür geben, daß unser Gehirn gerade diese Kodierung benutzt; wenn wir ihn kennen, bekommen wir vielleicht eine Vorstellung davon, wozu Wavelets eigentlich da sind."

So wie Jean Morlet wurden auch andere auf dem Gebiet der Bildverarbeitung Tätige durch die Arbeiten Dennis Gabors angeregt, allerdings aus einer anderen Richtung kommend. „Manche haben Probleme zu lösen, etwa die Darstellung von Turbulenzen", erklärt Field. „Wir dagegen haben eine Lösung – den Sehvorgang – wissen aber nicht, worin das eigentliche Problem bestand. Was soll beim Sehen eigentlich erreicht werden?"

Erstmals aufgeworfen wurde diese Frage im Jahre 1965 bei einer Diskussion zwischen Vertretern der Auffassung, daß unser visuelles System bei der Bildrekonstruktion auf räumliche Frequenzen reagiert, und anderen, die glaubten, daß es etwa beim Erkennen von Umrissen unmittelbar auf die räumlichen Bilder anspricht. Es war der australische Mathematiker S. Marcelja, der 1981 mit der Meinung auftrat, daß beides der Fall sei: „Er empfahl damals, Gabors Arbeiten zu studieren, in der solche sowohl räumlich als auch zeitlich lokalisierten Funktionen beschrieben sind" (Field). Schon mehrere Jahre zuvor hatte Goesta Granlund aus Schweden in offensichtlicher Unkenntnis der Gaborschen Untersuchungen auf die Bedeutung solcher Funktionen für das Sehen hingewesen. Vermutlich war Granlunds Arbeit [43], wie Edward Adelson (MIT) schreibt, 1978 bei ihrem Erscheinen „ihrer Zeit voraus und ist jedenfalls kaum zur Kenntnis genommen worden".

Im Jahre 1982 schlugen Janus Kulikowski, Marcelja und Peter Bishop vor, die Frequenz der Funktionen bei dieser gefensterten Fourier-Analyse so zu variieren, daß die Anzahl der Oszillationen bei Variation der Fenstergröße konstant gehalten wird. „Die Änderung der Fenstergröße selbst war nicht der Punkt, dies war unter dem Begriff Gabor-Transformation oder Gabor-modulierte Sinusschwingungen längst bekannt", meint Field. Manchmal wurden solche Funktionen, wie Morlets Wavelets konstanter Form, auch *selbstähnliche Gabor-Funktionen* genannt. Adelson zufolge waren „dies aber noch keine fertig entwickelten Transformationen, da sie nicht umkehrbar waren. Niemand wußte damals, wie man ausgehend von selbstähnlichen Gabor-Funktionen eine umkehrbare Transformation berechnen kann."

Es waren John Daugman und Andrew B. Watson, denen es schließlich 1983 unter Verwendung zweidimensional verallgemeinerter Gabor-Funktionen gelang, solche Transformationen zu erzeugen und auf diese Weise den Sehvorgang zu modellieren. „Dies war nicht nur ein mathematischer Erfolg, sondern tatsächlich genau das, was beim Sehen geschieht" (Field).

19.1   Wie „Wavelets" sehen

Im Wavelet-Modell des Sehvorgangs (das, wie Adelson sagt, noch auf der „alten Mathematik beruht" und der „Wavelet-Revolution" wenig zu verdanken hat) ist das Bild vor unseren Augen das Signal. Die Rolle der Wavelets übernehmen die Rezeptivfelder, die Lichtmuster, auf die die Neuronen der Sehrinde in den hinteren Abschnitten des Großhirns ansprechen. Die Rezeptivfelder haben unterschiedliche Größe und Neigung; verschiedene Neuronen sprechen auf unterschiedliche Rezeptivfelder an. So wie Signale bei der Signalverarbeitung nach verschieden großen Wavelets zerlegt werden, kann das, was wir sehen, nach unterschiedlichen Rezeptivfeldern zerlegt werden.

Die Reaktion eines Neurons auf das Signal ist der „Wavelet-Koeffizient". Spricht eines der Neuronen nicht an, ist der entsprechende Koeffizient null. Spricht es mehrfach und sehr stark an, führt dies zu einem sehr großen Koeffizienten, reagiert es nur schwach, ist der Koeffizient klein. Wie bei der Wavelet-Transformation kodieren kleine Rezeptivfelder hohe Frequenzen (entsprechend einer hohen Auflösung, hoher Detailtreue, guter räumlicher Lokalisierung) und große Rezeptivfelder niedrige Frequenzen (entsprechend einer schlechten räumlichen Auflösung, aber gut definierten Frequenz).

Field meint: „Für viele war das bereits die Antwort: Sehen ist das Ergebnis einer kombinierten Orts-Frequenz-Analyse. Warum aber erfordert das Sehen überhaupt eine solche Orts-Frequenz-Analyse? Warum wird hier die Wavelet-Transformation eingesetzt?" Nach Ansicht von Field besteht das Ziel jedenfalls nicht darin, die Information so zu komprimieren, daß nur eine begrenzte Anzahl von Zellen auf die Lichtreize reagiert (ähnlich, wie wir allein mit unseren drei Zäpfchen ein breites spektrales Frequenzband zu erfassen vermögen). „Die Hauptaufgabe des visuellen Systems ist nicht die Komprimierung. Legt man jemandem zwei Muster vor, wird er diese selbst dann unterscheiden können, wenn sie sehr kompliziert strukturiert sind. Im visuellen System geht keinerlei Information verloren."

Field zufolge besteht das Ziel vielmehr in der Mustererkennung. Um Objekte auseinanderhalten zu können, kodiert eine effektive Transformation jedes Bild unter Verwendung möglichst weniger, aus einer Vielzahl ausgewählter Neuronen. Müßten beispielsweise sämtliche Seh-Neuronen alle Gesichter, die wir kennen, kodieren, würde es uns schwerfallen, Gesichter zu unterscheiden. Die Aufgabe ist wesentlich leichter zu lösen, wenn die Information über jedes Gesicht nur in einer kleinen Teilmenge der Zellen kodiert ist. „Das Ziel besteht also nicht darin, eine Sprache mit möglichst wenig Worten zu finden, sondern eine, mit der man in jedem Augenblick mit wenigen Worten sagen kann, was geschieht."

Genau dies leistet Field zufolge unser visuelles System. Zu einem gegebenen Zeitpunkt haben nur wenige Neuronen die gesamte Arbeit zu verrichten. Abschätzungen mit linearen Modellen zufolge betrifft dies jedes zehnte Neuron; allerdings enthält unser visuelles System Nichtlinearitäten. Welche Neuronen gerade arbeiten, das ändert sich von Moment zu Moment; über einen längeren Zeitraum gesehen sind aber alle Neuronen gleich aktiv. Field nennt dies eine *spärlich verteilte Transformation* [35]. Ein ähnliches Phänomen könnte sich, wie er schreibt, erschwerend auf die Versuche von Marie Farge und anderen auswirken, die Untersuchungen zur Turbulenz dadurch zu vereinfachen, daß sie sich zuvor überlegen, wo man – wie Marie Farge es ausdrückt – „sehr viel Rechenaufwand investieren sollte und wo man knausern kann". Um die für die Turbulenz relevanten Strukturen zu beschreiben, werden zu jedem Zeitpunkt nur ganz wenige Wavelets benötigt; welche Wavelets aber eine Rolle spielen, ist von Moment zu Moment verschieden. „Wir brauchen also Verfahren, die auf einer kleinen, aber in jedem Augenblick verschiedenen Anzahl von Einheiten basieren" (Field).

Andere betrachten solche Transformationen, da die Kodierung eines herausgegriffenen Signals stets knapp ist, als Komprimierungssystem. Im wesentlichen liegt dem die gleiche Vorstellung zugrunde wie beim Komprimierungsverfahren der optimalen Basis (S. 249). „Im Grunde stimmt David Fields Begriff der *spärlichen Verteilung* mit unserem *Komprimierungsbegriff* überein", meint Victor Wickerhauser. „Wir versuchen, alle Koeffizienten bis auf ganz wenige zu ignorieren, während er dasselbe mit den Neuronen versucht." Field zufolge sollte man aber unterscheiden zwischen „kompakten" Transformationen (manchmal auch Dimensionsreduzierung genannt), die alle Signale in einer Sprache mit möglichst wenigen Wörtern kodieren, und *spärlich verteilten* Transformationen, die jede Nachricht zwar auch mit wenigen, aber einem Riesenlexikon entnommenen Wörtern kodieren.

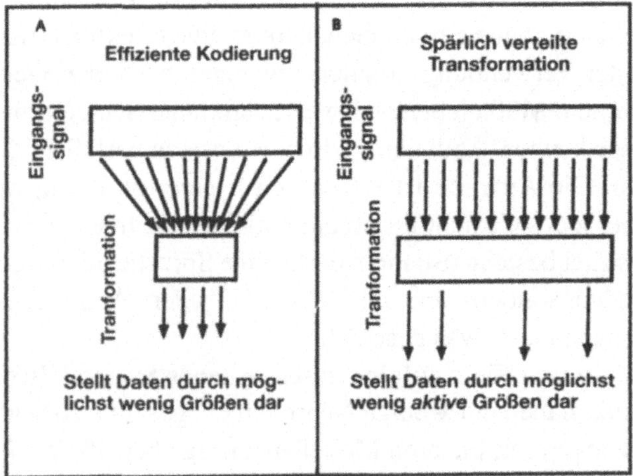

Abb. 19.1: Sowohl mit effizienten und knappen als auch mit spärlich verteilten Transformationen kann man Daten komprimieren; allerdings geschieht dies auf unterschiedliche Weise. Anders als bei der knappen Kodierung, mit deren Hilfe wir mit nur drei Zäpfchen einen weiten Spektralbereich erfassen können, kommt die beim Sehen verwendete Wavelet-Transformation mit einem Minimum *aktiver* Wavelets aus. Welche Wavelets dabei Verwendung finden, ändert sich von Moment zu Moment. David Field zufolge trifft dies auch auf die Verwendung von Wavelets zur Modellierung dynamisch dominanter Strukturen bei der Turbulenz zu. Seiner Meinung nach wird man sich, um aus solchen Transformationen einen Nutzen ziehen zu können, neuer Verfahren bedienen müssen.
Mit freundlicher Genehmigung von David Field.

19.2　Warum gerade Wavelets?

Selbst wenn eine spärlich verteilte Transformation tatsächlich besser erkennen hilft, was man sieht, bleibt die Frage offen, warum beim Sehen ausgerechnet Wavelets verwendet werden. Field meint, daß die Antwort im spezifischen Signal begründet ist. Seiner Meinung nach gehen Theorien über das visuelle System viel zu oft von der Reaktion der Neuronen auf Gerade, Schachbrettmuster und Zufallspunkte aus. Viel sinnvoller wäre es seiner Meinung nach, in der Natur tatsächlich vorkommende Bilder zu betrachten. „Wenn man jemandem zehn Bilder mit weißem Rauschen vorlegt und anschließend ein weiteres, bei dem er sagen soll, ob er es schon gesehen hat, wird er passen müssen. Zeigt man aber jemandem zehntausend Landschaften, wird er sofort sagen: ‚O ja, ich erinnere mich.‘ Solche Informationen zu kodieren, fällt uns offensichtlich besonders leicht.“

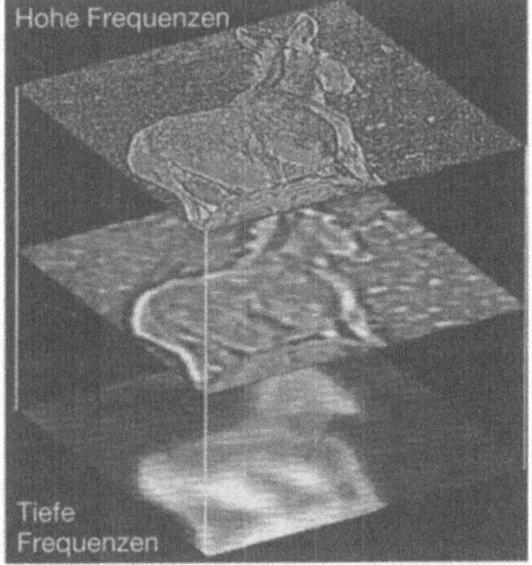

Abb. 19.2: Eine unter Verwendung von Wavelets nach hohen, mittleren und niedrigen Frequenzen zerlegte „Landschaft“. Wie effektiv eine Transformation ist, läßt sich nicht anhand willkürlicher Beispiele beurteilen, sondern entscheidet sich im Wechselspiel von Transformation und zu kodierenden Daten. Alle Landschaften haben eine Reihe von Eigenschaften gemein. Wie das obige Beispiel zeigt, sind sie redundant: Viele Umrisse treten nicht nur bei niedrigen, sondern auch bei mittleren und hohen Frequenzen zutage. Wavelets mit einer spezifischen schmalen Bandbreite und einem spezifischen engen Winkelbereich vermögen Landschaften knapp, mit nur wenigen Koeffizienten, zu kodieren.

Natürlich können Landschaften sehr verschieden aussehen; sie repräsentieren aber doch nur einen sehr kleinen Ausschnitt aller möglichen Bilder und haben darüber hinaus bestimmte statistische Eigenschaften gemein (Field, [33, 34]). So wird die Fourier-Transformierte einer Landschaft, um nur ein Beispiel zu nennen, im Mittel etwa invers zur räumlichen Frequenz abfallen (und die Energie demnach wie $1/f^2$, so daß die Energie gleichmäßig auf die „Oktaven" verteilt ist). Der Kontrast – die Intensitätsschwankungen der Pixel – ist damit skalenunabhängig: Es macht keinen Unterschied, ob man das Bild aus der Nähe oder aus größerer Entfernung betrachtet. Außerdem sind Landschaften immer redundant. Abbildung 19.2 zeigt, daß viele bei niedrigen Frequenzen sichtbare Umrisse auch bei mittleren und höheren Frequenzen zu erkennen sind, ein Effekt, der auf der Phasenkorrelation beruht.

Die Wavelet-Transformierte einer derartigen Landschaft zeichnet sich also durch einige wenige große und viele verschwindende Koeffizienten aus. Field meint: „Genau dies ist es, was Wavelets mit Naturerscheinungen machen." Sie ordnen das Signal in einige wenige schmale Schubfächer ein, während eine auf der Pixelintensität beruhende Kodierung der gleichen Landschaft wesentlich diffuser wäre. Allerdings sind hierfür nicht alle Wavelets geeignet.

19.3 Welche Wavelets?

Die typische für das Sehen relevante „Wavelet-Transformation" ist Field zufolge nicht orthogonal. Obgleich der Umkehrbarkeit orthogonaler Transformationen bei Anwendungen in der Signalverarbeitung häufig eine wichtige Rolle zukommt, wird sie von unserem visuellen System nicht benötigt. Außerdem besteht hier auch kein Anlaß, normierte, also gleich lange Wavelets zu bevorzugen. Obgleich Landschaften in den hohen Frequenzen eigentlich sehr wenig „Energie" enthalten, reagieren wir auf hohe Frequenzen sehr empfindlich. „Da die Energie abfällt, versuchen wir, die Empfindlichkeit gegenüber solchen Vektoren zu steigern, d. h., wir versuchen, die Länge der Vektoren proportional zur Frequenz zu erhöhen. Im Moment sind wir gerade dabei, dies genauer zu untersuchen."

Die in unserem visuellen System eingesetzten „Wavelets" zeichnen sich auch durch einen spezifischen Frequenzbereich, die Bandbreite, auf die sie ansprechen, aus. Typischerweise sind dies 1,5 Oktaven. Außerdem erfassen die Seh-Neuronen nur einen eng begrenzten Winkelbereich. In beiden Fällen handelt es sich um ein Frequenz- und Richtungsband, das es gestattet, Landschaften mit nur wenigen Neuronen zu kodieren. „Es sieht so aus, als ob sich unser visuelles System genau so entwickelt hat, daß es der Umwelt gerade diese Information entnehmen kann" (Field).

Durch die Auslegung auf diese Bandbreiten scheinen die Rezeptivfelder die bei Landschaften übliche Redundanz auszunutzen. Field meint: „Bei echten Landschaften ist die Struktur nur für einen engen Frequenz- und Winkelbereich voraussehbar. Genau das ist der Grund, weshalb auch die Bandbreite bezüglich der Orientierung und Frequenz beschnitten wurde: Gerade innerhalb dieser Bandbreite ist die Information bei Landschaften voraussagbar. Würde die ganze Welt nur aus langen Geraden bestehen, wäre die Skaleninformation weitgehend voraussehbar, und man könnte sehr breitbandigen Funktionen den Vorzug geben. Wäre die Skaleninformation dagegen kaum vorhersehbar, müßte man zu Funktionen mit schmaler Bandbreite greifen – wie sie etwa die Fourier-Transformation bereitstellt. Tatsächlich ist es aber so, daß die Welt gerade in einem Umfang von einer bis zwei Oktaven voraussagbar ist."

19.4   Steuerfilter und verschiebbare Transformationen

Das Bild von Wavelets, die die statistischen Eigenschaften der Landschaften zur besseren Bilderkennung ausnutzen, hat durchaus etwas Faszinierendes an sich, „aber ich glaube nicht, daß dies schon die ganze Wahrheit ist", meint Adelson. „Außerdem ergibt sich die Frage, wie anhand der von den Zellen gelieferten Ausgangsdaten Muster, Bewegungsabläufe, Richtungen, Umrisse . . . rekonstruiert werden . . . Jeder, der schon einmal ein computergestütztes Bilderkennungssystem zu entwerfen versucht hat, weiß, daß die in den Vorstufen gewählten Darstellungen von großer Bedeutung für die Möglichkeiten der nachfolgenden Stufen sind."

„Ein bemerkenswerter Punkt ist auch, daß die visuellen Systeme der Säugetiere stets zweidimensional orientierte Filter verwenden. Kreuzfilter, wie sie sich durch Kombination zweier eindimensionaler Filter bilden lassen, finden hier kaum Verwendung – obgleich die Verallgemeinerung der Wavelets auf zwei Dimensionen gerade von solchen Anordnungen ausgeht." Gemeinsam mit William T. Freeman konnte Adelson zeigen, wie *Steuerfilter* aussehen müssen, die die Antwort eines Filters auf eine beliebige Orientierung ermitteln, ohne das Filter explizit zu drehen; statt dessen verwendet man einige wenige Filter für ausgewählte Winkel und interpoliert zwischen den Ergebnissen [38].

Eine weitere für visuelle Anwendungen bedeutsame Eigenschaft ist Adelson zufolge die *Verschiebbarkeit* – eine Erweiterung des Translationsinvarianz-Konzepts. *Im Verbund verschiebbare Transformationen* zeigen Invarianz nicht nur bezüglich des Ortes, sondern auch der Skale des Eingangssignals; in einer anderen Formulierung kann das Signal gleichzeitig ortsund richtungsinvariant sein [77]. Adelson meint: „Mit kritisch abgetasteten Transformationen lassen sich die beiden Eigenschaften der Steuerbarkeit und der Verschiebbarkeit nicht erreichen. Aus dieser Sicht sind also stark überabgetastete Transformationen zu bevorzugen."

Kapitel 20

Welche Wavelets?

Der potentielle Wavelet-Nutzer sieht sich einer verwirrenden Vielfalt gegenüber. Selbst wenn man von Hybridkonstruktionen wie Wavelet-Paketen absieht, wird man von der Vielzahl der Wavelets fast erdrückt. Nicht nur, daß es mit den kontinuierlichen und diskreten Wavelets zwei separate große Klassen gibt; die diskreten Transformationen können wieder redundant, orthogonal oder biorthogonal sein. Jede dieser Kategorien enthält nochmals unzählige Varianten; schon allein die Daubechies-Wavelets bilden für sich eine große Klasse.

In der Regel wird nur ein verschwindender Bruchteil dieser Vielfalt wirklich ausgeschöpft. „Alle greifen auf die gleichen Konstruktionen zurück: den Mexikanerhut, das Morlet-Wavelet und die Daubechies-Wavelets", klagt Marie Farge von der Ecole Normale Supérieure, Paris. Andererseits warnt sie allerdings selbst davor, „unendlich viel Energie auf die Wahl des Wavelets zu verschwenden. Man sollte sich nicht von der Tatsache blenden lassen, daß jedes Signal sein eigenes optimales Wavelet besitzt. Dies trifft zwar zu, doch geht damit auch der ganze Vorteil eines allgemeinen Verfahrens, wie es die Wavelets darstellen, verloren. Wer wirklich darauf aus ist, ein Signal im Hinblick auf eine ganz bestimmte Anwendung optimal zu analysieren, sollte lieber gleich einen anderen Zugang wählen."

Olivier Rioul, der mit einem Thema über Wavelets und Bildverarbeitung promovierte, ist da anderer Meinung: „Im allgemeinen sagt man, daß alle halbwegs vernünftigen Wavelets in Frage kommen. Aber natürlich gibt es Unterschiede." Warum also sollte man nicht versuchen, das für eine gegebene Aufgabenstellung optimale Wavelet zu finden? Beim Verfahren der optimalen Basis sucht man ja auch nach der Basis, die dem vorgegebenen

Signal am besten angepaßt ist. Rioul plädiert deshalb für nutzerangepaßte Wavelets, die genau die gewünschten Eigenschaften haben.

20.1   Das Darstellungssystem

Orthogonale Transformationen bringen Knappheit, Effizienz und Geschwindigkeit auf Kosten der freien Skalierbarkeit, einer höheren Störanfälligkeit und gewisser rechentechnischer Probleme, insbesondere bei der Mustererkennung. Die Vor- und Nachteile kontinuierlicher Transformationen verhalten sich hierzu im allgemeinen genau reziprok. Allerdings tritt der Unterschied nicht immer so deutlich zutage. Auch für die kontinuierliche Transformation sind schnelle Algorithmen bekannt, und es gibt Zwischenformen, die weniger redundant als die kontinuierlichen, aber stärker als die diskreten Transformationen sind. Bleibt bei der Transformation noch eine zusätzliche Größe „Energie" erhalten, sieht die Rekonstruktionsformel auch nicht komplizierter aus als im orthogonalen Fall. Solche Darstellungsysteme heißen *Wavelet-Frames* und in dem Maße *fest*, wie die Signalenergie bei der Zerlegung erhalten bleibt.

Eine andere Klasse bilden die biorthogonalen Wavelets; sie vermitteln eine originalgetreue, redundanzfreie Signalrekonstruktion, allerdings unter Verwendung zweier Wavelet-Mengen, von denen eine zur Zerlegung und die andere zur Rekonstruktion dient. Dies ermöglicht die Konstruktion symmetrischer Wavelets mit kompaktem Träger, einer Kombination, die mit der Orthogonalität, sieht man einmal vom Haar-Wavelet (oder der Verwendung mehrerer Skalierungsfunktionen, siehe das Kapitel *Multiwavelets*, S. 201) ab, nicht vereinbar ist.

Für manche Anwendungen, etwa bei der numerischen Wavelet-Analyse, spielt die Symmetrie allerdings keine Rolle. Bei der Bildverarbeitung ist man der Ansicht, daß Quantisierungsfehler bei Verwendung symmetrischer Wavelets weniger zum Tragen kommen; Ingrid Daubechies schreibt dazu: „Es ist eine Eigenschaft unseres visuellen Systems, daß wir symmetrische Fehler eher zu tolerieren geneigt sind als asymmetrische" ([19], S. 254). Dieser Effekt ist bisher – falls er überhaupt existiert – aber noch nicht voll verstanden. Rioul ([73], S. 109) konnte zumindest im Rahmen des üblichen Verzerrungskriteriums (PSNR oder *Spitzensignal-Rausch-Verhältnis*) nicht bestätigen, daß Symmetrien einen nennenswerten Effekt auf die Qualität rekonstruierter Bilder haben. Er meint: „Falls die Symmetrie überhaupt eine Rolle spielt, kann dies nur mit dem subjektiven Empfinden der Bildqualität zu tun haben, das sich schwer quantifizieren läßt."

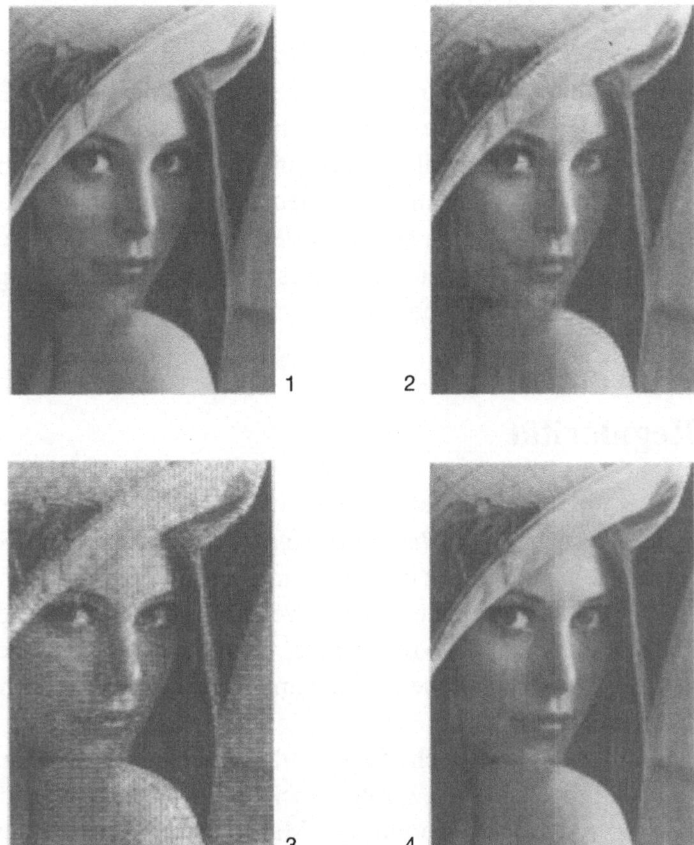

Abb. 20.1: Die Qualität eines rekonstruierten Bildes hängt von der Regularität und der Frequenzselektivität der zur Komprimierung verwendeten Wavelets ab. Hier wurden drei verschiedene, jeweils 8 Einheiten lange Filter zur Komprimierung eingesetzt.

(1) Das Original.

(2) Ein rekonstruiertes Bild, das durch Komprimierung mit dem bei gegebenem Träger maximal regulären und am wenigsten frequenzselektiven Daubechies-Wavelet gewonnen wurde.

(3) Ein Bild nach der Komprimierung mit einem stark frequenzselektiven Wavelet negativer Regularität.

(4) Ein Bild nach der Komprimierung mit einem Wavelet, bei dem ein Mittelweg eingeschlagen wurde.

Bei den Bildern handelt es sich sämtlich um Ausschnittvergrößerungen digitalisierter Bilder; ohne Ausschnittvergrößerung sind die Bilder (1), (2) und (4) nahezu identisch. Die kleinen Quadrate sind die Pixel des digitalisierten Bildes und haben mit der Bildverarbeitung nichts zu tun.

Mit freundlicher Genehmigung von Olivier Rioul und dem französischen Centre National d'Etudes des Télécommunications (CNET).

Biorthogonale Wavelets können beim praktischen Einsatz problematischer sein als die einfachorthogonalen. Bei letzteren kann man den Gesamt-Quantisierungsfehler aus den bei den einzelnen Auflösungen entstehenden Fehlern berechnen, ohne das Bild rekonstruieren zu müssen. Darüber hinaus ist jeder „Teilfehler" unabhängig von den anderen und damit leichter zu beeinflussen. Auf die biorthogonalen Wavelets trifft all dies nicht zu. Auch die Verwendung zweier Wavelet-Sätze mit sehr verschiedenen Längenskalen kann zusätzliche Probleme bereiten.

20.2 Regularität

Rioul betrachtet die Regularität als den wichtigsten Beitrag der Wavelets zur Bildkodierung überhaupt. Der *Regularitätsgrad* ist die Anzahl der stetigen Ableitungen eines Wavelets. Bei der Kodierung eines stetigen Bildes mit einer unstetigen Funktion wie dem Haar-Wavelet entsteht ein unstetiges Abbild, und man erhält Kanten, wo im Original überhaupt keine zu sehen sind. Solche Artefakte kann man vermeiden, indem man zur Analyse eine reguläre (glatte) Funktion einsetzt.

Bisher ist nicht geklärt, welche Regularität für welche Anwendung optimal ist; Riouls Untersuchungen zufolge reicht bei der Bildverarbeitung ein Regularitätsgrad von 1 oder 2 bereits aus. Man kann die Regularität verbessern, indem man den Träger des Wavelets vergrößert; allerdings erschwert dies die praktischen Rechnungen. „Die Rechenzeit ist bei einer Dimension proportional zum Träger, bei zwei Dimensionen zum Quadrat des Trägers und bei drei Dimensionen zur dritten Potenz des Trägers", stellt Yves Meyer fest. „Hat ein Wavelet einen Träger der Länge 10, und führt man mit ihm (wie zum Beispiel bei Turbulenzen üblich) dreidimensionale Berechnungen aus, erfordert jede Rechnung 1000 Rechenschritte. Bei Verwendung eines nur doppelt so großen Wavelets sind es bereits 8000."

20.3 Verschwindende Momente

Von der Anzahl der verschwindenden Momente[1], die in gewissem Zusammenhang mit der Anzahl der Oszillationen steht (je mehr verschwindende Momente ein Wavelet besitzt, desto stärker oszilliert es), hängt es ab, was das Wavelet nicht „sehen kann". Wavelets mit genau einem verschwindenden Moment können keine linearen Funktionen sehen, da der Wavelet-Koeffizient – das Skalarprodukt aus Wavelet und Funktion – null ist (beide Funktionen orthogonal zueinander sind). Zwei verschwindende Momente machen Wavelets auch „blind" für quadratische Funktionen, drei für kubische usw. Auch führen Wavelets mit vielen verschwindenden Momenten bei der Analyse niedriger Frequenzen auf kleine Wavelet-Koeffizienten. Die Koeffizienten sind ein Maß für die Übereinstimmung von Wavelet und Signal, und rasch oszillierende Wavelets sehen nun einmal anders aus als niederfrequente Wellen.

Der praktische Effekt verschwindender Momente besteht darin, daß die Information in einer relativ kleinen Anzahl von Koeffizienten konzentriert wird. Dies kann sinnvoll sein sowohl bei der Komprimierung als auch bei der Analyse von Signalen, die Singularitäten und Unstetigkeiten enthalten: Die unberechenbaren Signalschwankungen führen auf einige wenige große Koeffizienten, die sich deutlich vom Hintergrund verschwindender oder zumindest kleiner Koeffizienten abheben. Wieviel verschwindende Momente man tatsächlich braucht, hängt von der jeweiligen Anwendung ab.

Rioul meint: „Vom Standpunkt der Kodierung, der Signalverarbeitung aus betrachtet, kann ich beim besten Willen nicht einsehen, wozu verschwindende Momente, sieht man einmal von der notwendigen Regularitätsforderung ab, gut sein sollen." (Um einen Regularitätsgrad größer als n zu sichern, müssen mindestens $n+1$ Momente verschwinden.) Beide Effekte lassen sich nur schwer trennen; jedoch konnte Rioul zeigen, daß sich in der Bildverarbeitung zunehmende Regularität bis zu einem gewissen Punkt auch unabhängig von der Anzahl der verschwindenden Momente förderlich auf die Ergebnisse auswirkt.

---

[1]Das $k$te Moment einer Funktion f ist das Integral über das Produkt dieser Funktion und der $k$ten Potenz der unabhängigen Variablen, also

$$m_k = \int_{-\infty}^{\infty} f(x) x^k \, \mathrm{d}x.$$

Mit dem Integral verschwindet auch das entsprechende Moment.

In ähnlicher Weise konnte auch Michael Unser vom Biomedical Engineering and Instrumentation Program des National Institute of Health beobachten, daß eine größere Anzahl verschwindender Momente keine wesentlich besseren Ergebnisse mit sich bringt [84]. Und Ingrid Daubechies stellt fest: „Bei Bildern sind offenbar nicht mehr als zwei verschwindende Momente erforderlich; danach verbessert sich die Qualität nur noch unwesentlich, und statt dessen hat man mit Einbußen bei der Geschwindigkeit zu rechnen. Bei Anwendungen auf dem Gebiet der numerischen Analyse, wie sie Beylkin betreibt, wählt man dagegen fünf oder sechs verschwindende Momente, und dort sind sie auch unabdingbar. In der Praxis müssen die Momente natürlich nicht völlig verschwinden; oft reicht es schon aus, wenn sie sehr, sehr klein sind."

20.4　Frequenzselektivität

Bei der Fourier-Analyse ist die Analysefunktion ein Sinus oder Kosinus genau definierter Frequenz. Wavelets dagegen enthalten, wie man aus ihren eigenen Fourier-Koeffizienten abliest, eine Mischung verschiedener Frequenzen, und natürlich überträgt sich dies auch auf die Wavelet-Koeffizienten. Je enger der Frequenzbereich, desto frequenzselektiver ist das Wavelet, und desto präziser wird es das Signal nach Frequenzen zerlegen. In der Praxis werden Wavelet-Koeffizienten bei der schnellen Wavelet-Transformation unter Verwendung eines dem Wavelet zugeordneten Filters berechnet, so daß es eigentlich auf die Frequenzselektivität des Filters ankommt; beide hängen jedoch voneinander ab.

Am schönsten wären natürlich Wavelets, die sowohl bezüglich der Frequenz als auch der Zeit gut „lokalisiert" oder „konzentriert" sind, also stark frequenzselektive Wavelets mit einem sehr kleinen Träger. Leider fordert die Heisenbergsche Unschärferelation, daß man hier einen Kompromiß eingehen muß. Die zunächst etwas unerwartete und auch noch nicht endgültig verifizierte Schlußfolgerung aus Riouls Untersuchungen zur Bildbearbeitung besagt, daß Regularität Vorrang gegenüber der Frequenzselektivität haben sollte.

Kapitel 21

Ein Überblick über die Transformationen

Ein bei jeglichen Transformationen sehr häufig auftretender Fehler besteht darin, zu vergessen, daß die zur Analyse verwendete Funktion in die transformierte Größe mit eingeht; die Folge sind schwerwiegende Fehlinterpretationen, bei denen die Struktur der zur Analyse verwendeten Funktion als Eigenschaft der untersuchten Erscheinung selbst gedeutet wird.
Marie Farge, *Wavelet Transforms and Their Applications, S. 429*

21.1 Die Fourier-Transformation

Art der Zerlegung: Frequenz.

Analysefunktion: Von $-\infty$ bis ∞ oszillierende Sinus- und Kosinusfunktionen.

Variable: Frequenz.

Gelieferte Information: Die im Signal enthaltenen Frequenzen.

Eignung: Stationäre Signale (voraussehbar, stationären Gesetzen genügend).

Bemerkungen: Das Berechnen der Fourier-Transformierten eines durch n Punkte gegebenen Signals mit der schnellen Fourier-Transformation (FFT) erfordert $n \log n$ Rechenschritte.

21.2   Die gefensterte Fourier-Analyse

Art der Zerlegung: Zeit-Frequenz-Analyse.

Analysefunktion: Produkt einer zeitlich begrenzten Welle mit trigonometrischen Funktionen. Die „Fensterbreite" (Länge der Welle) wird konstant gehalten, die Frequenz innerhalb des Fensters variiert.

Variablen: Frequenz, Fensterposition.

Gelieferte Information: Je enger das Fenster, desto besser ist die (auf Kosten der Information über niedrige Frequenzen) gelieferte Information über den Zeitverlauf. Breite Fenster liefern eine bessere Frequenz-, dafür aber eine ungenauere Zeitinformation.

Eignung: Quasistationäre Signale (Signale, die über Zeitskalen von der Dimension des Fensters stationär sind).

Bemerkungen: Gelegentlich spricht man auch von einer „Kurzzeit-Fourier-Analyse" oder, bei Verwendung einer Gauß-Funktion als Einhüllender des Fensters, von einer „Gabor-Transformation". Im Unterschied zur orthogonalen Fourier-Transformation können zumindest die naheliegenden Varianten der gefensterten Fourier-Analyse nicht orthogonal sein.

21.3   Die Wavelet-Transformation

Art der Zerlegung: Zeit-Skalen-Analyse.

Analysefunktion: Zeitlich begrenzte Welle mit einer fixierten Anzahl von Oszillationen. Um die Breite des „Fensters" und damit die zur Analyse verwendete Skale zu ändern, wird das Wavelet komprimiert oder gedehnt. Da die Anzahl der Oszillationen konstant ist, bringt die Änderung der Skale eine gleichzeitige „Frequenz"änderung des Wavelets mit sich.

Variablen: Skale, Position des Wavelets.

Gelieferte Information: Schmale Wavelets liefern eine gute Zeit-, aber eine schlechte Frequenzinformation; breite Wavelets liefern eine gute Frequenzinformation auf Kosten der Zeitinformation.

Eignung: Nichtstationäre Signale, z. B. sehr kurzzeitige Signale und Signale, bei denen die interessierenden Effekte (wie bei Fraktalen) über verschiedene Skalen verteilt sind.

Bemerkungen: Wavelet-Transformationen können kontinuierlich oder diskret und nichtorthogonal, biorthogonal oder orthogonal sein. Bei orthogonalen Wavelets erfordert die Transformation eines aus n Punkten bestehenden Signals cn Rechenschritte, wobei c davon abhängt, wie komplex das Wavelet ist.

21.4 Malvar-Wavelets (adaptiv gefensterte Fourier-Analyse)

Art der Zerlegung: Zeit-Frequenz-Skalen-Analyse.
Analysefunktion: Speziell geformte, zeitlich begrenzte Kurve, multipliziert mit gewissen trigonometrischen Funktionen.
Variablen: Frequenz, Position und Größe des „Fensters", wobei alle Variablen unabhängig voneinander variieren´ können.
Eignung: Da das Abklingverhalten angepaßt werden kann (adaptive Zeitsegmentation): alle Signale, bei denen man sich (wie bei Musik oder Sprache) vorrangig für deren zeitliche Dynamik interessiert.
Bemerkungen: Malvar-Wavelets bilden mit ihren drei Parametern (Position, Frequenz und Skale) ein redundantes System. Jedoch kann man unter ihnen, wie beim Komprimierungsverfahren der optimalen Basis, das für jedes Signal die optimale Basis ermittelt, unendlich viele Orthogonalbasen finden.

21.5 Wavelet-Pakete

Art der Zerlegung: Zeit-Frequenz-Analyse (mit der ebenfalls gegebenen Möglichkeit einer Skalenanalyse).
Analysefunktion: Ähnlich einem Produkt aus Wavelet und trigonometrischen Funktionen.
Variablen: Frequenz, Position, zusätzlich gegebenenfalls Skale.
Eignung: Signale, bei denen (wie im Falle von Fingerabdrücken) nichtstationäre Effekte mit stationären verknüpft sind.
Bemerkungen: Wavelet-Pakete bilden mit ihren drei Parametern Position, Frequenz und Skale ein redundantes System. Man kann unter ihnen aber unendlich viele Orthogonalbasen finden, die im Rahmen des Formalismus der optimalen Basis Verwendung finden können. Wavelet-Pakete sind wesentlich flexibler als Wavelets, allerdings bereitet die Interpretation der Koeffizienten noch Schwierigkeiten.

21.6   Optimale Anpassung

Art der Zerlegung: Zeit-Frequenz-Skalen-Analyse.

Analysefunktion: Gauß-Funktion mit variabler Fensterbreite, multipliziert mit trigonometrischen Funktionen.

Variablen: Frequenz, Fensterposition und Fensterbreite können unabhängig variieren.

Eignung: Hochgradig nichtstationäre Signale mit großer Formenvielfalt.

Bemerkungen: Die Kodierung hochgradig nichtstationärer Signale über das Verfahren der optimalen Anpassung ist knapp und translationsinvariant. Die Kodierung eines aus n Punkten bestehenden Signals erfordert n^2 Rechenschritte, die Signalrekonstruktion ist aber außerordentlich schnell.

Kapitel 22

Wavelets, Sprache und Musik

Die auf Dennis Gabor zurückgehende gefensterte Fourier-Analyse war im Umfeld der Akustik entstanden. „Von diesen Analysen macht man bei der Sprachverarbeitung und in der Akustik ständig Gebrauch, ja, sie gehören dort zum täglichen Handwerkszeug", meint Christophe d'Alessandro vom französischen Centre National de Recherche Scientifique, Université de Paris-Sud, Orsay.

Hat die Wavelet-Mehrfachauflösungsanalyse dieses Gebiet wesentlich beeinflussen können? Anfangsversuche, mit Hilfe orthogonaler Wavelets Sprache zu analysieren, „schlugen völlig fehl. Es gelang einfach nicht, die Wavelet-Koeffizienten richtig zu interpretieren" (Yves Meyer). Heute äußern sich die Forscher schon etwas optimistischer. „Zwar haben die Wavelets bisher zur Spracherkennung nichts Bemerkenswertes beitragen können, aber es gelang immerhin, einige interessante Ergebnisse im Zusammenhang mit der Tonhöhenerkennung von Sprachaufzeichnungen zu erzielen", merkt d'Alessandro an.

Wie er weiter ausführt, ist das Fehlen wirklich neuer Wavelet-Anwendungen auf dem Gebiet der Sprache und Akustik zumindest teilweise dem Umstand geschuldet, daß „vergleichbare Verfahren, die allerdings nicht unter dem Namen ‚Wavelets' firmierten, auf diesen Gebieten schon lange im Einsatz waren" (zum Beispiel in Form der bei der Sprachverarbeitung eingesetzten Conjugate Quadrature Filter, daneben aber auch einiger älterer Verfahren). „Zwar haben die Wavelets diesen Verfahren kurzfristig einen neuen Impuls verliehen, im Grunde waren sie aber wohlbekannt und lange im Gebrauch. Transformationen von der Art der Wavelet-Transformation zählen hier seit etwa 50 Jahren zu den grundlegenden Verfahren. Ohne sie wäre die Entstehung der modernen Theorien zur Spracherzeugung, -wahrnehmung und -übertragung undenkbar gewesen."

Victor Wickerhauser betont demgegenüber, daß die ursprünglichen, nicht besonders regulären Conjugate Quadrature Filter bei der zum Erreichen hoher Komprimierungsraten erforderlichen Anzahl von Iterationen häßliche Artefakte erzeugten. Die von Ingrid Daubechies konstruierten regulären Wavelets ermöglichen demgegenüber effektivere Zerlegungen. Allerdings setzt man bei der Sprachverarbeitung nicht notwendigerweise die gleichen Wavelets ein wie auf anderen Gebieten. Stéphane Mallat: „Die hier verwendeten Wavelets sind im Unterschied zu den in der Bildverarbeitung genutzten vor allem bezüglich der Frequenz lokalisiert."

Auch im Zusammenhang mit Musik greift man auf Wavelets zurück. Richard Kronland-Martinet und andere Forscher aus Marseille verwenden Wavelets zur Analyse und Synthese elektronischer Musik, und Neil Todd (City University, London University) nutzt sie für Rhythmus-Studien.

Kapitel 23

Das Verfahren der optimalen Basis

Bei der Wahl einer bestimmten Signalzerlegungsbasis muß man stets einen Kompromiß zwischen Zeit und Frequenz eingehen. Man kann sich dies gut anhand der Heisenberg-Kästchen veranschaulichen. Jedes dieser Kästchen steht für ein Basiselement und, etwas vereinfacht, die durch dieses Kästchen kodierte Zeit-Frequenz-Information. Eine Seitenlänge, Δt, repräsentiert den durch das Basiselement erfaßten Definitionsbereich der Ausgangsvariable, das andere, $\Delta\tau$, den Frequenzbereich. Die Heisenbergsche Unschärferelation setzt eine untere Schranke für die Größe dieser Kästchen: Das Produkt $\Delta t\Delta\tau$ muß mindestens $1/4\pi$ betragen.

Man kann sich vorstellen, daß die Elemente einer Orthogonalbasis – zum Beispiel die durch Translation und Dehnung aus einem Mutter-Wavelet erzeugten Wavelets – die Zeit-Frequenz-Ebene vollständig und überlappungsfrei mit Heisenberg-Kästchen *überdecken*. Genaugenommen ist das allerdings nicht ganz korrekt: „Die Ebene der Heisenberg-Kästchen ist eine rechentechnisch bequeme Idealisierung der Zeit-Frequenz-Ebene; letztere ist zwar exakt definiert, aber unhandlich im Gebrauch" (Victor Wickerhauser).

Je nach vorgegebenem Signal wählt der Algorithmus der optimalen Basis aus einer ganzen Bibliothek möglicher Basen diejenige aus, die das Signal in der Heisenberg-Ebene mit der kleinstmöglichen Fläche darstellt. Die entsprechenden Berechnungen sind schnell und laufen weitgehend automatisiert ab. Ein Computerprogramm liest die Signale ein und stellt die entsprechenden Heisenberg-Kästchen dar. Um die Größe der Koeffizienten deutlich zu machen, können die Kästchen sogar noch farbig gezeichnet werden. Dargestellt werden lediglich wesentlich von null verschiedene Koeffizienten.

„Das auf diese Weise erzeugte Bild kann zur Messung bestimmter Signalcharakteristika sowie zur Erkennung gewisser flüchtiger Signale, wie etwa beim Vogelgezwitscher, herangezogen werden. Darüber hinaus hat die Korrespondenz zwischen Geometrie (verschiedene Überdeckungen) und Algebra (Orthonormalität) eine Reihe von Einsichten über Funktionszerlegungen und die zur Charakterisierung der Komplexität unserer schnellen Algorithmen herangezogenen kombinatorischen Verfahren gebracht" (Victor Wickerhauser, Details hierzu finden sich in [16, 17, 90]).

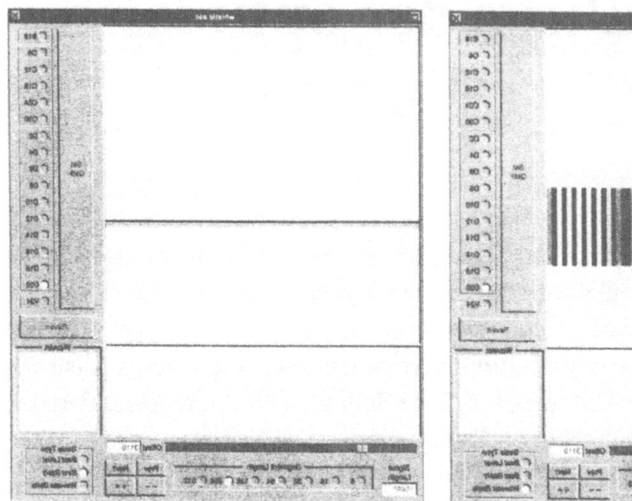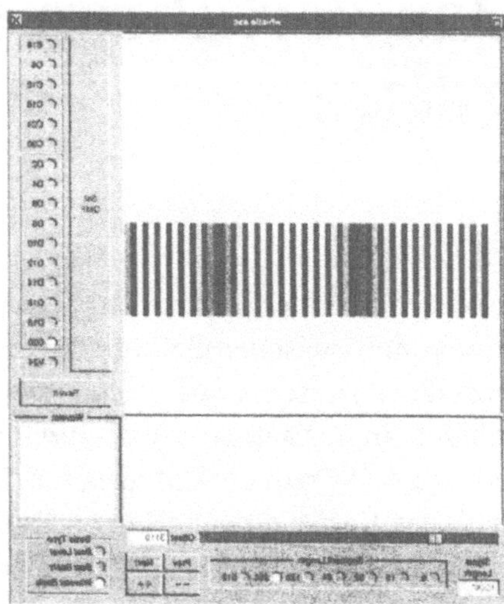

Abb. 23.1: Aufzeichnung einer pfeifenden Person mit 8012 Stützstellen pro Sekunde. Links: Das Signal in einer Wavelet-Basis. Rechts: Das gleiche Signal in einer aus Wavelet-Paketen gebildeten „optimalen Basis". Die im linken Bild verwendete Wavelet-Basis vermag die Frequenz lediglich innerhalb einer Oktave zu lokalisieren, während die optimale Basis zeigt, daß das Signal nur ein sehr schmales Frequenzband umfaßt. Mit Hilfe der links gezeigten vertikalen Streifen ließe sich das Signal bezüglich der Frequenz ebenfalls noch besser lokalisieren; die optimale Basis erledigt dies jedoch automatisch.
Mit freundlicher Genehmigung von M. Victor Wickerhauser.

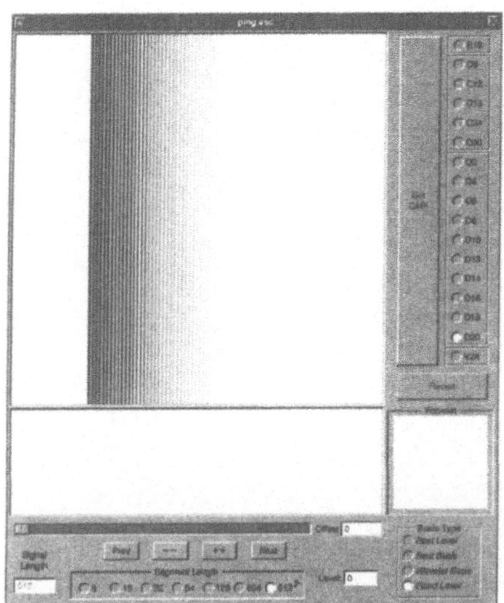 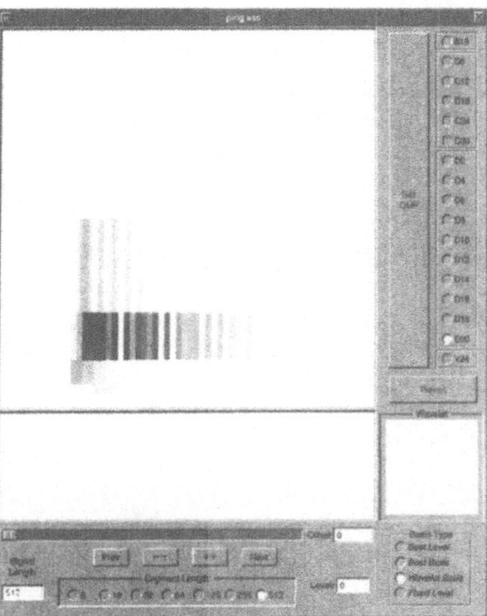

Abb. 23.2: Ein durch einen Impuls angeregter gedämpfter harmonischer Oszillator, links unter Verwendung der Dirac-Basis und rechts mit Hilfe der Wavelet-Basis dargestellt. Bei Verwendung von Wavelet-Paketen (hier nicht gezeigt) kann das Signal noch knapper dargestellt werden.
Mit freundlicher Genehmigung von M. Victor Wickerhauser.

Anhang

Anhang A

Mathematische Symbole

Δ, δ	Delta
ϵ	Epsilon (meist für sehr kleine Größen verwendet)
θ	Theta (Winkelvariable)
μ	Mü (steht häufig für ein Maß)
ξ	Xi (Wellenzahl oder räumliche Frequenz; bei Fourier-Transformationen von x-abhängigen Signalen der Ort)
σ	Sigma
τ	Tau (Frequenz; steht bei Fourier-Transformationen von t-abhängigen Signalen für die Zeit)

Anmerkung: Bei Fourier-Reihen schreibt man häufig k anstelle von ξ oder τ; dies entspricht der in der Mathematik üblichen Konvention, k für ganzzahlige Variable zu reservieren.

ϕ bzw. φ	Phi (Skalierungsfunktion, gelegentlich auch Phasenwinkel)
ψ	Psi (Wavelet, in der Quantenmechanik Wellenfunktion)
$\sum$	Summenzeichen
$\int$	Integral
$\prod$	Produkt
$\cup$	Vereinigung
$\cap$	Durchschnitt
∞	Unendlich

Anhang B

Einige elementare trigonometrische Relationen

In diesem Buch haben wir von zwei trigonometrischen Funktionen, Sinus (abgekürzt sin) und Kosinus (abgekürzt cos), Gebrauch gemacht. Wir betrachten einen durch $x^2 + y^2 = 1$ beschriebenen Einheitskreis (Kreis vom Radius 1) mit dem Mittelpunkt beim Koordinatenursprung. Ausgehend vom Punkt $(1, 0)$, schreiten wir wie in Abbildung B.1 gezeigt entgegen dem Uhrzeigersinn um den Winkel θ fort. Der Punkt, bei dem wir zur Ruhe kommen, habe die Koordinaten $(x, y) = (\cos\theta, \sin\theta)$.

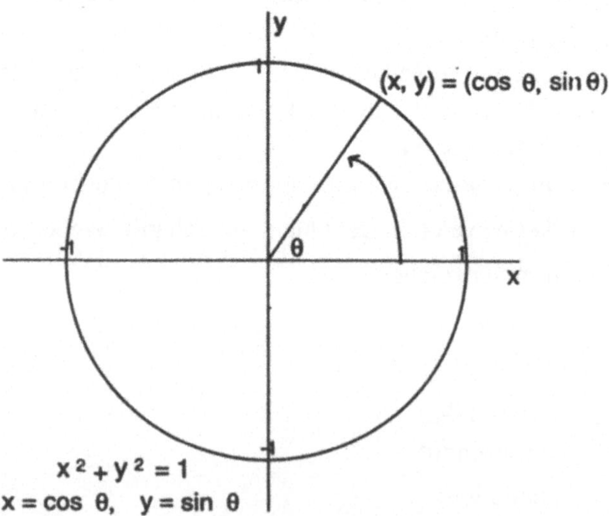

Abb. B.1: Sinus und Kosinus eines Kreisbogens vom Radius 1 mit dem Mittelpunkt beim Koordinatenursprung.

Damit haben wir den Sinus und den Kosinus eines Kreisbogens definiert. Sinus und Kosinus kann man aber auch als Funktionen des zu dem Bogen gehörigen Winkels betrachten. In diesem Fall wird der Winkel meist nicht in Grad, sondern im Bogenmaß (in Radiant, d. h. der Länge des entsprechenden Einheitskreis-Bogens) gemessen. Ein voller Umlauf um den Kreis entspricht $360° = 2\pi$ Radiant. Ein Winkel von $90°$ entspricht $\pi/2$ Radiant. (Den Zusatz „Radiant" läßt man meist weg.)

So erhält man für $\theta = 90° = \pi/2$ den Sinus $\sin\theta = 1$ und den Kosinus $\cos\theta = 0$. Für $\theta = 360° = 2\pi$ ist $\sin\theta = 0$ und $\cos\theta = 1$.

Aus der Definition liest man sofort ab, daß

$$(\sin\theta)^2 + (\cos\theta)^2 = 1$$

gilt; statt $(\sin\theta)^2$ schreibt man häufig $\sin^2\theta$, d. h.

$$\sin^2\theta + \cos^2\theta = 1.$$

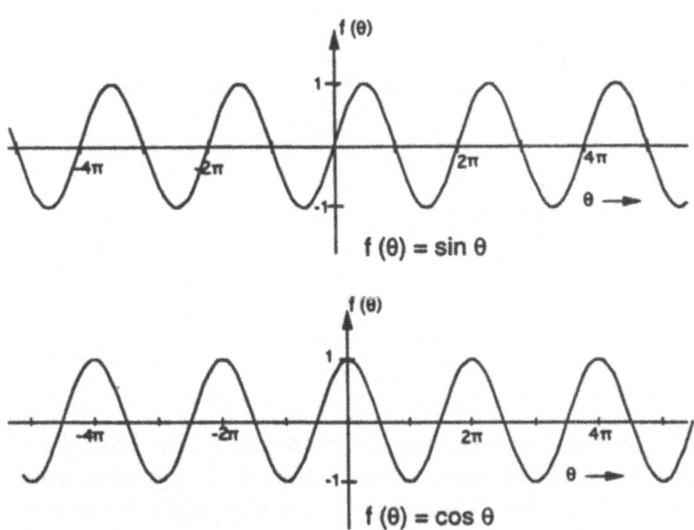

Abb. B.2: Oben: Der Graph der Funktion $\sin\theta$. Unten: Der Graph von $\cos\theta$. Beide Funktionen sind 2π-periodisch und stimmen bis auf eine Phasenverschiebung überein.

B.1 Die Graphen von Sinus und Kosinus

Um den Graphen von $\sin\theta$ und $\cos\theta$ darzustellen, „rollt man" den Winkel θ quasi auf und stellt ihn entlang der reellen x-Achse dar (wobei 2π einem vollen Umlauf, 4π zwei vollen Umläufen usw. entspricht). Abbildung B.2 zeigt die beiden 2π-periodischen (sich in Intervallen von 2π wiederholenden) Funktionen $\sin\theta$ und $\cos\theta$.

Durch eine Umbenennung der Achsen läßt sich erreichen, daß die gleichen Graphen die beiden 1-periodischen Funktionen $\sin 2\pi\theta$ und $\cos 2\pi\theta$ zeigen. Außerdem kann man als unabhängige Variable außer θ natürlich auch x oder t verwenden.

B.2   Die komplexe Zahlenebene

Nun wollen wir den Sinus und den Kosinus in der komplexen Zahlenebene betrachten (Abbildung B.3). Die komplexe Zahl $a + ib$ lautet dort $r\,(\cos\theta + i\sin\theta)$, und aus der Eulerschen Formel $e^{i\theta} = \cos\theta + i\sin\theta$ folgt, daß $e^{i\theta}$ auf einem Kreis vom Radius 1 umläuft.

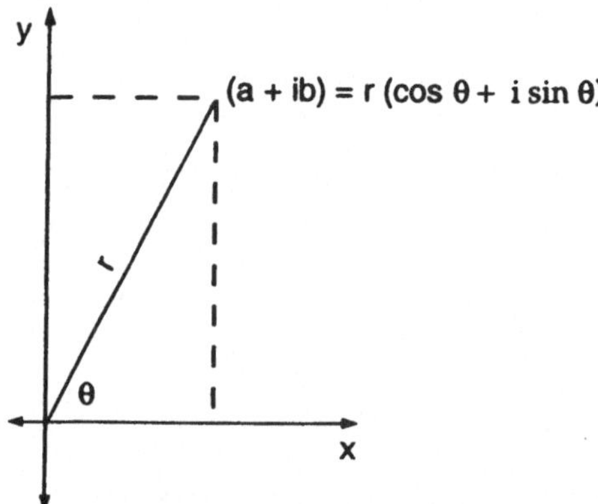

Abb. B.3: Komplexe Zahlen können in der kartesischen Darstellung als $a + ib$ und in der trigonometrischen als $r(\cos\theta + i\sin\theta)$ mit $i = \sqrt{-1}$ geschrieben werden. Die Zahlen r und θ sind die Polarkoordinaten des Punktes (a, b). Während zur Addition komplexer Zahlen kartesische Koordinaten besser geeignet sind, verwendet man für die Multiplikation zweckmäßiger die Polardarstellung.

Warum sich überhaupt mit der komplexen Zahlenebene herumschlagen? Zum einen vereinfacht sich dadurch die Schreibweise der Fourier-Transformation; anstatt jedesmal Sinus und Kosinus schreiben zu müssen, reicht für jede Frequenz ein einziger Koeffizient aus. Zum anderen lassen sich komplexe Zahlen leichter multiplizieren, wenn man sie durch Sinus und Kosinus ausdrückt; außerdem erhält die Multiplikation auf diese Weise eine geometrische Deutung (Abbildung B.4).

Die Beziehung

$$r_1(\cos\theta_1 + \mathrm{i}\sin\theta_1) \cdot r_2(\cos\theta_1 + \mathrm{i}\sin\theta_2)$$
$$= r_1 r_2(\cos(\theta_1 + \theta_2) + \mathrm{i}\sin(\theta_1 + \theta_2))$$

ist der Ausgangspunkt der Trigonometrie schlechthin. Durch Ausmultiplizieren der Terme auf der linken Seite erhalten wir

$$r_1 r_2\left((\cos\theta_1\cos\theta_2 - \sin\theta_1\theta_2) + \mathrm{i}(\sin\theta_1\cos\theta_2 + \cos\theta_1\sin\theta_2)\right)$$
$$= r_1 r_2\left(\cos(\theta_1 + \theta_2) + \mathrm{i}\sin(\theta_1 + \theta_2)\right).$$

Anschließend dividieren wir beide Seiten durch $r_1 r_2$. Da die auf der linken Seite stehenden Real- und Imaginärteile mit denen auf der rechten Seite übereinstimmen müssen, folgen die trigonometrischen Grundrelationen

$$\cos(\theta_1 + \theta_2) = \cos\theta_1\cos\theta_2 - \sin\theta_1\sin\theta_2 \qquad \text{(B.1)}$$

und

$$\sin(\theta_1 + \theta_2) = \sin\theta_1\cos\theta_2 + \cos\theta_1\sin\theta_2. \qquad \text{(B.2)}$$

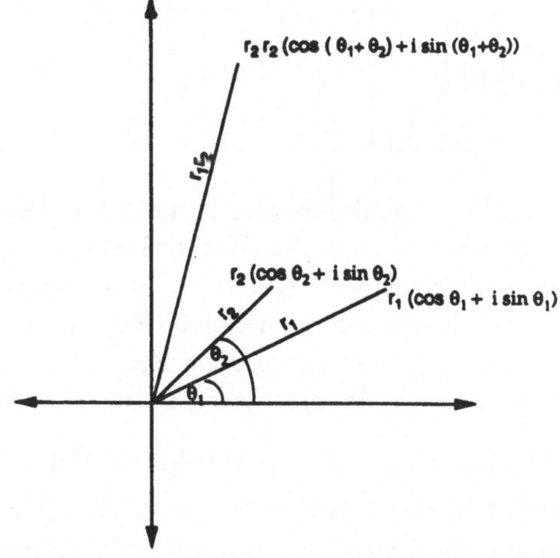

Abb. B.4: Komplexe Zahlen lassen sich leichter multiplizieren, wenn man sie durch Sinus und Kosinus darstellt. Das Produkt der beiden komplexen Zahlen $r_1(\cos\theta_1 + \mathrm{i}\sin\theta_1)$ und $r_2(\cos\theta_2 + \mathrm{i}\sin\theta_2)$ lautet $r_1 r_2(\cos(\theta_1 + \theta_2) + \mathrm{i}\sin(\theta_1 + \theta_2))$. Die Längen werden also multipliziert und die Winkel addiert.

Anhang C

Integrale

Der Dirichletsche Konvergenzbeweis für Fourier-Reihen hatte den Mathematikern deutlich vor Augen geführt, wie wichtig eine exakte Definition des Integrals geworden war. Der erste erfolgreiche Versuch hierzu geht auf Bernhard Riemann zurück. Die ihm zugrundeliegende Vorstellung ist einfach.

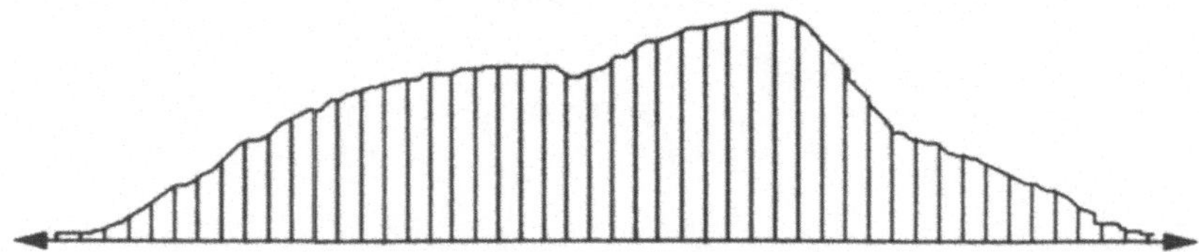

Abb. C.1: Das Riemannsche Integral: Die Fläche unter dem Graphen wird gemessen, indem man sie in immer schmalere Streifen zerlegt und jeden dieser Streifen durch zwei Rechtecke, eines direkt über und eines direkt unter dem Graphen, nähert. Wenn die Summe der Flächen unter den kleinen Rechtecken für immer schmaler werdende Streifen gegen die unter den großen Rechtecken konvergiert, ist die Funktion *Riemann-integrabel*, und der gemeinsame Grenzwert heißt Integral.

Zunächst wird die Funktion wie in Abbildung C.1 gezeigt in Streifen zerlegt. Für jeden dieser Streifen konstruieren wir das größte Rechteck unterhalb und das kleinste oberhalb des Graphen (Abbildung C.2). Strebt die Summe der Flächen der großen Rechtecke für immer schmaler werdende Streifen gegen die der kleinen Rechtecke, heißt die Funktion *Riemann-integrabel* und der gemeinsame Grenzwert Integral. Um das Integral zu berechnen, gibt es verschiedene Möglichkeiten. Die Rechtecke, deren Flächen addiert werden sollen, können wie in Abbildung C.2 konstruiert werden oder, bei Zugrundelegung eines anderen Kriteriums, indem man die Höhe jedes Streifens mit dem Funktionswert in dessen Mitte identifiziert.

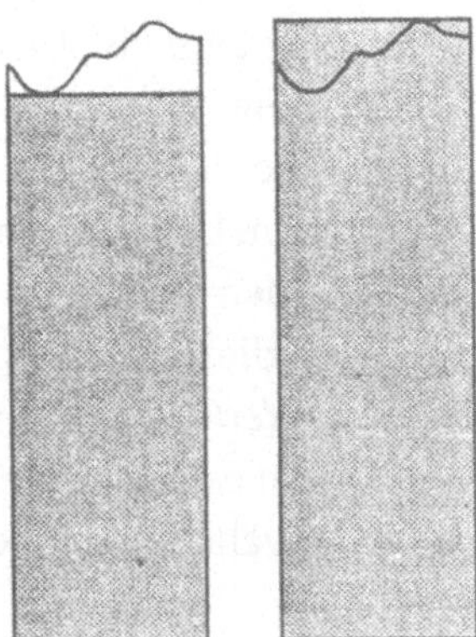

Abb. C.2: Für jeden der in Abbildung C.1 gezeigten Streifen konstruieren wir das größte Rechteck unterhalb und das kleinste oberhalb des Graphen.

Obgleich die Berechnung des Riemannschen Integrals keine prinzipiellen Schwierigkeiten mit sich bringt, eignet es sich nur für stetige (oder zumindest nahezu stetige) Funktionen. Eine Reihe allgemein interessierender Funktionen, wie zum Beispiel die, die allen rationalen Zahlen den Wert 1 und allen irrationalen den Wert 0 zuordnet, läßt sich auf diese Weise aber nicht integrieren. Für solche pathologischen Funktionen muß man auf das *Lebesgue-Integral* zurückgreifen (mit dem natürlich auch „gewöhnliche" Funktionen integriert werden können). Das Lebesgue-Integral ist deshalb ein wichtiges Hilfsmittel, etwa in der Quantenmechanik.

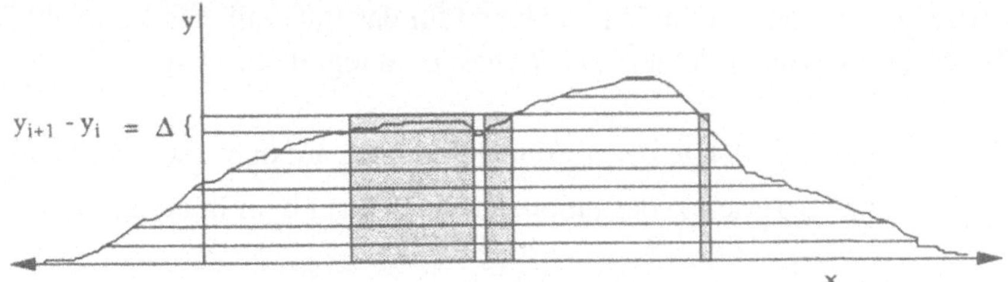

Abb. C.3: Beim Lebesgue-Integral betrachtet man zunächst die Ausgangsgröße – die Werte von $f(x)$ – und erst danach die x-Werte, die zu diesen Funktionswerten führten. Die schraffiert gezeichneten Flächen sind diejenigen x, die den Funktionswert $f(x)$ mit $y_i < f(x) < y_{i+1}$ ergeben.

Wie schon beim Riemannschen Integral wird die stetige Funktion auch beim Lebesgue-Integral diskretisiert und in immer schmalere Streifen zerlegt. Allerdings verwendet man, wie Abbildung C.3 zeigt, beim Lebesgue-Integral anstelle der vertikalen horizontale Streifen.

Obgleich das Bild zunächst ganz ähnlich aussieht, entspricht dies einer ganz anderen Herangehensweise. Beim Riemannschen Integral schaut man zunächst auf die Eingangsgröße – die x-Werte – und erst dann auf die Ausgangsgröße – die Werte von $f(x)$. Beim Lebesgue-Integral dagegen geht man zunächst von der Ausgangsgröße – den Werten von $f(x)$ – aus und betrachtet erst danach die x-Werte, die zu diesen Funktionswerten führen. Dabei wird der *Definitionsbereich* (die x-Werte) danach unterteilt, wo die Funktionswerte $f(x)$ liegen. Dies ermöglicht es, auch Integrale exotischer Funktionen zu berechnen wie der bereits erwähnten, die bei allen rationalen Zahlen 1 und bei den irrationalen 0 ist.

Wir wollen vergleichen, was das Riemannsche und das Lebesguesche Integral über diese exotische Funktion aussagen. Das Riemann-Integral besagt: Man unterteile das Intervall $[a, b]$ in kurze Teilintervalle und suche in jedem dieser Teilintervalle das Minimum und das Maximum der Funktion. Da aber das Minimum immer 0 und das Maximum immer 1 ist, ist die Flächensumme der oberen Rechtecke gleich dem Produkt aus der Höhe 1 und der Länge $b-a$. Die Flächensumme der unteren Rechtecke ist demgegenüber 0. Selbst wenn man die Zerlegung immer feiner macht, konvergieren die beiden Werte nicht gegeneinander, so daß das Riemann-Integral nicht existiert.

Wir betrachten nun das Lebesgue-Integral. Es verlangt, den Wertevorrat in kleine Teilintervalle zu zerlegen und für jedes Intervall diejenigen x-Werte zu suchen, bei denen $f(x)$ in diesem Intervall liegt. Sobald 0 und 1 verschiedenen Intervallen angehören, finden wir für das Intervall, das 0 enthält, die Menge der irrationalen Zahlen $[a, b]$, und für das Intervall, das 1 enthält, die Menge der rationalen Zahlen. Das Lebesgue-Integral wird damit

$$(0 \cdot \text{Länge der Menge der irrationalen Zahlen auf dem Intervall } [a, b])$$

$$+(1 \cdot \text{Länge der Menge der rationalen Zahlen auf dem Intervall } [a, b]).$$

Dies wirft natürlich sofort die Frage auf, wie man die Längen solcher seltsamer Teilmengen messen soll, und aus genau diesem Grund wird die Lebesgue-Integration oft auch als *Maßtheorie* bezeichnet.

Im obenerwähnten Fall haben die irrationalen Zahlen in $[a, b]$ die Länge (das Maß) 1 und die rationalen das Maß 0. Damit geben die rationalen Zahlen überhaupt keinen Beitrag, und das Integral über die Funktion ist null. Vielleicht erscheint dies absurd oder gar falsch, aber man kann sich leicht davon überzeugen, daß es stimmt. Man stelle sich die Reihe aller zwischen 0 und 1 gelegenen rationalen Zahlen vor. Zum Beispiel könnte man sie nach ihren

Nennern orden,

$$0, 1, \frac{1}{2}, \frac{1}{3}, \frac{2}{3}, \frac{1}{4}, \frac{3}{4}, \frac{1}{5}, \frac{2}{5}, \frac{3}{5}, \frac{4}{5}, \frac{1}{6}, \frac{5}{6}, \ldots,$$

und natürlich läßt sich die Reihe unendlich fortsetzen. Wir wählen nun eine beliebige kleine Länge ϵ („Epsilon") und markieren ein Intervall der Länge $\epsilon/2$ um den Nullpunkt. Anschließend markieren wir ein Intervall der Länge $\epsilon/4$ um den Punkt 1, dann eines der Länge $\epsilon/8$ um den Punkt $1/2$ usw. Die Summe der Längen dieser markierten Intervalle kann höchstens

$$\frac{\epsilon}{2} + \frac{\epsilon}{4} + \frac{\epsilon}{8} + \frac{\epsilon}{16} + \ldots = \epsilon$$

betragen; trotzdem beinhalten diese Intervalle sämtliche rationalen Zahlen. Sämtliche zwischen 0 und 1 (und mit der gleichen Begründung in einem beliebigen anderen Intervall) gelegenen rationalen Zahlen fallen damit in eine Punktmenge beliebig kurzer Länge; die rationalen Zahlen haben also das *Maß* 0.

Da Maß- und Wahrscheinlichkeitstheorie auf das gleiche hinauslaufen, kann man dies übrigens auch wahrscheinlichkeitstheoretisch fassen: Ermittelt man in der Zahlenbasis 2 eine Zufallszahl zwischen 0 und 1, indem man eine Münze wirft, der Vorderseite die 1 und der Rückseite die 0 zuordnet und die Ergebnisse in eine Reihe

$$0,111110111011000111100\ldots$$

schreibt, ist die Wahrscheinlichkeit, daß man eine rationale Zahl erhält, null.

Ausgehend von diesem Beispiel, könnte man zu der Auffassung gelangen, daß die Lebesgue-Integration lediglich entwickelt wurde, um die von Poincaré als „so wenig wie nur möglich an hübsche und nützliche Funktionen erinnernden" Funktionen zu behandeln. Funktionen wie die obige sind aber nicht nur irgendwelche Hirngespinste, sondern treten durchaus auch als Grenzwert von Folgen „normaler" Funktionen auf. Die Funktion, die bei einigen wenigen rationalen Zahlen – sagen wir $1/2$, $1/3$, $1/4$, $2/3$, $3/4$ – eins und sonst überall null ist, *ist* Riemann-integrabel. Wenn man die Streifen immer schmaler macht, werden die Rechtecke, die diese Zahlen enthalten, immer dünner, und die Summe ihrer Flächen geht schließlich ganz gegen null. Dies bleibt auch so, wenn man immer mehr rationalen Zahlen den Funktionswert 1 zuordnet. Als Grenzwert ergibt sich schließlich eine nicht mehr Riemann-integrable Funktion, die 1 bei allen rationalen und 0 bei allen irrationalen Zahlen ist.

„Beim Riemann-Integral hat man eine Folge integrabler Funktionen, deren Grenzwert nicht mehr integrabel ist. Zur Untersuchung von Grenzwerten, wie sie in der Analysis eine zentrale Rolle spielen, ist die Riemann-Integration deshalb kaum geeignet", meint Michael Frazier von der Michigan State University. „Der wesentliche Vorteil der Lebesgue-Integration besteht in deren Stabilität unter Grenzbedingungen."

Anhang D

Die verschiedenen Konventionen der Fourier-Transformation

Es gibt drei verschiedene Formeln für die Fourier-Transformation, die sich darin unterscheiden, wo man die Faktoren 2π anbringt. In allen drei Fällen gibt es wieder zwei Versionen, wobei das Minuszeichen im einen Fall am Exponenten der Hintransformation und im anderen an dem der Rücktransformation angebracht wird. Um Verwirrung wegen der in verschiedenen Lehrbüchern verwendeten Konventionen zu vermeiden, wollen wir im folgenden die verschiedenen Formeln zusammenstellen.

In den Formeln (D.1) und (D.2) wird ξ in Hertz (Schwingungen pro Sekunde) gemessen, und die 2π stehen im Exponenten. Die Transformation (D.1) haben wir auch in diesem Buch zugrunde gelegt.

$$\hat{f}(\xi) = \int_{-\infty}^{\infty} e^{2\pi ix\xi} f(x)\, dx \quad \text{und} \quad f(x) = \int_{-\infty}^{\infty} e^{-2\pi ix\xi} \hat{f}(\xi)\, d\xi \quad \text{(D.1)}$$

$$\hat{f}(\xi) = \int_{-\infty}^{\infty} e^{-2\pi ix\xi} f(x)\, dx \quad \text{und} \quad f(x) = \int_{-\infty}^{\infty} e^{2\pi ix\xi} \hat{f}(\xi)\, d\xi \quad \text{(D.2)}$$

In den Formeln (D.3) bis (D.6) wird die Frequenzvariable ξ in Radiant pro Sekunde (1 Radiant $= 1/2\pi$ des Kreisumfangs) gemessen. Bei (D.3) und (D.4) steckt das 2π in der Rücktransformation, bei (D.5) und (D.6) sind die

2π auf die Hin- und Rücktransformation aufgeteilt.

$$\hat{f}(\xi) = \int_{-\infty}^{\infty} e^{ix\xi} f(x)\, dx \quad \text{und} \quad f(x) = \frac{1}{2\pi} \int_{-\infty}^{\infty} e^{-ix\xi} \hat{f}(\xi)\, d\xi \quad \text{(D.3)}$$

$$\hat{f}(\xi) = \int_{-\infty}^{\infty} e^{-ix\xi} f(x)\, dx \quad \text{und} \quad f(x) = \frac{1}{2\pi} \int_{-\infty}^{\infty} e^{ix\xi} \hat{f}(\xi)\, d\xi \quad \text{(D.4)}$$

$$\hat{f}(\xi) = \frac{1}{\sqrt{2\pi}} \int_{-\infty}^{\infty} e^{ix\xi} f(x)\, dx \quad \text{und} \quad f(x) = \frac{1}{\sqrt{2\pi}} \int_{-\infty}^{\infty} e^{-ix\xi} \hat{f}(\xi)\, d\xi$$

$$\text{(D.5)}$$

$$\hat{f}(\xi) = \frac{1}{\sqrt{2\pi}} \int_{-\infty}^{\infty} e^{-ix\xi} f(x)\, dx \quad \text{und} \quad f(x) = \frac{1}{\sqrt{2\pi}} \int_{-\infty}^{\infty} e^{ix\xi} \hat{f}(\xi)\, d\xi$$

$$\text{(D.6)}$$

Anhang E

Ein Beweis des Sampling-Theorems

Das Sampling-Theorem besagt, daß man ein Signal $f(t)$ mit einem Frequenzbereich von M Hertz (Schwingungen pro Sekunde) $2M$ mal pro Sekunde abtasten muß, um es exakt rekonstruieren zu können.

Wir wählen unsere Zeit- (oder Frequenz-) Einheit so, daß das Signal eine Bandbreite von $[-1/2, 1/2]$ hat; wie Abbildung E.1 zeigt, ist die Fourier-Transformierte $\hat{f}(\tau)$ dann lediglich im Intervall $|\tau| \leq 1/2$ von null verschieden. Gegeben sei weiter eine 1-periodische Funktion g, die für $|\tau| \leq 1/2$ mit $\hat{f}$ übereinstimmt.

Wir wollen nun zeigen, daß die Fourier-Koeffizienten von g mit den Funktionswerten $f(n)$ von f für $n = \ldots -2, -1, 0, 1, 2 \ldots$ übereinstimmen. Wenn wir die Funktionswerte von f bei den ganzen Zahlen kennen, kennen wir auch g und damit $\hat{f}$. Durch Umkehrung der Fourier-Transformation können wir dann f rekonstruieren.

Wir stellen g als Fourier-Reihe

$$g(\tau) = \sum_{n=-\infty}^{\infty} c_n \mathrm{e}^{-2\pi i n \tau} \tag{E.1}$$

mit den Koeffizienten

$$
c_{-n} = \underbrace{\int_{-\frac{1}{2}}^{\frac{1}{2}} g(\tau)\mathrm{e}^{-2\pi i n\tau}\,\mathrm{d}\tau}_{[1]} = \underbrace{\int_{-\frac{1}{2}}^{\frac{1}{2}} \hat{f}(\tau)\mathrm{e}^{-2\pi i n\tau}\,\mathrm{d}\tau}_{[2]} \qquad (\text{E.2})
$$

$$
= \underbrace{\int_{-\infty}^{\infty} \hat{f}(\tau)\mathrm{e}^{-2\pi i n\tau}\,\mathrm{d}\tau}_{[3]} = f(n)
$$

dar.

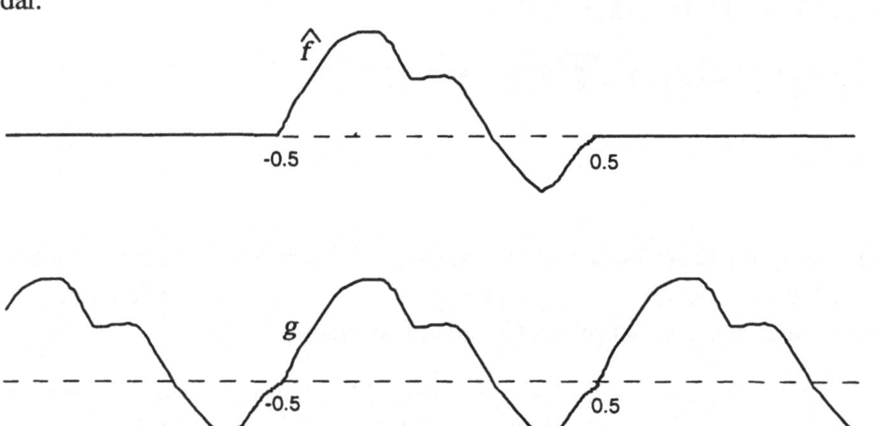

Abb. E.1: Die Fourier-Transformierte $\hat{f}$ hat von null verschiedene Werte lediglich für $|\tau| \leq 1/2$. (Das heißt, das Signal hat eine Bandbreite von $[-1/2, 1/2]$.) Mit g bezeichnen wir diejenige 1-periodische Funktion, die für $|\tau| \leq 1/2$ mit $\hat{f}$ übereinstimmt.

Wem dies Schwierigkeiten bereitet, der halte sich vor Augen, daß g periodisch ist und damit eine zugehörige Fourier-*Reihe* (keine Fourier-*Transformierte!*) existiert. Die Funktion g besitzt damit Fourier-Koeffizienten nur für Frequenzen, die ganzzahlige Vielfache der Grundfrequenz sind. Da die Funktion g für $|\tau| \leq 1/2$ mit $\hat{f}$ übereinstimmt, können wir $g(\tau)$ im Term [2] durch $\hat{f}(\tau)$ ersetzen. Da $\hat{f}$ nur für $|\tau| \leq 1/2$ von null verschieden ist, stimmen [2] und [3] überein. Nach dem Parseval-Theorem führt dann die inverse Fourier-Transformation auf $f(n)$.

Dies ist auch schon alles. Wenn wir die ganzzahligen Funktionswerte von f kennen – indem wir das Signal einmal pro Zeiteinheit bzw. zweimal pro Bandbreite abtasten –, können wir die Funktion f rekonstruieren. Allerdings ist das obige Verfahren etwas indirekt, so daß wir noch eine direktere Rekonstruktionsvorschrift ableiten wollen.

Zunächst schreiben wir f als inverse Fourier-Transformierte von $\hat{f}$,

$$f(t) = \int_{-\infty}^{\infty} \hat{f}(\tau) e^{-2\pi i \tau t}\, d\tau.$$

Da $\hat{f}$ nichtverschwindende Werte nur für $|\tau| \leq 1/2$ besitzt, folgt

$$f(t) = \int_{-\frac{1}{2}}^{\frac{1}{2}} \hat{f}(\tau) e^{-2\pi i \tau t}\, d\tau.$$

Im Intervall $[-1/2, 1/2]$ ist die Funktion $\hat{f}$ durch Gleichung (E.1) gegeben, so daß wir $\hat{f}(\tau)$ durch die Summe (E.1) ersetzen können,

$$f(t) = \int_{-\frac{1}{2}}^{\frac{1}{2}} \left(\sum_{n=-\infty}^{\infty} c_{-n} e^{2\pi i n \tau} e^{-2\pi i \tau t} \right) d\tau.$$

Da über alle n von $-\infty$ bis ∞ summiert wird, konnten wir n durch $-n$ ersetzen.

Unter Verwendung der obigen Formel (E.2) können wir nun c_{-n} durch die $f(n)$ ersetzen; außerdem vertauschen wir Summe und Integral (was zwar nicht immer möglich, hier aber gerechtfertigt ist),

$$f(t) = \sum_{n=-\infty}^{\infty} \left(\int_{-\frac{1}{2}}^{\frac{1}{2}} f(n) e^{2\pi i \tau (n-t)} \right) d\tau = \sum_{n=-\infty}^{\infty} \left(f(n) \int_{-\frac{1}{2}}^{\frac{1}{2}} e^{2\pi i \tau (n-t)} \right) d\tau.$$

Damit läßt sich die Funktion f aus den ganzzahligen Funktionswerten rekonstruieren. Ja, wir können sogar noch einen Schritt weitergehen und das Integral berechnen,

$$\int_{-\frac{1}{2}}^{\frac{1}{2}} e^{2\pi i \tau (n-t)}\, d\tau = \left[\frac{1}{2\pi i (n-t)} e^{2\pi i \tau (n-t)} \right]_{-\frac{1}{2}}^{\frac{1}{2}} = \frac{\sin \pi (n-t)}{\pi (n-t)}.$$

Dies ergibt schließlich die Rekonstruktionsvorschrift

$$f(t) = \sum_{n=-\infty}^{\infty} f(n) \frac{\sin \pi (n-t)}{\pi (n-t)}.$$

Anhang F

Ein Beweis der Heisenbergschen Unschärferelation

Gegeben sei eine Funktion f einer reellen Variablen x mit

$$\int_{-\infty}^{\infty} |f(x)|^2 \, \mathrm{d}x = 1.$$

Wir stellen uns vor, daß es sich bei $|f|^2$ um eine Wahrscheinlichkeitsdichte handelt, womit auch $|\hat{f}|^2$ eine Wahrscheinlichkeitsdichte ist. Die Heisenbergsche Unschärferelation besagt dann, daß das Produkt der x-Varianz von $|f|^2$ und der ξ-Varianz von $|\hat{f}|^2$ um die Mittelwerte x_m und ξ_m mindestens $1/16\pi^2$ betragen muß,

$$\underbrace{\left(\int_{-\infty}^{\infty} (x - x_m)^2 |f(x)|^2 \, \mathrm{d}x\right)}_{x-\text{Varianz}} \underbrace{\left(\int_{-\infty}^{\infty} (\xi - \xi_m)^2 |\hat{f}(\xi)|^2 \, \mathrm{d}\xi\right)}_{\xi-\text{Varianz}} \geq \frac{1}{16\pi^2}. \quad \text{(F.1)}$$

Der genaue Zahlenwert auf der rechten Seite hängt von der bei der Fourier-Transformation verwendeten Formel ab.

Setzen wie nun

$$g(x) = \mathrm{e}^{2\pi\mathrm{i}x\zeta_m} f(x + x_m),$$

so ist auch g normiert, und $\hat{g}$ lautet

$$\hat{g}(\xi) = \mathrm{e}^{-2\pi\mathrm{i}x_m(\xi + \xi_m)} \hat{f}(\xi + \xi_m).$$

Nach einigen weiteren Rechenschritten, die wir hier nicht ausführen wollen, kann man zeigen, daß g folgender Beziehung genügt:

$$\left(\int_{-\infty}^{\infty} x^2 |g(x)|^2 \, dx \right) \left(\int_{-\infty}^{\infty} \xi^2 |\hat{g}(\xi)|^2 \, d\xi \right)$$
$$= \left(\int_{-\infty}^{\infty} (x - x_m)^2 |f(x)|^2 \, dx \right) \left(\int_{-\infty}^{\infty} (\xi - \xi_m)^2 |\hat{f}(\xi)|^2 \, d\xi \right).$$

Wenn wir nachweisen können, daß für beliebige normierte Funktionen f

$$\left(\int_{-\infty}^{\infty} x^2 |f(x)|^2 \, dx \right) \left(\int_{-\infty}^{\infty} \xi^2 |\hat{f}(\xi)|^2 \, d\xi \right) \geq \frac{1}{16\pi^2} \qquad \text{(F.2)}$$

gilt, wird dies auch für g der Fall sein, womit Gleichung (F.1) bewiesen wäre. Im ersten Beweisschritt verwenden wir

$$\xi \hat{f}(\xi) = -\frac{1}{2\pi i} \widehat{f'}(\xi).$$

Eine Multiplikation mit ξ im Fourier-Raum entspricht also (bis auf einen Faktor $-1/2\pi i$) der Ableitung im Ortsraum. Zunächst könnte man sich wundern, daß zu beiden Seiten der Gleichung „Dächer" stehen. Wir wollen hierfür eine Analogie heranziehen. Der Plural im Englischen wird gebildet, indem man das Wort mit dem Suffix „s" versieht. Im Lateinischen entspricht dem – wenn wir uns einmal auf Maskulina der o-Deklination beschränken – die Suffixänderung „us"→„i". Das Englisch-Lateinische Wörterbuch ist das Pendant zur Fourier-Transformation. Man kann entweder erst im Englischen das „s" hinzufügen und dann im Wörterbuch nachschlagen, oder man schaut erst ins Wörterbuch und macht anschließend aus „us" „i". Genauso erhält man das gleiche Ergebnis, wenn man entweder erst f differenziert, um f' zu erhalten, und danach $\widehat{f'}$ aus dem Fourier-„Wörterbuch" sucht, oder wenn man erst die Transformierte $\hat{f}$ aus dem Wörterbuch entnimmt, um sie anschließend mit ξ zu multiplizieren.

Die eben hergeleitete Beziehung wird häufig verwendet, um Differentiationen zu umgehen: Man transformiert dazu zeitweilig in den Fourier-Raum, wo es sich leichter rechnen läßt. Hier gehen wir gerade umgekehrt vor, indem wir $\xi^2 |\hat{f}(\xi)|^2$ in (F.2) durch $|\widehat{f'}(\xi)|^2 / 4\pi^2$ ersetzen:

$$\frac{1}{4\pi^2} \left(\int_{-\infty}^{\infty} x^2 |f(x)|^2 \, dx \right) \left(\int_{-\infty}^{\infty} |\widehat{f'}(\xi)|^2 \, d\xi \right) \geq ? \ . \qquad \text{(F.3)}$$

Nun wollen wir uns des „Dachs" im zweiten Term entledigen. Dazu verwenden wir den (aus dem Parseval-Theorem folgenden) Umstand, daß die Fourier-Transformation eine *Isometrie* ist: Die Längenquadrate von $\hat{f}$ und f stimmen überein. Damit können wir $|\hat{f}'(\xi)|^2$ durch $|f'(x)|^2$ ersetzen und erhalten so

$$\frac{1}{4\pi^2} \left(\int_{-\infty}^{\infty} x^2 |f(x)|^2 \, dx \right) \left(\int_{-\infty}^{\infty} |f'(x)|^2 \, dx \right) \geq ? \qquad \text{(F.4)}$$

Der nächste Schritt ist der entscheidende, da wir mit seiner Hilfe die Ungleichung vervollständigen können. Wir wenden die Schwarzsche Ungleichung für Skalarprodukte an. Wie wir im Abschnitt *Orthogonalität und Skalarprodukte* auf S. 159 gesehen hatten, kann man für das Skalarprodukt zweier Vektoren entweder $\cos\theta |\vec{v}||\vec{w}|$ oder $\langle \vec{v}, \vec{w} \rangle$ schreiben, wobei θ der Winkel zwischen den Vektoren $\vec{v}$ und $\vec{w}$ ist. Wegen $\cos\theta \leq 1$ folgt dann

$$|\vec{v}|^2 |\vec{w}|^2 \geq |\langle \vec{v}, \vec{w} \rangle|^2.$$

Im gleichen Kapitel hatten wir auch gesehen, daß man Skalarprodukte als Integral schreiben kann,

$$|\langle \vec{v}, \vec{w} \rangle| = \int_{-\infty}^{\infty} \vec{v}(x)\vec{w}(x) \, dx.$$

Wir wählen $\vec{v}(x) = x|f(x)|$ und $\vec{w}(x) = |f'(x)|$ und erhalten so

$$\frac{1}{4\pi^2} \underbrace{\left(\int_{-\infty}^{\infty} x^2 |f(x)|^2 \, dx \right)}_{|\vec{v}^2|} \underbrace{\left(\int_{-\infty}^{\infty} |f'(x)|^2 \, dx \right)}_{|\vec{w}^2|}$$

$$\geq \frac{1}{4\pi^2} \underbrace{\left(\int_{-\infty}^{\infty} |x f(x) f'(x)| \, dx \right)^2}_{|\langle \vec{v}, \vec{w} \rangle|^2}. \qquad \text{(F.5)}$$

Für zwei beliebige komplexe Zahlen a und b gilt

$$|ab| \geq \frac{1}{2}(a\bar{b} + \bar{a}b),$$

wobei der Strich die konjugiert komplexe Zahl bezeichnet; $\bar{a}$ ist konjugiert komplex zu a. Dies führt auf

$$\cdots \geq \frac{1}{4\pi^2} \left(\frac{1}{2} \int_{-\infty}^{\infty} \left(\underbrace{x f(x)}_{a} \underbrace{\overline{f'(x)}}_{\bar{b}} + \underbrace{x \overline{f(x)}}_{\bar{a}} \underbrace{f'(x)}_{b} \right) \, dx \right)^2. \qquad \text{(F.6)}$$

Wegen

$$\frac{\mathrm{d}}{\mathrm{d}x}|f(x)|^2 = f(x)\,\overline{f'(x)} + f'(x)\,\overline{f(x)}$$

ist

$$\cdots \geq \frac{1}{16\pi^2}\left(\int_{-\infty}^{\infty} x\frac{\mathrm{d}}{\mathrm{d}x}|f(x)|^2\,\mathrm{d}x\right)^2 \tag{F.7}$$

und nach einer partiellen Integration

$$\cdots \geq \frac{1}{16\pi^2}\left(-\int_{-\infty}^{\infty}|f(x)|^2\mathrm{d}x\right)^2. \tag{F.8}$$

Definitionsgemäß ist das Integral (F.8) 1; das Minuszeichen verschwindet glücklicherweise beim Quadrieren,

$$\left(\int_{-\infty}^{\infty} x^2|f(x)|^2\,\mathrm{d}x\right)\left(\int_{-\infty}^{\infty}\xi^2|\hat{f}(\xi)|^2\,\mathrm{d}\xi\right) \geq \frac{1}{16\pi^2},$$

und damit ist

$$\left(\int_{-\infty}^{\infty}(x-x_m)^2|f(x)|^2\,\mathrm{d}x\right)\left(\int_{-\infty}^{\infty}(\xi-\xi_m)^2|\hat{f}(\xi)|^2\,\mathrm{d}\xi\right) \geq \frac{1}{16\pi^2}. \tag{F.9}$$

Anhang G

Die Fourier-Transformierte einer periodischen Funktion

In diesem Anhang soll skizziert werden, warum die im Kapitel *Mehrfach-auflösung* beschriebene periodische Funktion A mit der Fourier-Reihe

$$A(\xi) = \sum_{n=-\infty}^{\infty} a_n \mathrm{e}^{2\pi \mathrm{i} n \xi}$$

die Fourier-Transformierte eines von der Zahlenfolge a_n gebildeten Tief-paßfilters a ist. In einem allgemeineren Kontext soll damit gezeigt werden, warum die *Summe* einer Fourier-Reihe als *Fourier-Transformierte* der Ko-effizienten angesehen werden kann.

A priori macht es zunächst keinen Sinn, von der „Fourier-Trans-formierten einer Zahlenfolge" zu sprechen; zwar lassen sich Fourier-Transformierte von *Funktionen* bilden, aber was soll man unter der Fourier-Transformierten einer Zahlenfolge verstehen?

Im folgenden wollen wir zeigen, daß die in der Fourier-Reihe stehende Summe lediglich einen Spezialfall der Fourier-Transformation darstellt. Da-mit soll herausgearbeitet werden, in welchem Sinne periodische Funktionen wie A eine aus den Koeffizienten der Fourier-Reihe (der Folge a) bestehende Fourier-Transformierte besitzen. Da die inverse Fourier-Transformation (ab-gesehen vom Vorzeichen, vgl. S. 265) dasselbe ist wie die Transformation selbst, können wir äquivalent sagen, daß A die Fourier-Transformierte von a oder a die Fourier-Transformierte von A ist.

Auf welche Weise kann aber eine periodische Funktion wie A eine Fourier-Transformierte statt einer Fourier-Reihe haben? Die Formel zur Berechnung der Fourier-Transformierten einer bei unendlich hinreichend rasch (so schnell, daß die Fläche unter der Kurve endlich bleibt) abfallenden Funktion lautet

$$\hat{f}(\xi) = \int_{-\infty}^{\infty} f(x)e^{2\pi ix\xi}\,dx. \tag{G.1}$$

Zu berechnen ist also das Integral über das Produkt der Funktion mit dem komplexen Exponentialfaktor mit der Frequenz ξ. Bei periodischen Funktionen allerdings sind diese Integrale nicht endlich, so daß es zunächst den Anschein hat, daß Gleichung (G.1) auf solche Funktionen nicht anwendbar ist.

Um zu zeigen, wie man dem Begriff der Fourier-Transformierten auch im Falle periodischer Funktionen einen Sinn geben kann, wollen wir zunächst eine spezielle periodische Funktion, etwa $f(x) = |\sin \pi x|$ betrachten (Abbildung G.1).

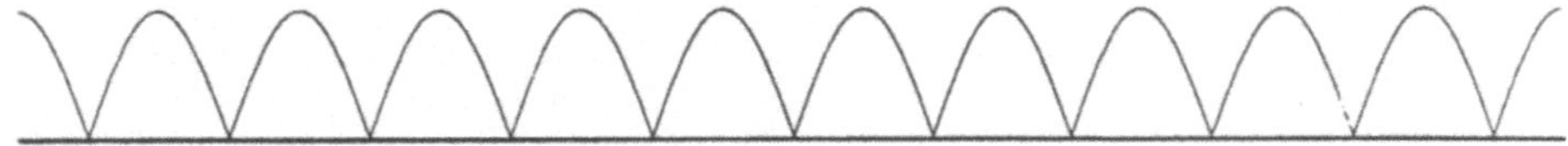

Abb. G.1: Die periodische Funktion $f(x) = |\sin \pi x|$. Zunächst ist nicht klar, in welchem Sinne eine solche Funktion eine Fourier-Transformierte haben könnte: Die Fourier-Transformierte ergibt sich ja aus dem Integral über das Produkt der Funktion mit dem komplexen Exponentialfaktor der Frequenz ξ, und bei periodischen Funktionen sind diese Integrale nicht endlich.

Wie schon gesagt, ist Formel (G.1) zur Berechnung der Fourier-Transformierten nicht geeignet. Allerdings können wir etwas schummeln, indem wir die Fourier-Transformierte einer *abgeschnittenen* Variante dieser Funktion, die *eine Fourier-Transformierte besitzt*, berechnen. Hierfür eignet sich beispielsweise die Funktion $g_m(x)$, die im Intervall $[-m, m]$ mit $|\sin \pi x|$ übereinstimmt und außerhalb dieses Intervalls verschwindet. Dann integrieren wir über das Produkt $f(x)\cos 2\pi x\xi$ lediglich von $x = -m$ bis $x = m$ und erhalten so die Fourier-Transformierte

$$\hat{g}_m(\xi) = \int_{-m}^{m} |\sin \pi x|\cos 2\pi x\xi\,dx.$$

Für $m = 10$ und $-5{,}5 \leq \xi \leq 5{,}5$ ergibt sich z. B. der in Abbildung G.2 gezeigte Graph. (Die Sinusterme tragen zu dem Integral nichts bei.)

Fourier-Reihen besitzen Fourier-Koeffizienten a_n nur für ganzzahlige n; die Funktion $\hat{g}_m(\xi)$ hat dagegen Peaks bei ganzzahligen Werten, zwischen denen sie rasch oszilliert. Wählt man ein größeres m, wiederholt sich die Funktion über einen größeren Zeitraum und ähnelt dann eher der periodischen Funktion f; die zwischen den ganzen Zahlen gelegenen Oszillationen von $\hat{g}_m(\xi)$ werden dann immer rascher und die Peaks bei den ganzen Zahlen immer ausgeprägter.

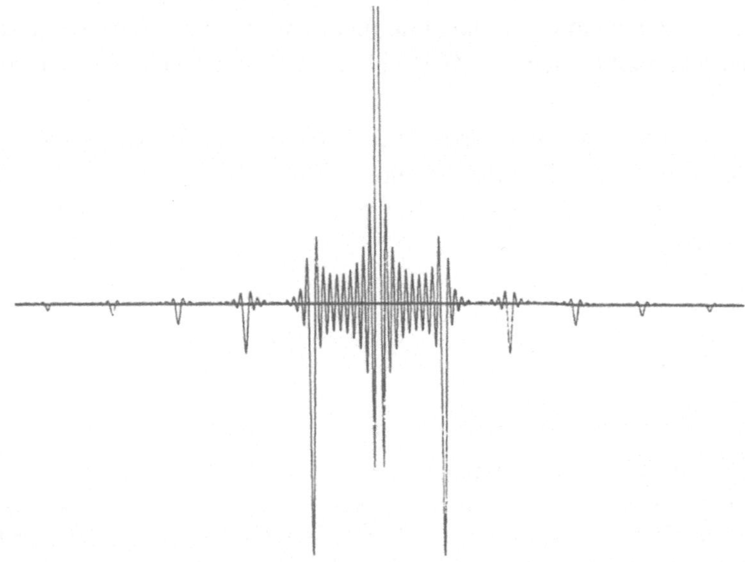

Abb. G.2: Die Fourier-Transformierte einer im Intervall $[-10, 10]$ mit $|\sin \pi x|$ übereinstimmenden und außerhalb dieses Intervalls verschwindenden Funktion (eine abgeschnittene Version der Funktion aus Abbildung G.1). Der Berechnung wurden Frequenzen $-5{,}5 \leq \xi \leq 5{,}5$ zugrunde gelegt. Je weiter vom Ursprung entfernt die Funktion abgeschnitten wird (so daß sie sich der periodischen Funktion $|\sin \pi x|$ immer mehr annähert), desto stärker wird sie bei den ganzen Zahlen konzentriert, um dazwischen gegen null zu gehen.

Die raschen Oszillationen heben sich gegenseitig weg, und für m gegen unendlich *konvergieren* die Funktionen $\hat{g}_m(\xi)$ *schwach*[1] gegen eine Funk-

---

[1] Eine Folge von Funktionen f_k konvergiert *schwach* gegen die stetige Funktion f, wenn für eine beliebige Funktion g mit kompaktem Träger

$$\lim_{k\to\infty} \int f_k(x)g(x)\,\mathrm{d}x = \int f(x)g(x)\,\mathrm{d}x$$

gilt. So konvergiert z.B. $f_k(x) = \sin kx$ schwach gegen $f(x) = 0$. Dies ist auch der Grund

tion, die bei den ganzen Zahlen lokalisiert und dazwischen null ist. Genauer gesagt, konvergieren sie gegen die Distribution

$$\hat{f}(\xi) = \sum_{k=-\infty}^{\infty} a_k \, \delta(\xi - k), \qquad \text{(G.2)}$$

wobei δ die Diracsche δ-Funktion („Delta-Funktion") ist. Die δ-Funktion ist keine Funktion im eigentlichen Sinne, sondern stellt eine bei 0 lokalisierte abstrakte „Einheitsmasse" dar, so daß $\delta(\xi - k)$ (die um k verschobene δ-Funktion) eine Einheitsmasse bei der Frequenz k ist. Für jedes ganzzahlige k wird die Distribution $\delta(\xi - k)$ durch a_k, den Koeffizienten der Fourier-Reihe von f gewichtet. Die a_k legen die tatsächliche Maßeinheit der „Masse" fest. Ist f z.B. ein akustisches Signal, so ist a_k ein Maß für den Druck und $a_k \delta(\xi - k)$ charakterisiert die Druckkomponente der Frequenz k.

Das Parseval-Theorem besagt, daß man bei der Fourier-Transformation von $\hat{f}(\xi)$ die Funktion $f(-x)$ erhält. Die (von Dirichlet bewiesene) Fouriersche Aussage, daß eine periodische Funktion gerade die Summe ihrer Fourier-Reihe ist, ist ein Spezialfall des Parseval-Theorems. Die Fourier-Transformierte von $\hat{f}(\xi)$ ist

$$\hat{\hat{f}}(-x) = \int_{-\infty}^{\infty} \sum_{k=-\infty}^{\infty} a_k \, \delta(\xi - k) \, \mathrm{e}^{-2\pi \mathrm{i}\xi x} \, \mathrm{d}\xi. \qquad \text{(G.3)}$$

Vertauschen der Summe und des Integrals ergibt

$$\hat{\hat{f}}(-x) = \sum_{k=-\infty}^{\infty} a_k \int_{-\infty}^{\infty} \delta(\xi - k) \mathrm{e}^{-2\pi \mathrm{i}\xi x} \, \mathrm{d}\xi. \qquad \text{(G.4)}$$

Dies sieht komplizierter aus, als es ist. Die Integration über die δ-Funktion ist sehr einfach; das Integral über das Produkt einer Funktion g und einer um k verschobenen δ-Funktion ergibt einfach den Funktionswert von g bei k,

$$\int_{-\infty}^{\infty} \delta(\xi - k) \, g(\xi) \, \mathrm{d}\xi = g(k).$$

Damit läßt sich das Integral in Gleichung (G.4) vereinfachen,

$$\int_{-\infty}^{\infty} \delta(\xi - k) \, \mathrm{e}^{-2\pi \mathrm{i}\xi x} \, \mathrm{d}\xi = \mathrm{e}^{-2\pi \mathrm{i}k x},$$

---

dafür, daß die Fourier-Koeffizienten stetiger Funktionen bei hohen Frequenzen klein werden. (Vergleiche das Kapitel *Die Integraldarstellung der Fourier-Koeffizienten*) und somit ist

$$\hat{\hat{f}}(-x) = \sum_{k=-\infty}^{\infty} a_k \mathrm{e}^{-2\pi ikx} = f(x).$$

Die inverse Fourier-Transformierte der Folge a_k (genauer: von $\sum_{k=-\infty}^{\infty} a_k \delta(\xi - k)$) wird also gebildet, indem man die a_k als Koeffizienten einer Fourier-Reihe betrachtet und die Reihe aufsummiert. Insbesondere ist die im Kapitel *Mehrfachauflösung* beschriebene Funktion A die Fourier-Transformierte (bzw., je nach Vorzeichenwahl, die inverse Fourier-Transformierte) eines von den Koeffizienten a_n gebildeten Tiefpaßfilters.

G.1   Die Fourier-Reihe einer gegen unendlich abfallenden Funktion

Wir sind hier nicht in der üblichen Reihenfolge vorgegangen. Im allgemeinen lernen Studenten Fourier-Reihen vor den Fourier-Transformationen kennen, so daß eher das umgekehrte Problem auftreten kann. Wie läßt sich die Idee der Fourier-Reihe auf nichtperiodische Funktionen, die gegen unendlich so rasch abfallen, daß ihr Integral endlich bleibt, verallgemeinern?

Zu diesem Zweck konstruieren wir eine periodische Näherung unserer nichtperiodischen Funktion. Wir schneiden die Ausläufer der Funktion bei $-T/2$ und $T/2$, wobei T eine vorgegebene Zahl ist, ab und konstruieren eine periodische Funktion, indem wir Kopien der abgeschnittenen Funktion aneinandersetzen. Anschließend betrachten wir die Fourier-Reihe. Da die Funktion periodisch mit der Periode T ist, besteht die Fourier-Reihe nicht aus Sinus- und Kosinustermen für Frequenzen von Vielfachen von 2π, sondern von $\ldots - 2/T, -1/T, 0, 1/T, 2/T \ldots$

Je größer man T wählt, desto enger rücken die beitragenden Frequenzen zusammen. Für $T \to \infty$ wird die zuvor periodische Funktion nichtperiodisch, und aus der diskreten Fourier-Reihe wird eine kontinuierliche Fourier-Transformation, die alle möglichen Frequenzen enthält. In der Praxis werden Fourier-Transformationen, wie im Abschnitt *Die schnelle Fourier-Transformation* auf S. 147 geschildert, über eine bestimmte Abtastung der Frequenzen berechnet.

Anhang H

Ein Beispiel für eine Orthonormalbasis und ein Beweis des Fourierschen Satzes

Das klassische Beispiel einer Orthonormalbasis im Raum der 1-periodischen quadratintegrablen Funktionen sind die trigonometrischen Funktionen $e^{2\pi inx}$ (n ganz). Eine Funktion nach dieser Basis zu zerlegen heißt nichts anderes, als die Fourier-Reihe der Funktion aufzuschreiben.

Daß die Funktionen orthonormal sind, läßt sich leicht zeigen. Damit die Funktionen $e^{2\pi inx}$ (die wir im folgenden e_n nennen wollen) orthogonal sind, müssen die Skalarprodukte $\langle e_n, e_m \rangle$ für $n \neq m$ verschwinden. Daß sie ortho*normal* sind, bedeutet, daß das Skalarprodukt für $n = m$ eins sein muß. (Die Länge eines Vektors ist die Quadratwurzel aus dem Skalarprodukt des Vektors mit sich selbst.)

Das Skalarprodukt $\langle e_n, e_m \rangle$ kann als Integral geschrieben werden, wobei die komplex konjugierten Funktionen verwendet werden müssen, da die Funktionen e_n und e_m komplex sind,

$$\langle e_n, e_m \rangle = \int_0^1 e^{2\pi inx}\overline{e^{2\pi imx}}\,\mathrm{d}x. \tag{H.1}$$

Unter Verwendung der Relation

$$\overline{e^{2\pi imx}} = e^{-2\pi imx}$$

formen wir nun das Integral (H.1) zu

$$\int_0^1 e^{2\pi i x(n-m)}\, dx \tag{H.2}$$

um.

Wir setzen weiter $k = (n - m)$ und betrachten anstelle von (H.2) das äquivalente Integral

$$\int_0^1 (\cos 2\pi k x + i \sin 2\pi k x)\, dx. \tag{H.3}$$

Für $n \neq m$ ist k eine von null verschiedene ganze Zahl, und beide Funktionen oszillieren zwischen 0 und 1 genau $k$mal. Das heißt aber, daß sich die positiven und negativen Flächen unter den Graphen genau wegheben. Damit ist das Integral null, und die Funktionen e_n sind orthogonal.

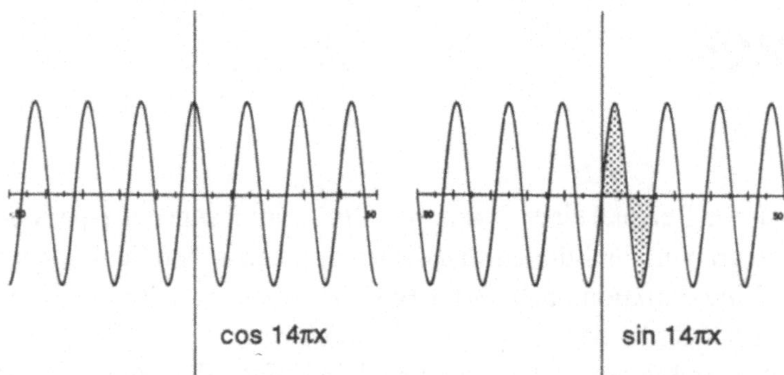

Abb. H.1: Ein Beispiel dafür, daß das Integral über die beiden Funktionen $\cos 2\pi k x$ und $\sin 2\pi k x$ (k ganz) bei Integration über ein beliebiges Intervall der Länge 1 verschwindet. Die negativen Anteile heben sich exakt gegen die positiven weg.

Für $n = m$ ist $k = 0$, und wir integrieren von 0 bis 1 über die konstanten Funktionen $\cos 0 + i \sin 0 = 1$. Da dieses Integral 1 ergibt, haben die Funktionen e_n die Länge 1 und sind damit orthonormal.

Wer diesem mehr bildlichen Beweis nicht traut, der kann sich durch explizites Ausrechnen des Integrals (H.1) natürlich von der Richtigkeit überzeugen.

Damit sind wir aber noch nicht am Ende. Wir müssen nun noch zeigen, daß diese orthonormalen Funktionen im Raum der 1-periodischen quadratintegrablen Funktionen eine Basis bilden. Damit ist gemeint, daß sie jede beliebige Funktion dieses Raumes exakt darzustellen vermögen (oder, gleichbedeutend damit, daß endlich viele dieser Funktionen jede Funktion des Raumes mit beliebiger Genauigkeit zu approximieren vermögen). Im folgenden soll dies für beliebige stetige Funktionen gezeigt werden, was eine etwas schwächere Aussage ist.

Wir betrachten die Funktion $g(x) = 1 + \cos 2\pi x$, die zwischen $-1/2$ und $1/2$ überall positiv ist und bei 0 den Wert 2 hat. Wir potenzieren die Funktion mit einer sehr großen Zahl N, z. B. $N = 10\,000$, so daß wir etwas Riesiges erhalten. Danach normieren wir das Integral über diese Funktion auf 1, indem wir sie durch eine geeignete Konstante (in diesem Fall $2^N (N!)^2 / (2N)!$) dividieren. Die auf diese Weise erhaltene Funktion g_N hat einen extrem scharfen Peak bei 0 und ist überall sonst nahezu null, mit anderen Worten, sie stellt eine sehr gute Näherung für die unendlich scharfe „Delta-Funktion" dar: Letztere hat die Breite 0, und das Integral über sie ergibt 1.

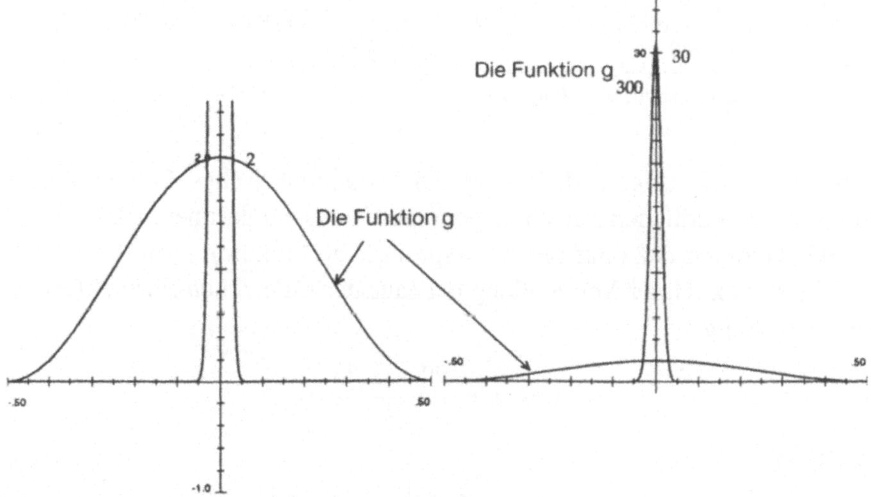

Abb. H.2: Das linke Bild zeigt die Funktion $g(x) = 1 + \cos 2\pi x$ und das rechte die $N = 300$-te Potenz dieser Funktion. Um beide Funktionen nebeneinanderzeichnen zu können, mußten wir rechts die Skalierung der x-Achse ändern. Für $N \to \infty$ kann man die Nte Potenz der Funktion g zur Approximation jeder beliebigen stetigen Funktion f mit immer höherer Genauigkeit verwenden (siehe Gleichung H.4). Da die Nte Potenz von g eine Summe trigonometrischer Funktionen ist, bilden die trigonometrischen Funktionen eine Basis.

Wir wollen nun zeigen, daß dieser schmalbrüstige Riese aus einer Summe trigonometrischer Funktionen (in diesem Falle Kosinus) besteht, und daß sich mit seiner Hilfe jede beliebige stetige Funktion f approximieren läßt. Wir beginnen mit der zweiten Aussage. Dazu integrieren wir über das Produkt $g_N f$. Das Integral ist nahezu $f(0)$:

$$\int_{-\frac{1}{2}}^{\frac{1}{2}} f(x)g_N(x)\,\mathrm{d}x \approx \int_{-\frac{1}{2}}^{\frac{1}{2}} f(0)g_N(x)\,\mathrm{d}x = f(0) \underbrace{\int_{-\frac{1}{2}}^{\frac{1}{2}} g_N(x)\,\mathrm{d}x}_{\text{definitionsgemäß 1}} = f(0).$$

Da die Funktion g_N, abgesehen von der unmittelbaren Umgebung des Nullpunktes, 0 ist, stimmt das erste Integral mit dem zweiten nahezu überein. Die Näherung wird um so besser, je größer N ist.

Uns interessiert jedoch nicht nur $f(0)$, sondern sämtliche Werte von f. Deshalb verschieben wir g_N um einen Wert y, so daß wir eine neue Funktion $g_N(x-y)$ erhalten, mit deren Hilfe wir dann die Funktion $f_N(y)$, die (nahezu) gleich $f(y)$ ist, konstruieren:

$$f_N(y) = \underbrace{\int_{(-\frac{1}{2}+y)}^{(\frac{1}{2}+y)} f(x)g_N(x-y)\,\mathrm{d}x}_{\text{trigonometrisches Polynom}} \approx \int_{(-\frac{1}{2}+y)}^{(\frac{1}{2}+y)} f(y)g_N(x-y)\,\mathrm{d}x = f(y).$$

$$\tag{H.4}$$

Nun wollen wir zeigen, daß $f_N(y)$ ein trigonometrisches Polynom, eine Summe einer endlichen Anzahl trigonometrischer Funktionen, ist.

Wir kommen dazu auf unsere ursprüngliche Funktion g mit $g_1 = 1 + \cos 2\pi x$ zurück. Unter Verwendung der (aus der Eulerschen Formel folgenden) Beziehung

$$\cos\alpha = \frac{e^{i\alpha} + e^{-i\alpha}}{2}$$

erhält man

$$1 + \cos 2\pi x = \frac{e^{-2\pi ix}}{2} + 1 + \frac{e^{2\pi ix}}{2}.$$

Wenn wir die rechte Seite zur Nten Potenz erheben, erhalten wir eine Summe von $2N + 1$ trigonometrischen Funktionen, die mit

$$\left(\frac{e^{-2\pi ix}}{2}\right)^N = \frac{1}{2^N}e^{-2\pi iNx}$$

beginnt und mit

$$\left(\frac{e^{2\pi ix}}{2}\right)^N = \frac{1}{2^N}e^{2\pi iNx}$$

endet.

Damit ist

$$g_N(x) = \sum_{n=-N}^{N} \alpha_n e^{2\pi i n x}.$$

Indem wir nun diese Summe (mit $(x-y)$ anstelle von x im Exponenten) für g_N in Formel (H.4) einsetzen, erhalten wir

$$f_N(y) = \int_{-\frac{1}{2}+y}^{\frac{1}{2}+y} f(x) \sum_{n=-N}^{N} \alpha_n e^{2\pi i n(x-y)} \, dx.$$

Vertauschen wir nun noch das Integral mit der Summe, wird

$$f(y) \approx f_N(y) = \sum_{n=-N}^{N} \alpha_n e^{-2\pi i n y} \underbrace{\int_{-\frac{1}{2}+y}^{\frac{1}{2}+y} e^{2\pi i n x} f(x) \, dx}_{\text{der Koeffizient } c_n} = \sum_{n=-N}^{N} c_n \alpha_n e^{-2\pi i n y}.$$

Damit läßt sich jede stetige, periodische Funktion eindeutig durch eine endliche Summe trigonometrischer Funktionen approximieren.

Bei Verwendung einer etwas schwächeren Definition der Approximation läßt sich dieser Beweis leicht auf Funktionen mit stufenartigen Unstetigkeiten verallgemeinern. Greift man auf eine noch schwächere Definition der Approximation zurück, lassen sich selbst quadratintegrable periodische Funktionen mit noch häßlicheren Unstetigkeiten – bis hin zu der im Kapitel *Eine Reise durch die Funktionenräume* beschriebenen Funktion, die unablässig zwischen plus und minus unendlich hin- und herspringt – approximieren.

Anhang I

Literatur zu Wavelets

I.1   Fourier-Biographien

I. Gratten-Guiness und J. R. Ravetz, *Joseph Fourier, 1768–1830*, MIT Press, Cambridge, MA, 1972.

J. Herivel, *Joseph Fourier – the Man and the Physicist*, Clarendon Press, Oxford, 1975.

I.2   Bücher über Wavelets

A. N. Akansu und R. A. Haddad, *Multiresolution Signal Decomposition Transforms, Subbands, and Wavelets*, Academic Press, Inc., Boston, 1992.

> *Das Buch wendet sich an Doktoranden, die die lineare Systemtheorie und die Fourier-Analyse beherrschen, Grundkenntnisse der linearen Algebra, der Theorie zufälliger Signale und Prozesse mitbringen und eine Einführung in die digitale Signalverarbeitung gehört haben.*

John J. Benedetto und Michael W. Frazier (eds.), *Wavelets: Mathematics and Applications*, CRS Press, Boca Raton, 1993.

> *Eine Artikelsammlung, die die Herausgeber als „obgleich mathematisch exakt, einem allgemeinen wissenschaftlich-technischen Leserkreis dennoch zugänglich" charakterisieren. Enthalten sind Abschnitte über die Grundlagen der Wavelet-Theorie, Wavelets und Signalverarbeitung sowie Wavelets und partielle Differentialoperatoren.*

C. K. Chui, *An Introduction to Wavelets*, Academic Press, New York, 1992.

C. K. Chui (ed.), *Wavelets: A Tutorial in Theory and Applications*, Academic Press, New York, 1992.

Ingrid Daubechies, *Ten Lectures on Wavelets*, Society for Industrial and Applied Mathematics, Philadelphia, PA, 1992.

> *Behandelt viele verschiedene Aspekte der Wavelet-Theorie sowohl in der kontinuierlichen als auch in der diskreten Zeit. In den Eingangskapiteln wird die Beziehung zwischen Quantenphysik, Zeit-Frequenz-Lokalisierung bei der Signalanalyse und Approximationstheorie dargestellt; die weiteren Kapitel konzentrieren sich auf orthonormale Wavelet-Basen und auf die Frage, wie man Wavelets, ausgehend von verschiedenen vorgegebenen Eigenschaften, konstruiert. Das Buch erhielt für die Darstellung den Leroy Steele-Preis der Amerikanischen Mathematischen Gesellschaft.*

Ingrid Daubechies (ed.), *Different Perspectives on Wavelets*, Proc. Sympos. Appl. Math., Vol. 47, Amer. Math. Soc., Providence, RI, 1993.

> *Übersichtsvorträge von Ingrid Daubechies, Yves Meyer, Pierre Gilles Lemarié-Rieusset, Philippe Tchamitchian, Gregory Beylkin, Ronald R. Coifman, M. Victor Wickerhauser und David L. Donoho bei einem Kurzkurs der Amerikanischen Mathematischen Gesellschaft über Wavelets und deren Anwendungen, San Antonio, Jan. 1993.*

Guy David, *Wavelets and Singular Intervals on Curves and Surfaces*, Lecture Notes Math. 1465, Springer-Verlag, Berlin, 1991.

Marie Farge, J. C. R. Hunt und J. C. Vassilicos (eds.), *Wavelets, Fractals, and Fourier Transforms*, Clarendon Press, Oxford, 1993.

> *Aufbauend auf den Konferenzbericht einer im Dezember 1990 in Cambridge abgehaltenen Konferenz.*

J. P. Kahane and P. G. Lemarié-Rieusset, *Fourier Series and Wavelets*, Gordon & Breach, London, 1995.

> *Im ersten Teil schildert J. P. Kahane die Geschichte der Fourier-Analyse von Fourier bis heute. Im zweiten erörtert P. G. Lemarié-Rieusset die mathematische Seite der Wavelets und den gegenwärtigen Stand der Wavelet-Theorie.*

G. Kaiser, *A Friendly Guide to Wavelets*, Birkhäuser, Boston, 1994.

> *Von der Zielsetzung her ein Lehrbuch für „eine einsemestrige Einführungsvorlesung über Wavelet-Verfahren, die sich an Doktoranden oder fortgeschrittene Studenten der Natur- und Ingenieurwissenschaften und der Mathematik" wendet. Der Schwerpunkt liegt „nicht auf der mathematischen Strenge, sondern auf dem Herausarbeiten der Motivation und der Erklärung der Sachverhalte".*

P. G. Lemarié (ed.), *Les Ondelettes en 1989*, Lectures Notes Math. 1438, Springer-Verlag, Berlin 1990.

Stéphane Mallat, *Wavelet Signal Processing*, Academic Press, New York, 1996.

> *Für Postdoktoranden sowohl der Mathematik als auch der Ingenieurwissenschaften geeignet.*

Yves Meyer, *Wavelets and Operators*, Cambridge University Press, Cambrige, 1992.

> *Von D. H. Salinger besorgte Übersetzung des Originals* Ondelettes et Opérateurs, *Hermann, Paris, 1990.*

Yves Meyer, *Wavelet Algorithms & Applications*, Society for Industrial and Applied Mathematics, Philadelphia, 1993.

Von Robert Ryan besorgte Übersetzung des Originals Les Ondelettes: Algorithmes et Applications, *Armand Colin, Paris, 1992.*

B. Ruskai (ed.), *Wavelets and Their Applications*, Jones & Bartlett, Boston, 1992.

Eine Artikelsammlung mit den Schwerpunkten Signalanalyse, numerische Analyse, andere Anwendungen und theoretische Entwicklungen; viele dieser Arbeiten gehen wie Ingrid Daubechies' Ten Lectures on Wavelets *auf Vorträge einer 1990 abgehaltenen Konferenz zurück.*

Gilbert Strang and Truong Nguyen, *Wavelets and Filter Banks*, Wellesley-Cambridge Press, Wellesley, MA, 1996.

Lehrbuch für Ingenieure, Naturwissenschaftler und angewandte Mathematiker. Behandelt wird die Theorie der Filterbänke und der vollständigen Rekonstruktion in der diskreten Zeit sowie Konstruktion und Eigenschaften von Wavelets in der kontinuierlichen Zeit.

Bruno Torrésani, *Analyse continue par ondelettes*, Savoirs Actuels, Inter-Éditions/CNRS Éditions, 1995.

Randy K. Young, *Wavelet Theory and Its Applications*, Kluwer Academic Publishers, Boston, Dordrecht und London, 1993.

Setzt (fortgeschrittenes) Gymnasialschul-Niveau voraus; den Schwerpunkt bilden Anwendungen in der Signalverarbeitung.

Martin Vetterli and J. Kovacevic, *Wavelets and Subband Coding*, Prentice-Hall, 1995.

*Auf das Diplomniveau aufbauendes Lehrbuch für Ingenieure
und angewandte Mathematiker. Theorie und Anwendungen von
Wavelets und Filterbänken werden aus der Sicht der Signalverarbeitung behandelt. Voraussetzung: Grundwissen der Signalverarbeitung und der Fourier-Analyse.*

M. Victor Wickerhauser, *Adapted Wavelet Analysis from Theory to Software*,
A. K. Peters, Ltd., Wellesley, MA, 1994.

*Von den Herausgebern als detailliertes Lehrbuch charakte-
risiert, das sich an Ingenieure und angewandte Mathematiker wendet, die Computerprogramme zur Wavelet-Analyse von
echten Daten zu erstellen haben. Auf Wunsch mit Diskette.*

Aus Sicht des Übersetzers wäre das folgende deutschsprachige Buch zu er-
wähnen:
A. K. Louis, P. Maaß und A. Rieder, *Wavelets, Theorie und Anwendungen*,
B. G. Teubner, Stuttgart, 1994.

*Ein Lehrbuch, das sich vom Niveau her an diplomierte Mathe-
matiker oder Theoretische Physiker mit Grundkenntnissen der
Signalverarbeitung wendet.*

Anhang J

Wavelet-Software und elektronische Medien

J.1   Das Wavelet-Digest

Das von Wim Sweldens von der University of South Carolina herausgegebene Wavelet-Digest liefert aktuelle Informationen über Konferenzen, Publikationen, Software, Bibliographien etc. Abonnieren kann man es unter der E-mail-Adresse „wavelet@math.scarolina.edu" mit dem Betreff „subscribe".

Wer Zugang zum WWW hat, erreicht das Wavelet-Digest unter der URL
http://www.math.scarolina.edu/~wavelet

Die ftp- bzw. gopher-Adressen lauten
ftp.math.scarolina.edu (/pub/wavelet)
gopher.math.scarolina.edu

Im weiteren geben wir eine Zusammenstellung kommerziell erhältlicher Wavelet-Softwarepakete.

J.2   Wavelet Packet Laboratory for Windows

Das von Ronald Coifman, Krešimir Ukrainčik und Victor Wickerhauser für IBM-PCs entwickelte und von der Digital Diagnostics Corporation gemeinsam mit der Yale University vermarktete Wavelet Packet Laboratory for Windows (WPLW) soll als interaktives Hilfsmittel zum Auffinden der „optimalen" Darstellung eines digitalen Signals (mit einer relativ kleinen Anzahl von Koeffizienten) dienen. Das Paket enthält ein Manual, eine Diskette, eine Einführung sowie Anwender-Richtlinien mit mathematischer Hintergrundinformation und praktischen Beispielen. Es wird gezeigt, wie man spezielle Routinen selbst erstellen kann. Systemvoraussetzungen: DOS und Windows 3.1.

Erhältlich über A K Peters, Ltd., 289 Linden St., Wellesley, MA 02181 U.S.A., Tel (617)235-2210, Fax (617)235-2404, E-mail akpeters@tiac.net, Listenpreis (1995) 300 $.

Der dem Wavelet Packet Laboratory for Windows zugrundeliegende Kern kann für beliebige Workstations über FMA&H, 1020 Sherman Ave., Hamden, CT 06514, U.S.A., Tel. (203) 248-8212, lizenziert werden. Preis (Dezember 1995) 16 000 $.

J.3 S+WAVELETS

Das für Windows sowie alle wichtigen Unix-Plattformen erhältliche Paket S+WAVELETS stellt eine Erweiterung der Programmiersprache und graphischen Datenanalyse-Umgebung S-PLUS dar. Es enthält:

Diskrete Wavelet-Transformationen (sowie deren Umkehrung)
Mehrfachauflösungs-Zerlegung und -Analyse
Nichtdezimale Wavelet-Transformationen
Graphische Zeit-Frequenz-Darstellungen
Waveletpaket- und lokale Kosinus-Transformationen
Statistische Signalaufbereitung und Abschätzungen
Transformationen auf der Grundlage der optimalen Basis
Die Zerlegung der optimalen Anpassung
Unterstützung ein- und zweidimensionaler Daten mit beliebig vielen Stützstellen
Eine große Auswahl an Randkorrekturverfahren.

StatSci Division, MathSoft, Inc., 1700 Westlake Ave. N., Seattle, WA 98109-9891, Tel. (800) 569-0123, (206) 283-8802, Fax (206) 283-6310, E-mail mktg@statsi.com

J.4 Die Numerical Recipes

In der zweiten Auflage der *Numerical Recipes in C* sowie der *Numerical Recipes in Fortran* findet sich eine Darstellung der diskreten Wavelet-Transformation, mehrdimensionaler Transformationen und Anwendungen von Wavelets zur Bildkomprimierung. Die beiliegenden Disketten enthalten den Quelltext.

William H. Press, Saul A. Teukolsky, William T. Vetterling, and Brian P. Flannery, *Numerical Recipes in C* und *Numerical Recipes in Fortran*, jeweils 2. Auflage, Cambridge University Press, 1992, Preis (1995) 49,96 $.

Disketten für C, 2. Auflage, für IBM (3,5", 1,44 MB), IBM (5,25", 1,44 MB) und Macintosh (800 kB), Preis (1995) 39,95 $.

Zu beziehen von Cambridge University Press, 40 West 20th St., New York, N.Y. 10011-4211, Tel. (800) 872-7423.

J.5 WaveTool

WaveTool ist ein allgemeines Softwarepaket zur Wavelet- und Mehrraten-analyse, das in zwei unterschiedlichen Versionen vorliegt. Das WaveTool Filter Design dient für grundlegende Aufgaben im Bereich des Wavelet- und Mehrraten-Filterdesigns. WaveTool Signal Analysis erweitert es um die Fähigkeit, beliebige Baumstrukturen von Mehrraten-Filterbänken, z. B. Wavelet-Transformierten, zu konstruieren, Daten in ASCII, binär und im MATLAB-Format, zu importieren, diese Daten zu transformieren, Wavelet-Koeffizienten zu betrachten und abzuspeichern. Von MATLAB aus auf-rufbare ausführbare Transformationsprogramme werden mitgeliefert. Das WaveTool Filter Design ist erhältlich für Unix-Workstations (Sun und Silicon Graphics); Preis 995 $; die PC-Windows-Version konstet unter 500 $. Das WaveTool Signal Analysis ist erhältlich für Suns und SGIs für 1995 $. Lehreinrichtungen erhalten einen Preisnachlaß.

Aware, Inc., One Oak Park, Bedford, MA 01730-1413, Tel. (617) 276-4000, Fax (617) 276-4001, E-mail sales@aware.com, WWW: http://www.aware.com

J.6 Wavelet-Software über Anonymes FTP

XWPL und *WPLab* sind relativ stark eingeschränkte Versionen des Wavelet Packet Laboratory for Windows, bei denen sich die Koeffizienten nicht speichern lassen. Es gibt verschiedene Versionen von XWPL für unterschiedliche Computer, die aber alle eingeschränkt sind und alle irgendeine Variante von Unix plus X-Windows voraussetzen. WPLab läuft auf zwei verschiedenen NeXT-Typen, unterliegt weniger Einschränkungen und benötigt Unix und NextStep.

WPLab:
ftp://wuarchive.wustl.edu/doc/techreports/wustl.edu/math/software/
WPLab3.03.tar.Z

XWPL:
ftp://math.yale.edu/WWW/pub/software/xwpl (und weiter je nach Version):

/xwpl-1.3-SunOS-4.x.tar.gz
/xwpl-1.3-alpha-osf1.tar.gz
/xwpl-1.3-freebsd.tar.gz
/xwpl-1.3-hp-parisc.tar.gz
/xwpl-1.3-i486-linux-shlib.tar.gz
/xwpl-1.3-linux.tar.gz
/xwpl-1.3-sgi-irix4.tar.gz
/xwpl-1.3-sgi-irix5.tar.gz
/xwpl-1.3-sparc-solaris-2.3.tar.gz
/other-versions/xwpl-1.1-IP4-IRIX.tar.Z
/other-versions/xwpl-1.1-i486-Linux.tar.Z
/other-versions/xwpl-1.3-ibm-rios.tar.Z
/other-versions/NeXT/xwpl.Z

Zum Beispiel lautet die volle ftp-Adresse der ersten Version:

ftp://math.yale.edu/WWW/pub/software/xwpl/xwpl-1.3-SunOS-4.x.tar.gz

Uvi_Wave, (Version 1.0) benötigt MATLAB und ist erhältlich über anonymes ftp von
ftp.cesga.es (Verzeichnis: /pub/Uvi_Wave/matlab/)

Literaturverzeichnis

[1] E. H. Adelson und P. J. Burt: „Image Data Compression with the Laplacian Pyramid“, *Proceedings of the Pattern Recognition and Information Processing Conference*, Dallas, Texas, Seiten 218–223, 1981.

[2] E. H. Adelson, E. Simoncelli und R. Hingorani: „Orthogonal Pyramid Transforms for Image Coding“, *SPIE Proceedings on Visual Communications and Image Processing*, Band 2, Cambridge, Massachusetts, Seiten 50–58, 1987, Wiederabdruck in *Image Coding and Compression*, M. Rabbani (Hrsg.), SPIE Milestone Series, 1992.

[3] M. Antonini, M. Barlaud, P. Mathieu und I. Daubechies: „Image Coding Using Wavelet Transform“, *IEEE Trans. Acoust. Signal Speech Process.*, Band 1, No. 2, Seiten 205–220, 1992.

[4] A. Arneodo, F. Argoul und G. Grasseau: „Transformation en Ondelettes et Renormalisation“, *Les Ondelettes*, P.-G. Lemarié (Hrsg.), New York, NY, Springer-Verlag, Seiten 125–191, 1990.

[5] V. I. Arnold und A. Avez: *Ergodic Problems of Classical Mechanics*, New York, NY, W. A. Benjamin, Inc., 1968.

[6] M. Barlaud, P. Sole, T. Gaidon, M. Antonini und P. Mathieu: „Pyramidal Lattice Vector Quantization for Multiscale Image Coding“, *IEEE Trans. on Image Processing*, Band 3, No. 4, Seiten 367–381, 1994.

[7] M. Barnsley: *Fractals Everywhere*, Boston, MA, Academic Press, 1988.

[8] G. Battle: „Heisenberg proof of the Balian-Low theorem“, *Lett. Math. Phys.*, Band 15, Seiten 175–177, 1988.

[9] Eric T. Bell: „Invariant Twins, Cayley and Sylvester", *The World of Mathematics* (James Newman, Hrsg.), Band 1, New York, NY, Simon & Schuster, Seiten 341–367, 1956.

[10] R. Benzi, S. Gilberto, C. Baudet und G. Ruiz Chavarria: „On the scaling of three-dimensional homogeneous and isotropic turbulence", *Physica D*, Band 80, Seiten 385–398, 1995.

[11] J. Berger und C. Nichols: „Brahms at the Piano", *Leonardo Music Journal*, Band 4, Seiten 23–30, 1994.

[12] A. Bijaoui: „Wavelets and Astronomical Image Analysis", *Wavelets, Fractals, and Fourier Transforms*, M. Farge, J. C. R. Hunt und J. C. Vassilicos (Hrsg.), Oxford, Clarendon Press, Seiten 195–212, 1993.

[13] B. Burke Hubbard und J. Hubbard: „Loi et ordre dans l'Univers: le théorème KAM", *Pour la Science*, Band 118, Seiten 74–82, 1993.

[14] P. Burt und E. Adelson: „The Laplacian pyramid as a compact image code", *IEEE Trans. Comm.*, Band 31, Seiten 482–540, 1983.

[15] H. S. Carslaw: *Introduction to the Theory of Fourier's Series and Integrals*, London, MacMillan & Co., Ltd., 1930.

[16] R. R. Coifman und M. V. Wickerhauser: „Entropy Based Algorithms for Best Basis Selection", *IEEE Transactions on Information Theory*, Band 32, Seiten 712–718, 1992.

[17] R. R. Coifman und M. V. Wickerhauser: „Wavelets and Adapted Waveform Analysis", *Wavelets: Mathematics and Applications*, J. Benedetto und M. Frazier (Hrsg.), Boca Raton, CRC Press, Seiten 399–423, 1993.

[18] V. Cousin: *Notes biographiques pour faire suite à l'éloge de M. Fourier 1831*, Paris, Archives, Academy of Sciences, Institut de France.

[19] I. Daubechies: *Ten Lectures on Wavelets*, Philadelphia, PA, Society for Industrial and Applied Mathematics, 1992.

[20] P. J. Davis und R. Hersh: *Erfahrung Mathematik*, Basel, Birkhäuser, Seite 33, 1985.

[21] J.-B. Delambre: *1810. Rapport historique sur le progrès des sciences mathématiques depuis 1789*, Paris, Belin, 1989.

[22] N. Delprat, B. Escudié, P. Guillemain, R. Kronland-Martinet, Ph. Tchamitchian und B. Torrésani: „Asymptotic wavelet and Gabor analysis: extraction of instantaneous frequencies", *IEEE Trans. Inform. Theory*, Band 38, Sonderheft zu Wavelets und Mehrfachauflösungs-Analyse, Seiten 644–664, 1992.

[23] R. A. DeVore und B. J. Lucier: „Fast Wavelet Techiques for Near-Optimal Image Processing", *IEEE Communications Society*, Seiten 1129–1135, 1992.

[24] D. L. Donoho und I. Johnstone: „Ideal Spatial Adaptation via Wavelet Shrinkage", Technischer Bericht No. 400, Department of Statistics, Stanford University, Juli 1992. (Als LaTeX-, DVI- und Postscriptdokument über anonymes FTP erhältlich von playfair.stanford.edu. Die Kommandos lauten „cd pub/reports", danach erhält man mit „ls" eine Dateiliste und mit „get [Dateiname]" die gewünschte Datei.)

[25] D. L. Donoho, I. M. Johnstone, G. Kerkyacharian und D. Picard: „Wavelet Shrinkage: Asymptopia?" (mit Diskussion), *J. Royal Statistical Society*, Serie B, Band 57, No. 2, Seiten 301–369, 1995.

[26] G. C. Donovan, J. S. Geronimo und D. P. Hardin: „Fractal functions, splines, intertwining multiresolution analysis and wavelets", *Proc. of the meeting of the SPIE* (Society of Photographical Instrumentation Engineers), San Diego, California, 1994.

[27] G. C. Donovan, J. S. Geronimo und D. P. Hardin: „Intertwining multiresolution analyses and the construction of piecewise polynomial wavelets", *SIAM J. Math. Anal.* Band 27, No. 6 Seiten 1791–1815, 1996.

[28] G. C. Donovan, J. S. Geronimo, D. P. Hardin und P. R. Massopust: „Construction of Orthogonal Wavelets Using Fractal Interpolation Functions", *SIAM J. Math Anal.* Band 27, No. 4 Seiten 1158–1192, 1996.

[29] P. Duhamel und M. Vetterli: „Fast Fourier transforms: A tutorial review", *Signal Processing*, Band 19, Seiten 259–299, 1990.

[30] A. Einstein: „Maxwell's Influence on the Development of the Conception of Physical Reality", *James Clerk Maxwell: A Commemorative Volume 1831–1931*, London, Cambridge University Press, Seiten 66–73, 1931.

[31] D. Esteban und C. Galand: „Application of quadrature mirror filters to split-band voice coding schemes", *Proc. IEEE Int. Conf. Acoust. Signal Speech Process.*, Hartford, Connecticut, Seiten 191–195, 1977.

[32] M. Faraday: Brief an Maxwell, *The Life of James Clerk Maxwell*, L. Campbell und W. Garnett (Hrsg.), London, Macmillan & Co., 1884.

[33] D. Field: „Relations between the statistics of natural images and the response properties of cortical cells", *Journal of the Optical Society of America A*, Band 4, Seiten 2379–2394, 1987.

[34] D. Field: „Scale-invariance and Self-similar ‚Wavelet' Transforms: an Analysis of Natural Scenes and Mammalian Visual Systems", *Wavelets, Fractals and Fourier Transforms*, M. Farge, J. C. R. Hunt und J. C. Vassilicos (Hrsg.), Oxford, Clarendon Press, Seiten 151–193, 1993.

[35] D. Field: „What is the Goal of Sensory Coding?", *Neural Computations*, Band 6, No. 4, Seiten 559–601, 1994.

[36] J. Fourier: Brief an Villetard 1795, Paris, Fourier file AdS, Archives, Academy of Sciences, Institut de France.

[37] J. Fourier: *1822 The Analytical Theory of Heat*, London, Cambridge: At the University Press, 1878.

[38] W. T. Freeman und E. H. Adelson: „The Design and Use of Steerable Filters", *IEEE Trans. on Pattern Analysis and Machine Intelligence*, Band 13, No. 9, Seiten 891–906, 1991.

[39] D. Gabor: „Theory of Communication", *J. Inst. Electr. Engineering*, London, Band 93 (III), Seiten 429–457, 1946.

[40] C. F. Gauss: „Theoria Interpolationis Methodo Nova Tractata", Werke Band III, Seiten 265–330, Göttingen, Königliche Gesellschaft der Wissenschaften, 1866.

[41] H. H. Goldstine: *A History of Numerical Analysis from the 16th through the 19th Century*, New York, NY, Springer-Verlag, Seiten 249–258, 1977.

[42] C. Gonnet und B. Torrésani: „Local frequency analysis with the two-dimensional wavelet transform", *Signal Processing*, Band 37, Seiten 389–404, 1994.

[43] G. Granlund: „In Search of a General Picture Processing Operator", *Computer Graphics and Image Processing*, Band 8, Seiten 155–173, 1978.

[44] A. Haar: „Zur Theorie der orthogonalen Funktionensysteme", *Mathematische Annalen*, Band 69, Seiten 331–371.

[45] D. Healy, Jr. und J. B. Weaver: „Two Applications of Wavelet Transforms in Magnetic Resonance Imaging", *IEEE Transactions on Information Theory*, Band 38, Seiten 840–860, 1992.

[46] M. T. Heideman, D. H. Johnson und S. C. Burrus: „Gauss and the History of the Fast Fourier Transform", *IEEE ASSP Magazine*, Band 1, No. 4, Seiten 14–21, 1984.

[47] C. Hermite: „Correspondance d'Hermite et de Stieltjes", Band 2, Paris, Gauthier-Villars, 1905.

[48] J. Hubbard und J. M. McDill: „The Binomial Sum of a Fourier Series", Unveröffentlichtes Manuskript.

[49] V. Hugo: *Les Misérables*, Taschenbuchausgabe, Band 1, Seite 185. Deutsche Ausgabe: *Die Elenden*, Band 1, Berlin, Volk und Welt, 1983.

[50] C. Jacobi: Gesammelte Werke, Band 1, Berlin, Verlag von G. Reimer, 1881.

[51] T. W. Körner: *Fourier Analysis*, Cambridge, Cambrige University Press, 1988.

[52] L. de Lagrange: *Œuvres*, Paris, Gauthier-Villars, 1867–1892. (Der Brief an d'Alembert findet sich in Band 13, Seite 368.)

[53] P.-S. Laplace: *Œuvres complètes*, Band VII, Paris, Gauthier-Villars et fils, 1886.

[54] P.-G. Lemarié (Hrsg.): „Les Ondelettes en 1989", *Lecture Notes in Mathematics*, Band 1438, New York, Springer-Verlag, 1990.

[55] P.-G. Lemarié und Y. Meyer: „Ondelettes et bases hilbertiennes", *Revista Matematica Iberoamericana*, Band 2, Seiten 1–18, 1986.

[56] M. Li und P. M. B. Vitanyi: „Applications of Kolmogorov Complexity in the Theory of Computation", *Complexity Theory Retrospective*, Alan Selman (Hrsg.), New York, Springer-Verlag, Seiten 147–203, 1990.

[57] S. Mallat: „Multiresolution approximation and wavelets", *Trans. Amer. Math. Soc.*, Band 315, Seiten 69–88, 1989.

[58] S. Mallat: „A Theory for Multiresolution Signal Decomposition: The Wavelet Representation", *IEEE Transactions on Pattern Analysis and Machine Intelligence*, Band 11, No. 7, Seiten 674–693, 1989.

[59] S. Mallat und W. L. Hwang: „Singularity Detection and Processing with Wavelets", *IEEE Transactions on Information Theory*, Band 38, No. 2, Seiten 617–643, 1992.

[60] S. Mallat und Z. Zhang: „Matching Pursuits with Time-Frequency Dictionaries", *IEEE Transactions on Signal Processing*, Band 41, No. 12, Seiten 3397–3415, 1993.

[61] S. Mallat und S. Zhong: „Characterization of signals from multiscale edges", *IEEE Trans. on Pattern Analysis and Matching Intelligence*, Band 14, No. 7, 1992.

[62] D. Marr: *Vision*, New York, NY, W. H. Freeman, 1982.

[63] J. C. Maxwell: „Harmonic Analysis", *Encyclopedia Britannica*, Band 11, Seite 106, 1968.

[64] Y. Meyer: „Principe d'incertitude, bases hilbertiennes et algèbres d'opérateurs", *Séminaire Bourbaki*, Seiten 209–223, 1985–86.

[65] Y. Meyer: *Wavelets and Operators*, Cambridge, Cambridge University Press, 1992. (Von D.H. Salinger besorgte Übersetzung des französischen Titels *Ondelettes et Opérateurs*, Paris, Hermann, 1990.)

[66] Y. Meyer: *Wavelets Algorithms & Applications*, Philadelphia, PA, Society for Industrial and Applied Mathematics, 1993. (Von Robert Ryan besorgte Übersetzung des französischen Titels *Les Ondelettes Algorithmes et Applications*, Paris, Armand Colin, 1992.)

[67] Y. Meyer: „Les Ondelettes", unveröffentlichtes Manuskript.

[68] J. Moser: *Stable and Random Motions in Dynamical Systems*, Princeton, NJ, Princeton University Press, 1973.

[69] G. Parisi und U. Frisch: „On the singularity structure of fully developed turbulence", *Turbulence and predictability in geophysical fluid dynamics and climate dynamics*, Varenna, 1983, M. Ghil, R. Benzi und G. Parisi (Hrsg.), Seiten 84–87, 1985.

[70] J. R. Pierce und A. M. Noll: *Signals – The Science of Telecommunications*, New York, NY, Scientific American Library, 1990.

[71] H. Poincaré: „La logique et l'intuition dans la science mathématique et dans l'enseignement", *Œuvres de Henri Poincaré*, Band 11, Paris, Gauthiers-Villars, 1956.

[72] H. Poincaré: *La Théorie Analytique de la Propagation de la Chaleur*, Paris, Gauthiers-Villars, 1895.

[73] O. Rioul: *Ondelettes régulières: Application à la compression d'images fixes*, Technischer Bericht, France Telecom CNET, März 1993.

[74] O. Rioul und M. Vetterli: „Wavelets and Signal Processing", *IEEE SP Magazine*, Seiten 14–37, 1991.

[75] C. E. Shannon und W. Weaver: *The Mathematical Theory of Communication*, Urbana, IL, The University of Illinois Press, 10. Auflage, 1964.

[76] C. L. Siegel: „Iterations of analytic functions", *Ann. Math.*, Band 43, Seiten 807–812, 1942.

[77] E. P. Simoncelli, W. T. Freeman, E. H. Adelson und D. J. Heeger: „Shiftable Multiscale Transforms", *IEEE Trans. on Information Theory*, Band 38, No. 2, Seiten 587–607, 1992.

[78] B. Sinha und K. J. Richards: „The Wavelet Transform Applied to Flow Around Antarctica", *Wavelets, Fractals, and Fourier Transforms*, M. Farge, J. C. R. Hunt und J. C. Vassilicos (Hrsg.), Oxford, Clarendon Press, Seiten 221–228, 1993.

[79] G. Strang: „Wavelet Transforms versus Fourier Transforms", *Bulletin of the American Mathematical Society*, Band 28, No. 2, Seiten 288–305, 1993.

[80] R. Strichartz: „How to make wavelets", *American Mathematical Monthly*, Band 100, No. 6, Seiten 539–556, 1993. (Eine stärker technisch orientierte Darstellung, die auch mehrdimensionale Wavelets behandelt, findet sich in J. Benedetto und M. Frazier (Hrsg.), *Wavelets: Mathematics and Applications*, CRC Press, Boca Raton, LA, Seiten 23–50, 1993.)

[81] J.-O. Strömberg: „A modified Franklin system and higher-order spline systems on R^n as unconditional bases for Hardy spaces", *Conference on Harmonic Analysis in Honor of Antoni Zygmund*, Band II, University of Chicago, W. Beckner, A. Caldéron, R. Fefferman, P. Jones (Hrsg.), Seiten 475–494, 1983.

[82] Ph. Tchamitchian und B. Torrésani: „Ridge and skeleton extraction from wavelet transform", *Wavelets and Their Applications*, B. Ruskai, (Hrsg.), Boston, MA, Jones & Bartlett, Seiten 123–151, 1992.

[83] W. Thomson: Heat. *Encyclopedia Britannica, Band XI, 9. Auflage*, New York, NY, Charles Scribner's Sons, 1880.

[84] M. Unser: „Texture Classification and Segmentation Using Wavelet Frames", *IEEE Trans. Image Processing*, Band 4, No. 11, Seiten 1549–1560, 1995.

[85] A. van der Poorten: „A Proof Euler missed … Apéry's Proof of the Irrationality of $\zeta(3)$. An Informal Report", *Mathematical Intelligencer*, Band 1, No. 4, Seiten 195–203, 1979.

[86] J. B. Weaver und D. Healy: „Adaptive Wavelet Encoding in Cardiac Imaging", *Proceedings of the Society for Magnetic Resonance in Medicine*, Berlin, 1992.

[87] K. Weierstraß: Briefe, *Acta Mathematica*, Band 35, 1912.

[88] K. Weierstraß: „Über das Problem der Störungen in der Astronomie", Vorlesung im mathematischen Seminar am Mittag-Leffler-Institut der Universität Djurshold, Wintersemester 1880–81.

[89] M.V. Wickerhauser: „High-Resolution Still Picture Compression", *Digital Signal Processing*, Band 2, No. 4, 1992.

[90] M.V. Wickerhauser: *Adapted Wavelet Analysis from Theory to Software*, Wellesley, MA, A. K. Peters, Ltd., 1994.

Stichwortverzeichnis

Frequenzband, 90, 203
Frequenzbereich, 206
Frequenzselektivität, 239, 242
Frequenzspektrum, 206
Frisch, Uriel, 80
Funktionen, 26, 32, 80, 129, 160, 210, 221, 225
   bifraktale, 80
   gleichmäßig konvergente, 133
   multifraktale, 80
   orthonormale, 279
   periodische, 274
   quadratintegrable, 225, 279, 283
   stückweise differenzierbare, 133
   stückweise stetige, 133
   trigonometrische, 279
   unstetige, 31, 133, 221
Funktionenräume, 79, 186, 221, 225
   höherdimensionale, 160
   unendlich-dimensionale, 225
   verschachtelte, 178
Funktionsbegriff, 26
Funktionswert, 129

Gabor, Dennis, 40, 72, 229
Gabor-Funktionen, 89
   selbstähnliche, 230
Gabor-Transformation, 230, 244
Gabor-Wavelets, 48
Galand, C., 182
Galaxien, 78
Gauß, Carl Friedrich, 38, 148
Gauß-Funktion, 246
Gehirn, 229
Gelfand, Israël, 134, 222
Geronimo, Jeffrey S., 201
Glattheit, 227
Glättungsfunktion, 65
Gonnet, Caroline, 156
Granlund, Goesta, 229
Graph, 26, 92
Grasseau, G., 80
Gratten-Guiness, I., 284
Gravitationsanziehung, 23, 137
Gravitationsgesetz, 39
Gravitationswellen, 156
Grenzwert, 222, 260
Grossmann, Alex, 43, 98

Grundfrequenz, 28, 123
Guilleman, Philippe, 156

Haar-Funktion, 176, 183, 194
Haar-Mehrfachauflösung, 177, 183
Haar-Skalierungsfunktion, 66, 176, 181, 187, 191
Haar-Tiefpaßfilter, 187
Haar-Wavelet, 66, 191, 201, 238, 240
Haar-Wavelet-Transformierte, 196
Haddard, R. A., 284
Hardin, Douglas P., 201
Hausdorff, Felix, 222
Healey, Dennis, 78
Heaviside, Oliver, 225
Heisenberg, Werner, 72
Heisenberg-Kästchen, 109, 206, 249
Heisenberg-Zellen, 206
Herivel, J., 284
Hintergrundrauschen, 156
Hochpaß-Digitalfilter, 66
Hochpaßfilter, 65, 173, 185, 194
Hören, 118
Hunt, J. C. R., 286
Hwang, Wen Liang, 85, 156
Hybridalgorithmen, 110
Hybridkonstruktionen, 105, 237
Hybridschemata, 117

Impuls, 209, 210, 215, 216, 218
Impulsmittelwert, 219
Impulsobservable, 218
Impulsoperator, 219
Impulsunschärfe, 72
Infinitesimalrechnung, 221
Information, 94
Informations-Komprimierung, 90
Innocent, Jean-Michel, 156
Integral, 52, 124, 143, 212, 216, 260
   Riemannsches, 223, 260
Integralbegriff, verallgemeinerter, 223
Integraldarstellung, 35
Integration, 148, 159
Interpolation, 152
Interpolationsfunktion, fraktale, 202
Isometrie, 272
Iteration, 68, 187
Iterationsverfahren, 201

Zahlentheorie ...

Wer sich für Mathematik interessiert, interessiert sich für Zahlen, und wer sich für Zahlen interessiert, findet in diesem originellen Buch alles über alle Arten von Zahlen. Ein einmaliges Werk und ein Muß für jeden Mathematik-Freak.

John H. Conway, Richard K. Guy
Zahlenzauber
Von natürlichen, imaginären und anderen Zahlen
Aus dem Amerikanischen von Manfred Stern
1997. 352 Seiten mit 204 sw-, 14 zweifarbigen und 45 Farbabb.
Gebunden mit Schutzumschlag
ISBN 3-7643-5244-2
In allen Buchhandlungen erhältlich

Erfahrung Mathematik...

Fünf Theorien mit weitreichenden Folgen für das Jahrhundert – für den mathematisch interessierten Leser anschaulich erklärt: Das Minimax-Theorem · Der Brouwersche Fixpunktsatz · Das Theorem von Morse · Das Halting-Theorem · Die Simplexmethode

John L. Casti
Die großen Fünf
Mathematische Theorien, die unser Jahrhundert prägten
Aus dem Amerikanischen von
G. Menzel und B. Zimmermann
218 Seiten, 55 sw-Abbildungen
Gebunden mit Schutzumschlag
ISBN 3-7643-5338-4
In allen Buchhandlungen erhältlich